Schmaunz
Buchführung in der Landwirtschaft

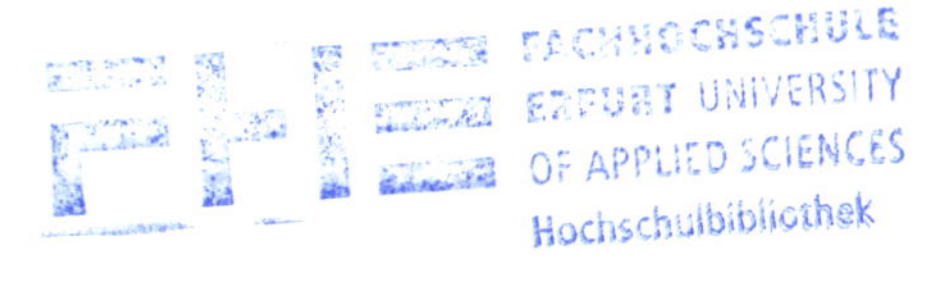

Franz Schmaunz

Buchführung in der Landwirtschaft

Bilanz, Auswertung, Gewinnermittlung

5. überarbeitete Auflage
23 Schwarzweißabbildungen
47 Tabellen

Umschlagfotos: agrarfoto.com (oben links und rechts),
agrar-press /Wolfgang Schiffer (oben Mitte),
LWA-JDC/Corbisstock-market.com (großes Foto).

Alle anderen Abbildungen stammen vom Autor.

Bibliografische Information Der Deutschen Bibliothek
Die Deutsche Bibliothek verzeichnet diese Publikation in der Deutschen Nationalbibliografie; detaillierte bibliografische Daten sind im Internet über http://dnb.ddb.de abrufbar.

Wollgrasweg 41, 70599 Stuttgart (Hohenheim)
E-Mail: info@ulmer.de
Internet: www.ulmer.de
Umschlaggestaltung: Atelier Reichert, Stuttgart
Lektorat: Werner Baumeister
Satz: BUCHFLINK Rüdiger Wagner, Nördlingen
Herstellung: Silke Reuter
Druck und Bindung: Friedrich Pustet, Regensburg
Printed in Germany

ISBN 978-3-8001-5411-1

Inhalt

Vorwort

Buchführung ist mehr als nur das Aufschreiben der laufenden Geschäftsvorfälle: Es ist vor allem das Erfassen und Bewerten der Wirtschaftsgüter eines Betriebes, die Berücksichtigung steuerlicher und handelsrechtlicher Vorschriften oder das Erstellen des Jahresabschlusses. Zur Buchführung gehört auch die steuerliche und betriebswirtschaftliche Auswertung.

Dieses Buch führt in die für die Praxis wichtigen Gebiete der steuerlichen und betriebswirtschaftlichen Gewinnermittlung sowie in die Buchführungsauswertung ein. Dabei werden die Gewinnermittlungsmethoden an Beispielen erläutert. Insbesondere wird das System der doppelten Buchführung von der Inventur bis zum Jahresabschluss dargestellt. Die zahlreichen Tabellen und Abbildungen verdeutlichen die Zusammenhänge. Schwierige Problemfälle werden nicht nur beschrieben, sondern auch mit Beispielen veranschaulicht.

Ausführlich wird das Bilanzsteuerrecht besprochen. In erster Linie die für landwirtschaftliche Unternehmen wichtigen steuerrechtlichen Bilanzierungs- und Bewertungsvorschriften sowie betriebswirtschaftliche Sonderregelungen.

Die Besprechung und Bewertung der Wirtschaftsgüter zur Bilanzaufstellung ist am BMELV-Jahresabschluss ausgerichtet. Ausführlich wird auf die Vermögensbewertung, die Bilanz und die Bilanzbegriffe eingegangen.

Das Grundsystem der doppelten Buchführung verdeutlicht ein stark vereinfachtes Beispiel mit wenigen Buchungsfällen. Dargestellt wird damit von der Eröffnungsbilanz bis zum Jahresabschluss sowohl die Handbuchführung als auch die Buchführung mit einem EDV-Programm.

Der Zusammenhang zwischen der Buchführung und den steuerlichen sowie betriebswirtschaftlichen Folgerungen daraus wird an dem praxisorientierten Beispiel eines Bullenmastbetriebes aufgezeigt. Gegenüber der vierten Auflage wurden die steuerrechtlichen Änderungen zum Stand Ende 2006 eingearbeitet.

Ich hoffe, dass dieses Buch auch in der fünften überarbeiteten Auflage den Betriebsleitern, den Beratern und den Studenten ein praktisches Nachschlagewerk für die Zusammenhänge und für die Theorie der Buchführung ist.

Franz Schmaunz

1 Einführung

1.1 Entwicklung und Stand der Buchführung in der Landwirtschaft

Die Buchführung reicht in ihrer geschichtlichen Entwicklung sehr weit zurück. So wurden in Mesopotamien Aufzeichnungen der Sumerer auf Tontafeln und in Keilschrift gefunden. Diese Funde werden auf das Jahr 3000 vor Christus datiert. Die Babylonier führten um 1700 v. Chr. eine Buchführungspflicht für Kaufleute ein.

Das System der doppelten Buchführung beschrieb erstmals der venezianische Franziskanermönch und Mathematiker Luca Pacioli in seinem Buch »Summa de Arithmetica Geometria Proportioni et Proportionalita«. Auch heute noch werden die damals im Italienischen geprägten Fachbegriffe der Buchführung verwendet. Beispiele dafür sind Ausdrücke wie Bilanz, Konto, Valuta oder Giro.

In Deutschland wurde 1897 mit den Bestimmungen des Handelsgesetzbuches allen Kaufleuten die Buchführungspflicht verordnet. Das Handelsgesetzbuch gilt in seinen Grundzügen auch heute noch.

In der Landwirtschaft reicht die Tradition der Buchführung weniger weit zurück als im kaufmännischen Bereich. So wurde 1925 im Deutschen Reich die Buchführung zur Besteuerung der Landwirtschaft zwar eingeführt, doch konnte sie bei weitem nicht auf alle Betriebe ausgedehnt werden. Dieser Pflicht kamen nur die wenigen Großbetriebe nach. Im Jahr 1932 wurden dann die kleinen Betriebe von der *Buchführungspflicht*, die ja nicht erfüllt werden konnte, befreit.

Die Reichsregierung führte damit bereits die *Buchführungspflichtgrenzen* ein. Betriebe mit einem Jahresgewinn von über 6000 Reichsmark und einem land- und forstwirtschaftlichen Vermögen von mehr als 100000 RM fielen unter die Buchführungspflicht. Den Gewinn nichtbuchführungspflichtiger Betriebe schätzten die Finanzbehörden.

Nach 1947 galt das Prinzip der Buchführungspflichtgrenzen und der Gewinnschätzung nichtbuchführungspflichtiger Betriebe weiter. Im Jahr 1980 wurden aus Gründen der Steuergerechtigkeit die Buchführungspflichtgrenzen verschärft. Seit dieser Zeit nahm die Zahl der aus steuerlichen Gründen buchführenden Betriebe in der Landwirtschaft sehr stark zu.

Die Anzahl der buchführenden Betriebe ist in der Tabelle 1 zusammengestellt. Danach hatten im Jahr 2003 in Deutschland 177686 Betriebe wegen steuerrechtlicher Vorschriften eine Buchführung. Bezogen auf die Gesamtzahl der Betriebe entspricht das einer Buchführungsquote von 42 %. Dieser Anteil buchführender Betriebe ist in den neuen Bundesländern mit 55 % deutlich höher als in den alten Bundesländern mit 41 %.

In den kleineren Betrieben gibt es nur selten einen Jahresabschluss. Es nimmt mit zunehmender Betriebsgröße die Buchführungsdichte zu und erreicht in Deutschland im Schnitt der Betriebe mit einer Betriebsgröße von 32 und mehr EGE (europäische Größeneinheit, 1 EGE entspricht einem Standarddeckungsbeitrag von 1200 €) rund 82 %.

Tabelle 1: Buchführung mit Jahresabschlüssen in landwirtschaftlichen Betrieben im Jahr 2003 auf Grund steuergesetzlicher Vorschriften
(Statistisches Jahrbuch 2005, Agrarstrukturerhebung 2003)

	Betriebe gesamt	**Betriebsgröße in EGE** (1 EGE = 1200 € Standarddeckungsbeitrag)					
Landwirtschaftliche Betriebe		**< 2**	**2–8**	**8–16**	**16–24**	**24–32**	**≥ 32**
Deutschland	420697	57748	95703	50928	31998	25278	159042
Frühere Länder	390615	52799	88896	47760	30370	24120	146670
Neue Länder	30082	4949	6807	3168	1628	1158	12372
buchführende Betriebe							
Deutschland in % der Betriebe	177886 42 %	4307 7 %	10832 11 %	11043 22 %	10846 34 %	10736 43 %	130122 82 %
Frühere Länder in % aller Betriebe	161452 41 %	3822 7 %	9524 11	9906 21 %	9911 33 %	9921 41 %	118360 81 %
Neue Länder in % der Betriebe	16434 55 %	485 10 %	1308 19 %	1137 36 %	935 57 %	815 70 %	11754 95 %

Die Gesamtzahl der Betriebe geht ständig zurück. Das gilt seit einigen Jahren auch für die absolute Anzahl buchführender Betriebe. Im Unterschied dazu nimmt der Anteil der Betriebe mit Buchführung deutlich zu. So hatten vor 10 Jahren im Mittel aller Betriebe erst 31 % eine Buchführung, 2003 waren es bereits 42 %. Die Buchführungsquote wird wegen der immer weniger Betriebe und des Wachstums der verbleibenden Betriebe in die steuerliche Buchführungspflicht weiterhin zulegen.

1.2 Aufgaben der Buchführung

Buchführung ist auch in der Landwirtschaft wichtig. Das Wachstum der Betriebe führt zu einer abnehmenden Überschaubarkeit der Zusammenhänge. Der komplizierte und differenzierte Prozess der Leistungserstellung verlangt systematische Kontrolle der wirtschaftlichen Ergebnisse des Gesamtbetriebes und von Teilbereichen, um Schwachpunkte zu finden.

Auch die starke Verflechtung und Einbindung der Landwirtschaft in die Volkswirtschaft und im Besonderen auch in die Agrarpolitik der Europäischen Union

verlangt eine leistungsfähige Kontrolle des Betriebsgeschehens. Neben internen betrieblichen Gründen, die eine Buchführung verlangen, ergibt sich die Notwendigkeit zur Buchführung auch aufgrund außerbetrieblicher Forderungen, z. B. seitens des Staates für die Besteuerung.
Im Einzelnen hat die Buchführung folgende **Aufgaben** zu erfüllen:

- Für die Einkommensteuer,
- betriebswirtschaftliche Aufgaben,
- agrarpolitische Aufgaben,
- Überprüfung der Kreditwürdigkeit,
- Rechenschaftsfunktion.

Buchführung wegen der Einkommensteuer – Die Buchführung ist an sich die Standardform und die korrekteste Methode zur steuerlichen Gewinnermittlung. Die weiteren vom Einkommensteuerrecht zulässigen Methoden der Gewinnermittlung sind Ersatzmethoden und sind nur für kleinere Betriebe vorgesehen.

Betriebswirtschaftliche Aufgaben – Die Buchführung hat nicht nur für die Gewinnermittlung zur Festsetzung der Einkommensteuer Bedeutung. Sie sollte vielmehr auch zu betriebswirtschaftlichen Aussagen und Entscheidungen herangezogen werden. Mit der Buchführung wird jedes Jahr zu den Bilanzstichtagen das Vermögen des Betriebes, das Eigen- und das Fremdkapital erhoben und systematisch zusammengestellt.

Gerade beim Fremdkapital ist die Gefahr groß, dass dazu der Überblick verloren geht. So hat in der Regel jeder Landwirt bei zwei oder mehr Banken ein Betriebskonto, auf dem die Kontostände mal im positiven, dann wieder im negativen Bereich sind. Auch Darlehen sind meist vorhanden, bei denen man die Restschuld nicht stets im Gedächtnis hat. Hinzu kommen noch unbezahlte Rechnungen bei Lagerhäusern, Maschinenverkäufern und anderen Geschäftspartnern. Jede einzelne derartige Verbindlichkeit für sich ist vielleicht nur ein kleiner Betrag. Zusammen aber ergeben sie dann in der Regel doch eine überraschend hohe Summe.

Durch die Buchführung wird die Wirtschaftlichkeit des Betriebes aufgedeckt. Die wichtigste Kennzahl dazu ist der betriebswirtschaftliche Gewinn des landwirtschaftlichen Unternehmens.

Eng mit der Wirtschaftlichkeit hängt dann die Überprüfung der Ursachen der wirtschaftlichen Situation des Betriebes zusammen. Denn durch die Buchführung wird es auch möglich, die Ertrags- und Aufwandsseite des Betriebes zu überprüfen, um die Frage nach den Ursachen des wirtschaftlichen Zustandes zu beantworten.

Durch die laufenden Aufzeichnungen der Geschäftsvorgänge erfolgt auch eine regelmäßige Kontrolle des Geldverkehrs. Beim Kontieren und Verbuchen der Belege wird überprüft, ob Rechnungen beglichen sind oder ob die Beträge mit den Abmachungen übereinstimmen.

Mit der Buchführung werden auch die Privatausgaben aufgezeichnet. Es überrascht dabei immer wieder, wie viel Geld für die Lebenshaltung, für die Sozialversicherungen und auch für andere Dinge des täglichen Lebens gebraucht werden.

In der Landwirtschaft spielt der Privatverbrauch vor allem deswegen eine bedeutende Rolle, weil oftmals mehrere Generationen am Hof leben.

Die Buchführung gibt auch Auskunft zur Liquiditäts- und Stabilitätslage des Betriebes. So kann über die Jahre hinweg die Entwicklung des Fremdkapitalbestandes und die des Eigenkapitalanteiles verfolgt werden.

Eine Zunahme des Fremdkapitals ohne nennenswerte Investitionen ist ein deutliches Alarmzeichen, das aus der Buchführung recht einfach abgelesen werden kann. Ein deutliches Alarmkennzeichen ist es auch, wenn der Eigenkapitalanteil am Betrieb stagniert oder sogar abnimmt.

Für betriebswirtschaftliche Planungen und Kalkulationen liefert die Buchführung zumindest teilweise die notwendigen Daten. Die Überprüfung der Produktionsverfahren und der Betriebsorganisation ist wegen der Preisschwankungen mit dem starken Trend nach unten immer wieder notwendig. Auch die unsteten staatlichen Ausgleichszahlungen verschieben die Wettbewerbspositionen der Produktionsverfahren.

Die Bundesländer werten die Buchführungen der von den Buchstellen betreuten landwirtschaftlichen Betriebe systematisch und anonym aus. Die Auswertungen werden in den Buchführungsstatistiken nach unterschiedlichen Gesichtspunkten zusammengestellt. Sie beinhalten ein umfangreiches Zahlenmaterial, das unter anderem auch zur vergleichenden Beurteilung des eigenen Betriebes genutzt werden kann.

Agrarpolitische Aufgaben – Nach dem Landwirtschaftsgesetz von 1955 hat die Bundesregierung jährlich dem Bundestag den Agrarbericht vorzulegen. Damit soll die wirtschaftliche und soziale Lage der Landwirtschaft dargestellt werden. Der sog. *Agrarbericht* (bis 1970 hieß er »Grüner Bericht«) ist darüber hinaus auch eine umfangreiche Sammlung von statistischen Kenndaten aus allen Bereichen der Landwirtschaft, die zur betriebswirtschaftlichen Beurteilung des eigenen Betriebes herangezogen werden können.

Überprüfung der Kreditwürdigkeit – Für die Überprüfung der Beleihungsfähigkeit spielt die Buchführung in der Landwirtschaft im Vergleich zu anderen Wirtschaftszweigen eine noch untergeordnete Rolle. Zur Kreditsicherung kann die Landwirtschaft sehr hohe Vermögenswerte, vor allem den Boden, anbieten. Die Überprüfung der Tragbarkeit des Kapitaldienstes, die am schnellsten durch die Buchführung hergeleitet werden kann, ist im Vergleich dazu untergeordnet. Mit Basel II und des damit verbundenen Ratings nimmt die Bedeutung der Buchführung zu.

Rechenschaftsfunktion – Bei Großbetrieben braucht die Unternehmensleitung die Buchführung, um ihre unternehmerischen Maßnahmen zu kontrollieren. Kontrolliert wird damit nicht nur das Gesamtergebnis, sondern auch die Ergebnisse einzelner Abteilungen und Bereiche. Mit diesem Kontrollinstrument werden mit den Ergebnissen der Vergangenheit Erfahrungen dokumentiert, um damit für die Zukunft disponieren zu können.

Bei Gesellschaften kontrollieren die Anteilseigner die Unternehmensführung über die Buchführung. Auch die Gewinnausschüttung bzw. Dividendenzahlungen orientieren sich an den Ergebnissen der Buchführung.

2 Für Buchführungspflicht und Gewinnermittlung wichtige Begriffe aus dem Einheitswertverfahren

2.1 Der Wirtschaftswert als Grenzwert zur Buchführungspflicht

Das Finanzamt stellt für jeden land- und forstwirtschaftlichen Betrieb einen Einheitswert fest. Die Feststellung des **Einheitswertes** beruht auf dem Bewertungsgesetz. Nach den Vorgaben des Bewertungsgesetzes wurden erstmals für das Jahr 1935 für jeden Betrieb Einheitswerte ermittelt, die bis einschließlich 1973 gültig waren.

Seit dem 1. 1. 1974 gelten neue Einheitswerte, die auf den Wertverhältnissen zum Stichtag 1. 1. 1964 beruhen. Auch wenn heute Fortschreibungen beim Einheitswert erfolgen, basieren diese noch immer auf den Wertverhältnissen von 1964. Die Herleitung der Einheitswerte erfolgt weiterhin über DM. Erst zum Schluss des Einheitswertverfahrens wird mit dem Umrechnungsschlüssel von 1,95583 auf Euro umgerechnet.

Der Einheitswert setzt sich aus dem Wirtschaftswert und dem Wohnwert zusammen. Die Wohnung gehört bewertungsrechtlich zum land- und forstwirtschaftlichen Einheitswert dazu. Es besteht hier also ein Unterschied zur Einkommensbesteuerung, denn nach dem Wohnungseigentums-Förderungsgesetz von 1986 ist die Wohnung eines Landwirts seit dem 1. 1. 1999 Privatvermögen. Vor diesem Datum bestand ein Wahlrecht.

Der Wirtschaftsteil eines land- und forstwirtschaftlichen Betriebes, für den der Wirtschaftswert festgestellt wird, umfasst:

1. Die land- und forstwirtschaftlichen Nutzungen
   - die landwirtschaftliche Nutzung,
   - die forstwirtschaftliche Nutzung,
   - die weinbauliche Nutzung,
   - die gärtnerische Nutzung,
   - die sonstige land- und forstwirtschaftliche Nutzung und zwar: Binnenfischerei, Teichwirtschaft, Fischzucht für die Binnenfischerei und Teichwirtschaft, Imkerei, Wanderschäferei, Pilzanbau, Weihnachtsbaumkulturen und Saatzucht.
2. Abbauland, Geringstland und Unland:
   - Abbauland wie Sand, Kies, Steinbrüche, Torfstiche und andere. Damit Abbauland noch zur Land- und Forstwirtschaft zählt, muss die gewonnene Bodensubstanz über die Hälfte im eigenen Betrieb verwendet werden. In der Regel wird daher Abbauland gewerblich sein.

- Geringstland: Dies sind Flächen geringster Ertragsfähigkeit, für die nach dem Bodenschätzungsgesetz keine Wertzahlen festgelegt wurden. Es wird mit einem Hektarwert von 50 DM bewertet.
- Unland: Hierzu zählen Flächen, die auch bei geordneter Bewirtschaftung keinen Ertrag abwerfen. Es wird nur flächenmäßig erfasst, aber nicht bewertet. Beispiele sind stillgelegte Kiesgruben oder Steinbrüche.

3. Nebenbetriebe: Sie dienen dem land- und forstwirtschaftlichen Betrieb und sind kein selbstständiger gewerblicher Betrieb. Beispiele sind Sägewerke, Brennereien, Verkaufsläden. Es dürfen aber überwiegend nur Erzeugnisse vom eigenen land- und forstwirtschaftlichen Betrieb verarbeitet werden, damit keine Gewerblichkeit eintritt.

So, wie der Wirtschaftswert im Einheitswertbescheid steht, reicht er zur Überprüfung der Buchführungspflicht nicht aus. Er muss aus verschiedenen Gründen durch Hinzurechnungen und Abrechnungen korrigiert werden.

So bezieht sich der für die Buchführungspflicht maßgebliche Wirtschaftswert auf alle selbst bewirtschafteten land- und forstwirtschaftlichen Flächen. Mit dem Wirtschaftswert aus dem Einheitswertbescheid sind aber nur die Eigentumsflächen erfasst. Zu den selbst bewirtschafteten Flächen gehören aber nicht nur die Eigentumsflächen, sondern auch die Pachtflächen und die Flächen, an denen ein Wirtschafts- oder Nutzungsüberlassungsvertag oder ein Nießbrauchrecht besteht.

Nicht dazu zählen Flächen, die verpachtet sind, die durch ein Nutzungsrecht abgegeben wurden und die nicht mehr der landwirtschaftlichen Produktion dienen.

Tabelle 2: Vom Wirtschaftswert zur Buchführungspflicht

Vergleichswert der landwirtschaftlichen Nutzung laut Einheitswertbescheid
+ landwirtschaftlicher Vergleichswert nach § 69 des Bewertungsgesetzes (BewG) als Grundvermögen bewerteten Flächen
+ Vergleichswert der zugepachteten Flächen – Vergleichswert der verpachteten Flächen + Zuschlag nach § 41 BewG für Viehüberbesatz
+ Zuschlag für Änderungen unterhalb der Fortschreibungsgrenzen – Zuschlag für Änderungen unterhalb der Fortschreibungsgrenzen
+ Vergleichs- und Einzelertragswerte sonstiger land- und forstwirtschaftlicher Nutzungen, einschließlich der Zupachtungen und abzüglich der Verpachtungen: Sonderkulturen Hopfen und Spargel, gärtnerische und weinbauliche Nutzung, Binnenfischerei, Teichwirtschaft, Imkerei, Wanderschäferei, Pilzanbau, Weihnachtsbaumkulturen, Saatzucht und Geringstland
+ forstwirtschaftliche Nutzung
= Wirtschaftswert

In der Tabelle 2 wird ausgehend vom Einheitswertbescheid die Ableitung des für die Buchführungspflicht maßgeblichen Wirtschaftswertes dargestellt.

Vergleichswert der landwirtschaftlichen Nutzung: Der landwirtschaftliche Vergleichswert wird aus dem Hektarwert × der Größe der landwirtschaftlichen Nutzflächen einschließlich der zugehörigen Hof- und Gebäudeflächen berechnet. Auch stillgelegte landwirtschaftliche Flächen sowie Flächen, die aus Naturschutzgründen in der Bewirtschaftung eingeschränkt sind, zählen zu den landwirtschaftlichen Flächen. Das gilt auch dann, wenn die gesamten Flächen stillgelegt sind und gegenüber dem Finanzamt nicht die Betriebsaufgabe erklärt wird.

Grundvermögen, das noch landwirtschaftlich genutzt wird: Flächen, die z. B. in einem Baugebiet liegen, werden als Grundvermögen und nicht mehr als landwirtschaftliche Flächen bewertet. Sie sind also nicht mehr im landwirtschaftlichen Vergleichswert des Einheitswertbescheides enthalten. Werden sie noch landwirtschaftlich genutzt, dann sind sie dem Wirtschaftswert zuzurechnen. Zu bewerten ist das eigene Grundvermögen mit dem Hektarwert des Betriebes × der Fläche in ha.

Zugepachtete Flächen sind dem Wirtschaftswert zuzurechnen, **verpachtete** sind von ihm abzuziehen. Die Bewertung der Zupachtflächen ist nicht einheitlich. Grundsätzlich gilt, dass gepachtete Flächen mit einem eigenen Vergleichswert auch beim Pächter mit diesem anzusetzen sind.

Dies trifft z. B. dann zu, wenn ein Betrieb im Ganzen, das heißt einschließlich der Gebäude, gepachtet wird. Steuerlich gesehen wird dadurch eine selbstständige wirtschaftliche Einheit übernommen, für die ein eigener Vergleichswert besteht. Der Vergleichswert errechnet sich dann aus dem Hektarwert der gepachteten Flächen × der Größe in ha.

Wurden dagegen einzelne Flächen gepachtet, dann entspricht das keiner selbstständig bewerteten wirtschaftlichen Einheit. Die gepachteten Flächen sind daher mit dem Hektarwert der Eigentumsflächen des Pächters × der Größe der Zupachtfläche anzusetzen.

Hierzu gibt es allerdings in *Bayern* eine Ausnahme: Liegt der Hektarwert der gepachteten Flächen um mind. ein Drittel unter dem Hektarwert der Eigentumsflächen, dann darf zur Berechnung des Vergleichswertes für die gepachteten Flächen deren eigener Hektarwert angesetzt werden.

Zuschlag nach §41 des Bewertungsgesetzes: Ein Zuschlag zum Einheitswert erfolgt, wenn die Grenzwerte zur gegendüblichen Tierhaltung überschritten werden. Die Vieheinheitenzuschläge werden seit dem 1. 1. 1989 nur noch zur Hälfte angesetzt. Der Zuschlagsbetrag ist aus dem Einheitswertbescheid abzulesen.

Zuschläge und **Abschläge** wegen Änderungen, die unterhalb der Fortschreibungsgrenzen liegen: Die Einheitswerte werden durch das Finanzamt fortgeschrieben, wenn sich z.B. die Flächen geändert haben oder der Viehbestand über den gegendüblichen Bestand hinaus aufgestockt wurde. Eine Fortschreibung des Einheitswerts erfolgt aber nur dann, wenn bestimmte Größenordnungen erreicht werden. Für die Buchführungspflicht sind auch die Änderungen unterhalb der Fortschreibungsgrenzen anzusetzen.

Sonstige land- und forstwirtschaftliche Nutzung: Die Vergleichswerte dafür stehen genauso wie für die landwirtschaftliche Nutzung im Einheitswertbescheid. Dazu gehören die Sonderkulturen Hopfen und Spargel, der Garten- und Weinbau, das Abbauland, das Geringstland sowie die sonstige land- und forstwirtschaftliche Nutzung.

Die Einzelertragswerte von Nebenbetrieben, z. B. eine Kartoffelbrennerei, sind im Sinne des Bewertungsgesetzes ebenfalls ein Teil des Wirtschaftswertes. Aber aufgrund eines Urteils des Bundesfinanzhofes vom 6.7.1989 sind die Einzelertragswerte der **Nebenbetriebe** bei der Berechnung des Wirtschaftswertes als Buchführungsgrenze außer Acht zu lassen.

Entsprechend wie die Nebenbetriebe ist auch das Abbauland zu behandeln.

Beispiel zum Wirtschaftswert

Die Betriebsgröße sei 14 ha landwirtschaftliche Nutzfläche im Eigentum mit einem Hektarwert von 1350 DM, 4 ha sind zugepachtet, der Zuschlag wegen übernormaler Tierhaltung beträgt 6200 DM, an weiteren Vergleichswerten sind für 1 ha Gemüse 3500 DM und für 5 ha Wald 1200 DM Vergleichswert ausgewiesen (Tabelle 3)

Tabelle 3: Beispiel für die Berechnung des Wirtschaftswerts

	Wirtschaftswert
1. landwirtschftliche Vergleichswerte:	
+ Eigentumsfläche 14 ha × 1350 DM	18 900
+ Zupachtfläche 4 ha × 1350 DM	5 400
– verpachtete Flächen	0
+ Viehzuschlag nach § 41 BewG	6 200
2. Vergleichswert Sondernutzungen	0
+ Gemüseanbau	3 500
3. Forstwirtschaft	1 200
gesamt in DM	35 200
in Euro	17 997

Im Beispiel beträgt der Wirtschaftswert 35 200 DM. Dieser ist nach dem 1. 1. 2002 mit dem festgesetzten Kurs von 1,95583 in Euro umzurechnen und auf volle Euro abzurunden. Es ergibt sich dann der maßgebliche Wirtschaftswert mit 17 997 €. Im vorliegenden Fall wird der Betrieb wegen des Wirtschaftswertes nicht buchführungspflichtig. Aber es liegt der Vergleichswert der Sondernutzung Gemüsebau über dem Grenzwert von 2000 DM und er fällt deswegen unter die Aufzeichnungspflicht (Überschussrechnung oder Buchführung).

2.2 Die Vieheinheit (VE)

Die Vieheinheit, abgekürzt VE, taucht in der Besteuerung landwirtschaftlicher Betriebe immer wieder auf. Man braucht sie zur Abgrenzung der Landwirtschaft zum Gewerbe, bei der gegendüblichen Viehhaltung im Rahmen der Einheitsbewertung, als Grenzwert zur Überschussrechnung oder auch für die Gewinnzuschläge im Zusammenhang mit der Gewinnschätzung.

Tabelle 4: Umrechnungsschlüssel in Vieheinheiten (VE)

	VE/Tier nach Durchschnittsbestand	VE/Tier nach erzeugt
Kälber und Jungvieh, unter 1 Jahr, Mastkälber und Fresser	0,30	
Jungvieh, 1–2 Jahre alt	0,70	
Färsen, älter als 2 Jahre	1,00	
Mastrinder, Mastdauer bis 1 Jahr	1,00	
Mastrinder, Mastdauer über 1 Jahr		1,00
Kühe (einschließlich der Mutter- und Ammenkühe mit den Saugkälbern)	1,00	
Zuchtbullen, Zugochsen	1,20	
leichte Ferkel, bis ca. 12 kg		0,01
Ferkel, über 12–20 kg		0,02
schwere Ferkel, über 20–30 kg		0,04
Läufer, über 30–45 kg		0,06
schwere Läufer, über 45–60 kg		0,08
Mastschweine		0,16
Jungzuchtschweine bis 90 kg		0,12
Zuchtschweine und Jungzuchtschweine über 90 kg (Sauen und Eber)	0,33	
Schafe bis 1 Jahr und Mastlämmer	0,05	
Schafe 1 Jahr und älter	0,10	
Ziegen	0,08	
Legehennen einschließlich Aufzucht zur Bestandsergänzung	0,02	
Legehennen aus gekauften Junghennen	0,0183	
Zuchtenten, Zuchtputen, Zuchtgänse	0,04	
schwere Jungmasthühner (bis zu 6 Durchgänge pro Jahr) und Junghennen		0,0017
leichte Jungmasthühner (mehr als 6 Durchgänge pro Jahr)		0,0013
Mastenten		0,0033
Mastputen aus selbst erzeugten Jungputen		0,0067
Mastputen aus zugekauften Jungputen		0,0050
Jungputen bis 8 Wochen alt		0,0017
Mastgänse		0,0067
Pferde unter 3 Jahren, Kleinpferde	0,70	
3 Jahre und älter	1,10	
Zuchtkaninchen, Angorakaninchen	0,025	
Mastkaninchen		0,0025
Damtiere 1 Jahr und älter	0,08	
Damkälber unter 1 Jahr	0,04	

Die **Vieheinheit** geht auf das Bewertungsgesetz aus dem Jahre 1964 zurück. Damals wurde die heute noch gültige Umrechnung der Tiere in VE nach dem Futterbedarf in Getreideeinheiten (GE) festgelegt. So hat 1 dt Getreide den Futterwert von 1 GE. Eine VE nach dem Bewertungsgesetz ist ein Tier mit einem jährlichen Futterbedarf von etwa 20 GE.

Der Tierbestand eines Betriebes ist in VE umzurechnen. Dabei ist nicht von dem Bestand an einem bestimmten Stichtag auszugehen, sondern von der regelmäßigen Erzeugung und Haltung. Die Umrechnung der einzelnen Tiere in VE ist im § 51 Absatz 2–5 des Bewertungsgesetzes und in der Anlage 1 zu diesem Gesetz verbindlich festgelegt. Bei der Anwendung des Vieheinheitenschlüssels (Tabelle 4) ist zwischen dem *Durchschnittsbestand* und den *erzeugten Tieren* im Wirtschaftsjahr zu unterscheiden.

Zu der Gruppe »erzeugte Tiere« gehören in erster Linie die Tiere, die weniger als 12 Monate auf dem Betrieb gehalten werden. Das sind hauptsächlich die Masttiere. Bei der Ermittlung der VE ist hier die Zahl der im Laufe des Wirtschaftsjahres erzeugten Tiere festzustellen und mit dem zutreffenden Umrechnungsschlüssel zu multiplizieren. Als erzeugt gelten die Tiere, die verkauft, notgeschlachtet oder verbraucht worden sind. Verendete Tiere zählen nicht dazu.

Im Gegensatz dazu ist bei Tieren, die länger als 1 Jahr auf dem Betrieb sind, der Durchschnittsbestand im Wirtschaftsjahr ausschlaggebend. Dazu gehören z. B. Kühe, Zuchtschweine oder auch Legehennen. Für die Feststellung des Jahresdurchschnittsbestandes genügt es, wenn der Anfangs- und Schlussbestand (z. B. 1. 7. und 30. 6. des folgenden Jahres) zusammengezählt und dann durch 2 geteilt wird.

Genauer, aber schreibaufwendiger wird es, wenn neben dem Anfangsbestand auch zusätzlich die 12 Monatsendbestände festgehalten werden. Die Summe daraus ist dann durch 13 zu dividieren, nachdem ja im Juli der Bestand zweimal, nämlich zum 1. und 31. dieses Monats festgehalten wird. Eine monatliche Erfassung ist vor allem dann zutreffender, wenn der Bestand stärkeren Schwankungen unterliegt, wie das besonders bei Legehennen sein kann.

3 Gewinn, Aufzeichnungspflichten und Gewinnermittlungszeitraum

3.1 Gewinndefinitionen des Einkommensteuergesetzes

Die Gewinndefinitionen richten sich in der Land- und Forstwirtschaft nach §4 Absatz 1 und 3 sowie nach §13 a des Einkommensteuergesetzes (EStG). Der tatsächliche Gewinn eines Betriebes kann nur über die Gewinnermittlung im Sinne des §4 Absatz 1 EStG gefunden werden.

Die beiden weiteren Gewinndefinitionen, die Gewinnermittlung nach Durchschnittssätzen im Sinne von §13a EStG und die Überschussrechnung nach §4 Absatz 3 EStG, gelten nur ausnahmsweise für kleinere Betriebe.

Für Vollkaufleute und für bestimmte andere Gewerbetreibende gibt es dann noch die Gewinnfestlegung nach §5 EStG.

Gewinn im Sinne des §4 Absatz 1 EStG

Der Gewinnbegriff im Sinne des Einkommensteuergesetzes trifft für alle buchführungspflichtigen Landwirte zu. **Gewinn** ist hier definiert als der Unterschiedsbetrag zwischen dem Betriebsvermögen am Schluss des Wirtschaftsjahres, vermehrt um den Wert der Entnahmen und vermindert um den Wert der Einlagen.

Entnahmen sind alle Wirtschaftsgüter, die der Steuerpflichtige dem Betrieb für sich, für seinen Haushalt oder für andere betriebsfremde Zwecke im Laufe des Wirtschaftsjahres entnommen hat. Darunter fallen die Barentnahmen, Waren, Erzeugnisse, Nutzungen und Leistungen.

Einlagen sind alle Wirtschaftsgüter, die der Steuerpflichtige dem Betrieb zuführt. In der Regel sind das Bareinzahlungen, aber auch Sacheinlagen sind möglich. Bei der Ermittlung des Gewinns sind die Vorschriften über die Betriebsausgaben, über die Bewertung und über die Absetzung für Abnutzung oder Substanzverringerungen zu befolgen.

Der Gewinn nach §4 Absatz 1 EStG ist die Vermögensänderung von Bilanzstichtag zu Bilanzstichtag. Er wird mit der Buchführung ermittelt. Man spricht deshalb bei der Buchführung auch von der *Gewinnermittlung durch Vermögensvergleich.*

Das im Einkommensteuergesetz angesprochene Betriebsvermögen entspricht dem in der Betriebswirtschaft üblichen Begriff des Eigenkapitals. Dieser Begriff des Eigenkapitals soll, um Verwechslungen mit dem betriebswirtschaftlichen Begriff des Betriebsvermögens zu vermeiden, im Weiteren verwendet werden.

3.2 Buchführungs- und Aufzeichnungspflichten

Der Gewinn wird mit Durchschnittssätzen, mit der Überschussrechnung, mit der Buchführung oder mit einer Schätzung ermittelt.

3.2.1 Gewinn nach Durchschnittssätzen (GnD)

Durch das Steuerentlastungsgesetz 1999/2000/2002 wurde die Gewinnermittlung nach Durchschnittssätzen grundlegend geändert. Das bisherige Verfahren knüpfte an den im Einheitswertbescheid des Betriebes ausgewiesenen Vergleichswert an. Es wird von einem Hektarwertverfahren abgelöst. Die neuen Regelungen sind für die Wirtschaftsjahre erstmals anzuwenden, die nach dem 30. 12. 1999 enden. Das sind die Wirtschaftsjahre 1999/2000 und das Kalenderjahr 1999, soweit dieses als Wirtschaftsjahr zutreffen sollte. Für die Wirtschaftsjahre, die nach dem nach dem 31. 12. 2001 enden, ist die Durchschnittssatzgewinnermittlung auf Euro umgestellt worden.

Der Gewinn eines land- und forstwirtschaftlichen Betriebes ist nach der neuen Fassung von § 13 a des Einkommensteuergesetzes zu ermitteln, wenn:

- Der Steuerpflichtige nicht auf Grund gesetzlicher Vorschriften verpflichtet ist, Bücher zu führen und regelmäßig Abschlüsse zu machen, und
- die selbst bewirtschaftete Fläche der landwirtschaftlichen Nutzung ohne Sonderkulturen nicht 20 ha überschreitet und
- die Tierbestände insgesamt 50 Vieheinheiten nicht übersteigen und
- der Wert der selbst bewirtschafteten Sondernutzungen nicht mehr als 2000 DM je Sondernutzung beträgt.

Keine gesetzlichen Vorschriften

Angesprochen sind die außersteuerlichen und die steuerlichen Rechtsvorschriften im Sinne der Abgabenordnung (AO). Die AO legt im § 140 fest: »Wer nach anderen Gesetzen als den Steuergesetzen Bücher und Aufzeichnungen zu führen hat, die für die Besteuerung von Bedeutung sind, hat die Verpflichtungen, die ihm nach den anderen Gesetzen obliegen, auch für die Besteuerung zu erfüllen.« Durch diese Vorschrift werden die nach außersteuerlichen Gesetzen vorgeschriebenen Buchführungs- und Aufzeichnungspflichten zur steuerlichen Pflicht erhoben. Es besteht hier also eine *abgeleitete Buchführungspflicht.* Außersteuerliche Vorschriften sind z. B. das Handelsgesetzbuch, das Aktiengesetz und das GmbH-Gesetz. § 141 der AO legt steuerliche Grenzen zur Buchführungspflicht fest.

Zu viele Vieheinheiten machen Überschussrechnung zur Pflicht

Die Obergrenze für den Tierbestand ist unabhängig von der Fläche und von den Tierarten mit 50 VE festgesetzt. Die Umrechnung auf VE erfolgt mit dem Umrechnungsschlüssel der Tabelle 4.

Beispiel: Ein Betrieb mit 19 ha LN hat folgenden Tierbestand

Milchkühe	30 Stück × 1,00 VE	=	30 VE
Färsen über 2 Jahre	8 Stück × 1,00 VE	=	8 VE
Jungvieh 1–2 Jahre	6 Stück × 0,70 VE	=	4,20 VE
Jungvieh bis 1 Jahr	8 Stück × 0,30 VE	=	2,40 VE
Vieheinheiten insgesamt			44,60 VE

Der Betrieb überschreitet nicht den Grenzwert von 50 VE und bleibt Durchschnittssatzlandwirt.

Nicht mehr als 20 ha Fläche

Die GnD ist für nach dem 30. 12. 1999 endende Wirtschaftsjahre nur zulässig, wenn die selbstbewirtschaftete Fläche der landwirtschaftlichen Nutzung ohne Sonderkulturen 20 ha nicht überschreitet. Angerechnet werden die selbstbewirtschafteten eigenen und zugepachteten Flächen sowie auch die Stilllegungsflächen. Maßgebend ist der Flächenumfang zu Beginn eines Wirtschaftsjahres.

Als landwirtschaftliche Nutzungen gelten:

- das Acker- und Grünland,
- der Anbau von Gemüse, der nach landwirtschaftlichen Anbaumethoden im Rahmen der Fruchtfolge als Hauptkultur durchgeführt wird. Das sind Kopfkohl (Weiß- und Rotkohl), Pflückerbsen und Pfückbohnen,
- die auf die landwirtschaftliche Nutzung entfallenden Hof- und Gebäudeflächen, die Wirtschaftswege, Hecken und Grenzraine,
- aufgrund von Förderprogrammen stillgelegte Flächen oder aufgrund staatlicher Auflagen in der Nutzung beschränkte Flächen,
- der extensive Obstbau.

Zur landwirtschaftlichen Nutzung gehören im Sinne des § 13 a EStG nicht:

- die Flächen für das Wohnhaus und das Austragshaus einschließlich des dazu gehörenden Hausgartens,
- die Sonderkulturen Hopfen und Spargel,
- gärtnerische Nutzungen, z. B. Blumen- und Zierpflanzenbau, Baumschulen und intensiver Obstbau; Bagatellflächen werden aus Vereinfachungsgründen der landwirtschaftlichen Nutzung zugeordnet,
- das Geringstland, das Unland und das Abbauland,
- die Flächen der Nebenbetriebe (z. B. Brennereien, Milchverarbeitung, Mostereien, Sägewerke, Be- und Verarbeitung von organischen Abfällen).

Für Sondernutzungen gibt es eine Obergrenze von 2000 DM

Übersteigt der Wert einer selbstbewirtschafteten Sondernutzung den Betrag von 2000 DM, so ist die GnD nicht mehr zulässig. Je nach den Hektarwerten entpricht das etwa 5–10 ha Wald, 0,7 ha Spargel oder 0,3 ha Weinbau.

Die Werte der Sondernutzungen sind den Einheitswertbescheiden zu entnehmen.

Als Sondernutzungen gelten:

- die Sonderkulturen Hopfen und Spargel,
- die forstwirtschaftliche Nutzung,
- die weinbauliche Nutzung,
- die gärtnerische Nutzung,
- die sonstige land- und forstwirtschaftliche Nutzung: Binnenfischerei, Teichwirtschaft, Fischzucht, Imkerei, Wanderschäferei und Saatzucht,
- das Abbauland,
- Geringstland,
- Unland,
- Nebenbetriebe.

Jede der oben genannten Nutzung ist als einzelne Sondernutzung anzusehen, für die jeweils für sich die Obergrenze von 2000 DM gilt. Bei der sonstigen land- und forstwirtschaftlichen Nutzung gilt jede einzelne Nutzungsart als selbstständige Sondernutzung (R 13a.2 Abs. 2 EStR 2005).

Gewinnermittlung nach Durchschnittssätzen bei der Verpachtung des Betriebes

Der § 13 a EStG weist für die Zulässigkeit der Durchschnittssatzgewinnermittlung eine Obergrenze, aber keine Untergrenze zur selbstbewirtschafteten Fläche aus. Auch in den EStR fehlen eindeutige Hinweise, ob bei Verpachtung des Betriebes die GnD noch möglich ist. In der Fachliteratur wird überwiegend die Meinung vertreten, dass die Zulässigkeit der GnD einen selbstbewirtschafteten Betrieb voraussetzt. Es ist daher nach Felsmann (C 328 a) eine Ermittlung des Gewinns nach Durchschnittssätzen in Fällen der Verpachtung oder Stilllegung eines Betriebes, in denen die Aufgabe des Betriebes nicht erklärt wurde, grundsätzlich nicht zulässig. Verpachtet ein Landwirt seine Flächen, so erfordert es eine entsprechende Mitteilung des Finanzamtes, dass sein Gewinn nicht mehr nach Durchschnittssätzen ermittelt werden darf. Erst von Beginn des auf diese Mitteilung folgenden Wirtschaftsjahres an scheidet dann der Landwirt aus der GnD aus.

Freiwillige Buchführung statt Durchschnittssätze

Das Einkommensteuergesetz erlaubt es, dass nicht zur Buchführung oder Überschussrechnung verpflichtete Landwirte diese Aufzeichnungen freiwillig führen. Der so ermittelte Gewinn kann aber nur auf Antrag des Steuerpflichtigen der Besteuerung zugrunde gelegt werden. Der Antrag ist schriftlich bis zur Abgabe der Steuererklärung, jedoch spätestens innerhalb von 12 Monaten nach Ablauf des Wirtschaftsjahres zu stellen, dessen Gewinn erstmals durch Buchführung oder Überschussrechnung ermittelt worden ist.

Beispiel: Für das Wirtschaftsjahr 2005/2006 soll erstmals der Gewinn aufgrund einer freiwilligen Buchführung oder Überschussrechnung für die Besteuerung herangezogen werden. Der Antrag dazu kann dann entweder mit der Einkommen-

steuererklärung für 2005 gestellt werden, jedoch spätestens bis zum 30.6.2006. Die Anlage L zur Einkommensteuererklärung enthält eine entsprechend formulierte Frage.
Der Antrag ist aber unwirksam, wenn für das 1. Wirtschaftsjahr keine Bücher und entsprechenden Aufzeichnungen geführt werden Der Gewinn wird dann weiterhin nach Durchschnittssätzen ermittelt.
Wird aber der Antrag gestellt und für das 1. Wirtschaftsjahr auch die Buchführung oder Überschussrechnung gemacht, dann tritt eine Verpflichtungswirkung ein. Der Landwirt hat dann für insgesamt 4 Wirtschaftsjahre die Buchführung bzw. die Überschussrechnung zu erstellen. Kommt er dieser Verpflichtung nicht nach, dann wird sein Gewinn nicht nach den Durchschnittssätzen im Sinne des § 13 a EStG festgestellt, sondern wird geschätzt.

Vorteile und Nachteile der Gewinnermittlung nach Durchschnittssätzen
Der angenehmste Vorteil aus der Sicht der Praxis ist, dass keine buchführungsmäßigen Aufzeichnungen notwendig sind und dafür auch keine Kosten anfallen. Mit der Gewinnermittlung nach Durchschnittssätzen sind aber auch steuerliche Vorteile verbunden. So werden damit im Durchschnitt der Betriebe nur etwa zwei Drittel des tatsächlichen Gewinns erfasst. Günstig ist es vor allem für die überdurchschnittlich gut wirtschaftenden Betriebe, da deren tatsächlicher Gewinn ja oft deutlich über dem Durchschnitt liegt.

Vorteilhaft ist es auch bei einigen zusätzlichen Einnahmen, da diese mit dem Grundbetrag abgegolten sind. Beispiele dafür sind die Einnahmen aus Maschinenringtätigkeiten, die staatlichen Beihilfen und meistens auch Entschädigungen.
Die Ausgabenpauschalen, wie sie für den Holzverkauf, den Gemüse- oder Hopfenbau und für andere Sondernutzungen gelten, sind aus steuerlicher Sicht recht entgegenkommend angelegt. Für die Sondernutzungen gibt es im Rahmen der Gewinnermittlung nach Durchschnittssätzen zusätzlich einen Gewinnfreibetrag von 1534 €, der für die übrigen Gewinnermittlungsarten nicht gilt.

3.2.2 Überschussrechnung

Die Überschussrechnung im Sinne des § 4 Absatz 3 EStG ist eine vereinfachte Buchführung. Der Gewinn wird als *Überschuss* aus den Betriebseinnahmen abzüglich der Betriebsausgaben berechnet.
Sie wird zur Pflicht, wenn

- die gesetzlichen Grenzen zur Buchführungspflicht noch nicht überschritten sind,
- es liegt aber der Betrieb über den Grenzwerten zur GnD im Sinne des § 13 a EStG.

Die Überschussrechnung ist der Vollbuchführung nur oberflächlich betrachtet recht ähnlich. Es sind Inventarlisten anzulegen und es sind auch die laufenden Einnahmen und Ausgaben und Ausgaben aufzuschreiben. Genauer besehen, bestehen

aber zwischen den beiden Gewinnermittlungsmethoden doch einige recht deutliche Unterschiede.
Diese sind im Wesentlichen:

- Bei der Überschussrechnung ist keine Bilanz zu erstellen. Es sind aber für das Anlagevermögen, genauso wie bei der Buchführung, Anlagenverzeichnisse mit der Verbuchung der Zu- und Abgänge und der Abschreibungen zu führen.
- Bei der Überschussrechnung gilt im Wesentlichen das Zufluss- und Abflussprinzip. Das bedeutet, Einnahmen und Ausgaben werden in dem Wirtschaftsjahr gebucht, in dem die Einnahme oder Ausgabe war. Im Unterschied dazu gilt bei der Buchführung das Leistungsprinzip.

Beispiel: Das Wirtschaftsjahr umfasst den Zeitraum 1. 7. bis 30. 6. des folgenden Jahres. Im Juni 2006 werden Mastschweine im Gesamtwert von 10000 € verkauft. Die Bezahlung erfolgt im Juli 2006. Hat der Betrieb eine Überschussrechnung, dann werden diese 10000 € im Wirtschaftsjahr der Bezahlung (2006/2007) verbucht und wirken sich da gewinnerhöhend aus.

Völlig anders sieht die Handhabung der 10000 € bei der Buchführung aus. Es wird zum Jahresabschluss in dieser Höhe eine Position »Forderung« in die Bilanz aufgenommen, die dann mit dem Zahlungseingang im neuen Wirtschaftsjahr aufgelöst wird. Durch diese Handhabung wirkt sich bei der Buchführung der Schweineverkauf bereits im Wirtschaftsjahr der Ablieferung gewinnerhöhend aus. Ähnlich werden auch Einkäufe bzw. Ausgaben gehandhabt.

- Die Bestandsänderungen beim Viehumlaufvermögen (im Wesentlichen Masttiere) und bei Vorräten werden mit der Überschussrechnung nicht erfasst und wirken sich hier auch nicht auf den Gewinn aus.

Beispiel: Am Anfang des Wirtschaftsjahres sind Futtermittel und andere Vorräte im Wert von 6000 € auf Lager und zum Ende des Wirtschaftsjahres von 10000 €. Der Wertzuwachs ist dann 4000 €, der bei der Überschussrechnung gewinnmäßig nicht angesetzt wird. Bei der Buchführung erhöht sich dadurch der Gewinn um 4000 €.

- Bei der Überschussrechnung werden Guthaben und Schulden am Ende des Wirtschaftsjahres nicht zusammengestellt.
- Beim Holzverkauf kann durch die Überschussrechnung eine günstige Vereinfachung genutzt werden: Genauso wie bei der Durchschnittssatzgewinnermittlung dürfen die Forstausgaben mit 65% von den Verkaufseinnahmen beim geschlagenen Holz und mit 40% beim stehenden Holz angesetzt werden (§ 51 EStDV).

Die Unterschiede der Gewinnermittlung zwischen der Buchführung und der Überschussrechnung sind in der Tabelle 5 zusammengestellt.

Tabelle 5: Schema der Gewinn- und Verlustrechnung durch Buchführung und Überschussrechnung (nach Grill, 1993)

Buchführung (4 Absatz 1 EStG)	**Überschussrechnung** (4 Absatz 3 EStG)
+ *Betriebseinnahmen* (zugeflossenes Geld) + Forderungen aus Lieferungen und Leistungen + Bestandsmehrung beim Vieh, Umlauf- und Anlagevermögen – Bestandsminderung beim Vieh, Umlauf- und Anlagevermögen + Bestandsmehrung bei eigenerzeugten Vorräten – Bestandsminderung bei eigenerzeugten Vorräten + Wert der Naturalentnahmen = *Unternehmensertrag*	+ *Betriebseinnahmen* (zugeflossenes Geld) nein + Bestandsmehrerung beim Vieh, soweit Anlagevermögen – Bestandsminderung beim Vieh, soweit Anlagevermögen nein nein + Wert der Naturalentnahmen = *Betriebseinnahmen*
Betriebsausgaben (abgeflossenes Geld) + Verbindlichkeiten aus Lieferungen und Leistungen + Bestandsminderung bei zugekauften Vorräten – Bestandsmehrung bei zugekauften Vorräten + Abschreibungen und Anlagenabgänge = *Unternehmensaufwand*	*Betriebsausgaben* (abgeflossenes Geld) nein nein nein + Abschreibungen und Anlagenabgänge = *Betriebsausgaben*
Unternehmensertrag – Unternehmensaufwand = Gewinn oder Verlust	Betriebseinnahmen – Betriebsausgaben = Gewinn oder Verlust

Die Überschussrechnung ist zwar einfach, hat aber Tücken

Die Überschussrechnung unterscheidet sich grundsätzlich von den übrigen drei Gewinnermittlungsarten durch 2 Tatsachen:

- Zum einen wird bei den Gewinnermittlungsarten nach Durchschnittssätzen, nach Buchführung und nach Schätzung unterstellt, dass ein Bestandesvergleich vorliegt. Das bedeutet, der Gewinn ergibt sich durch die Veränderung des Vermögens zum Beginn und zum Ende des Wirtschaftsjahres.
- Zum anderen gilt bei der Überschussrechnung für die Einnahmen und Ausgaben das im vorhergehenden bereits definierte Zu- und Abflussprinzip. Insbesondere werden bei der Überschussrechnung nicht die Bestandsänderungen beim Umlaufvermögen und die Forderungen und Verbindlichkeiten berücksichtigt. Erfolgt nun in der Art der Gewinnermittlung ein Wechsel von oder zur Überschussrechnung, dann sind im 1. Jahr des Wechsels Korrekturen erforderlich.

Wechselt ein Betrieb von der Gewinnermittlung nach Durchschnittssätzen, von der Schätzung oder von der Buchführung zur Überschussrechnung, dann ist der Gewinn der Überschussrechnung im 1. Jahr folgendermaßen zu korrigieren:

Gewinn (Überschuss) des 1. Jahres
+ Rückstellungen am Vorjahresende
+ Verbindlichkeiten am Vorjahresende, ohne die Verbindlichkeiten für Investitionen
+ Rechnungsabgrenzungen auf der Passivseite am Vorjahresende
– Viehumlaufvermögen (Mastvieh) am Vorjahresende
– Vorräte am Vorjahresende
– Forderungen am Vorjahresende
– Rechnungsabgrenzung am Vorjahresende
= berichtigter Gewinn

Beim Eintritt in die Überschussrechnung werden meistens die Abrechnungen höher sein als die Zurechnungen. Dadurch ergibt sich ein niedrigerer Gewinn, der zu einer Steuerersparnis führt, soweit überhaupt eine Besteuerung anfällt.
Aber Vorsicht! Der Abstand zwischen der Verpflichtung zur Überschussrechnung und der Buchführung ist nicht groß. Der Betrieb wird weiter Flächen pachten oder den Viehbestand aufstocken. Er wächst damit sehr schnell in die Buchführungspflicht hinein. Dann passiert der oben dargestellte Rechengang mit veränderten Vorzeichen.

Gewinn des ersten Buchführungsjahres
+ Viehumlaufvermögen am Jahresanfang
+ Vorrätevermögen am Jahresanfang
+ Forderungen am Jahresanfang
– Rückstellungen am Jahresanfang
– Verbindlichkeiten am Jahresanfang, ohne Investitionen
– Rechnungsabgrenzung auf der Passivseite am Jahresanfang
= berichtigter Gewinn

Die Zurechnungen können im 1. Jahr des Buchführungswechsels gerade bei Mastbetrieben zu erheblichen Gewinnen und damit zu einer hohen Besteuerung führen. Damit hier ein Ausgleich erfolgt, dürfen die Zurechnungen auf Antrag des Steuerpflichtigen auf das Übergangsjahr und die beiden folgenden Jahre verteilt werden. Aufgrund der dargestellten Problematik der Überschussrechnung wird einem Betrieb in der Regel zu empfehlen sein, nicht die Überschussrechnung zu machen, sondern gleich in die Buchführung einzusteigen.

Keine Überschussrechnung – was dann?
Eine gesetzliche Verpflichtung zur Überschussrechnung besteht nicht. Das Finanzamt kann also, im Unterschied zur Buchführungsverpflichtung, die Überschussrechnung durch Zwangsmaßnahmen nicht erzwingen. Wird aber die Verpflichtung zur Überschussrechnung nicht erfüllt, dann darf der Gewinn nicht mehr nach den

Durchschnittssätzen des § 13 a EStG ermittelt werden, sondern ist zu schätzen. Bei der Gewinnschätzung ist das Finanzamt gehalten, eine Schätzmethode zu wählen, die dem tatsächlichen Gewinn möglichst genau entspricht.

3.2.3 Buchführung

Der **Gewinn** ist im § 4 Absatz 1 EStG definiert als der Unterschiedsbetrag zwischen dem Betriebsvermögen am Schluss des Wirtschaftsjahres und dem Betriebsvermögen am Schluss des vorangegangenen Wirtschaftsjahres, vermehrt um den Wert der Privatentnahmen und vermindert um den Wert der Privateinlagen.

Der steuerliche Begriff Betriebsvermögen entspricht hierbei dem betriebswirtschaftlichen Begriff des Eigenkapitals.

Beispiel zum Vermögensvergleich:	
Betriebsvermögen (Eigenkapital) am 30. 6. 2002	900 000 €
– Betriebsvermögen am 30. 6. 2001	880 000 €
+ Entnahmen im Wirtschaftsjahr 2001/2002	40 000 €
– Einlagen im Wirtschaftsjahr 2001/2002	10 000 €
= Gewinn	50 000 €

Wann die Buchführungspflicht eintritt ist in der Abgabenordnung (AO) festgelegt. Dort gibt es die Vorschrift, wer nach anderen Gesetzen als den Steuergesetzen Bücher und Aufzeichnungen zu führen hat, den trifft auch die steuerliche Buchführungspflicht (§ 140 AO).

Nach der genannten Regelung würden Landwirte und viele Handwerksbetriebe nicht buchführungspflichtig werden. Für diese Gruppe der gewerblichen sowie der land- und forstwirtschaftlichen Unternehmen formulierte deswegen der Gesetzgeber in § 141 AO eigenständige Grenzwerte zur Buchführungspflicht.

Steuerliche Buchführungspflicht aufgrund außersteuerlicher Vorschriften

Wählen mehrere Personen für einen gemeinsamen Betrieb die Rechtsform einer Genossenschaft, dann sind sie wegen des Genossenschaftsgesetzes zur Buchführung verpflichtet. Aufgrund der Vorschrift des § 140 AO bringt dies automatisch auch die steuerliche Buchführungspflicht mit sich.

Diese Art der steuerlichen Buchführungspflicht gilt nicht nur für Genossenschaftsbetriebe. Sie gilt auch für Betriebe, die in der Rechtsform einer Kapitalgesellschaft (AG, GmbH) geführt werden oder auch für landwirtschaftliche Betriebe, die durch die freiwillige Eintragung in das Handelsregister die Kaufmannseigenschaft erlangt haben.

Nicht unter die steuerliche Buchführungspflicht fallen im Gegensatz dazu die Landwirte, die eine sog. Auflagenbuchführung wegen staatlicher Förderungsmaßnahmen vorlegen müssen. Es handelt sich hierbei um eine Buchführung, die durch Verwaltungsvorschriften und nicht durch ein Gesetz begründet wird. Das gleiche gilt auch für die freiwillige Buchführung als Testbetrieb nach dem Landwirtschaftsgesetz.

Ein Landwirt, der die Buchführung als Testbetrieb oder wegen einer staatlichen Förderung macht, ist also deswegen nicht zur steuerlichen Buchführung verpflichtet. Sein Gewinn kann damit weiterhin nach Durchschnittssätzen durch das Finanzamt ermittelt werden. Soweit keine steuerliche Buchführungspflicht besteht, kann das Finanzamt auch nicht die Gewinne der Auflagenbuchführung oder der Testbuchführung zur Besteuerung heranziehen.

Die Testbuchführung braucht der Landwirt dem Finanzamt nicht einmal zur Einsichtnahme vorlegen, da dies durch das Landwirtschaftsgesetz selbst ausgeschlossen wird. Die Auflagenbuchführung kann eingesehen werden. Die Einsichtnahme soll aber seitens des Finanzamtes nicht erzwungen werden, um die mit der staatlichen Förderung verfolgte agrarpolitische Zielsetzung nicht zu gefährden.

Grenzwerte der Buchführungspflicht

Die Zahl der Landwirte nimmt zwar rapide ab, doch der Anteil steuerlich buchführender Betriebe nimmt weiter zu: Die landwirtschaftlichen Betriebe wachsen immer mehr in die Buchführungspflicht hinein.

Die **Buchführungspflicht beginnt**, wenn

- der Umsatz aus der Land- und Forstwirtschaft mehr als 500 000 € im Kalenderjahr beträgt *oder*
- der Wirtschaftswert der selbst bewirtschafteten Flächen über 25 000 € liegt *oder*
- mehr als 30 000 € im Kalenderjahr Gewinn aus der Land- und Forstwirtschaft erzielt werden

Der Landwirt braucht den Rechenstift nicht selbst anzusetzen, um festzustellen, dass die Buchführungsgrenzen überschritten sind. Diese Berechnungen führt das Finanzamt durch. Die wichtigsten Berechnungsquellen sind dabei die Angaben des Landwirts in der Anlage L zur Einkommensteuererklärung und der Einheitswertbescheid.

Die Buchführungspflicht beginnt erst dann, wenn das Finanzamt dazu *schriftlich* auffordert. Diese Mitteilung soll dem Steuerpflichtigen mind. 1 Monat vor Beginn der Buchführungsverpflichtung bekannt gegeben werden, damit genügend Zeit verbleibt, sich darauf vorzubereiten.

Soll z. B. die Buchführungspflicht zum 1. 7. 2006 beginnen, dann muss der Landwirt die Aufforderung dazu spätestens am 31. 5. 2006 erhalten.

Der Wirtschaftswert als wichtigste Buchführungsfalle

In den allermeisten Fällen werden die Betriebe wegen der Wirtschaftswertgrenze buchführungspflichtig. Der »**Wirtschaftswert**« ist aber, so wie er im Einheitswertbescheid steht, für die Beurteilung der Buchführungspflicht nicht ausreichend. Der wichtigste Grund dafür ist, dass mit dem Wirtschaftswert aus dem Einheitswertbescheid nur die Eigentumsflächen erfasst sind.

Der für die Buchführungspflicht maßgebliche Wirtschaftswert bezieht sich aber auf alle selbst bewirtschafteten land- und forstwirtschaftlichen Flächen. Dazu gehören die Eigentumsflächen und die Pachtflächen. Nicht dazu zählen verpachtete Flächen. Der Wirtschaftswert beinhaltet auch den Wald, die Sonderkulturen, den Garten- und Weinbau, das Geringstland und die sonstige land- und forstwirtschaftliche Nutzung.

Die genaue Ableitung des Wirtschaftswertes ist im Abschnitt 2.1 (Seite 15 ff) nachzulesen.

Umsatzhöhe und Gewinn sind ungefährlich

Wegen der **Umsatzhöhe** kommen land- und forstwirtschaftliche Betriebe kaum in die Buchführungspflicht. Bevor 350 000 € Umsatz erreicht werden, sind normalerweise die Gewinn- und vor allem die Wirtschaftswertgrenzen überschritten. Unter Umsatz sind die Einnahmen für die landwirtschaftlichen Erzeugnisse und Leistungen einschließlich steuerfreier Umsätze zu verstehen.

Nachdem nichtbuchführungspflichtige Betriebe in der Regel keine Aufzeichnungen führen, wird entweder auf die Überprüfung des Umsatzes verzichtet oder das Finanzamt schätzt ihn mit Richtsätzen.

Dazu sind die Betriebsgröße, das Anbauverhältnis, der Viehbestand, die verkauften Tiere und andere Betriebsvorgänge zu berücksichtigen. Das Finanzamt kann auch von der Auflagenbuchführung im Zusammenhang mit einer Förderung nach dem einzelbetrieblichen Förderungsprogramm oder von der Buchführung als Testbetrieb für den Agrarbericht ausgehen. Der Landwirt ist aber nicht verpflichtet, die Testbuchführung dem Finanzamt vorzulegen.

Den für die Buchführungspflicht maßgeblichen **Gewinn** kann das Finanzamt nach den Durchschnittssätzen des § 13 a EStG mit einer bereits vorhandenen Überschussrechnung oder auch über eine Gewinnschätzung feststellen. Die Buchführung selbst kann nur bei bisheriger freiwilliger steuerlicher Buchführung herangezogen werden.

Nicht erfüllte Buchführungspflicht Erfüllt ein Steuerpflichtiger die Buchführungspflicht *nicht*, so wird der Gewinn nach § 162 der Abgabenordnung geschätzt oder die Finanzverwaltung kann sie mit Zwangsmitteln durchsetzen.

Der Ablauf des **Zwangsverfahrens** ist wie folgt: Das Finanzamt teilt die Buchführungspflicht mit. Diese Anordnung befolgt der Steuerpflichtige nicht. Daraufhin ist der Steuerpflichtige zu mahnen. Ist die Mahnung erfolglos, dann hat das Finanzamt dem Steuerpflichtigen zunächst das Zwangsverfahren schriftlich anzudrohen. Erst wenn die Androhung erfolglos bleibt, dann kann das Zwangsmittel vollzogen werden.

Als Zwangsmittel kann wiederholt ein Zwangsgeld festgesetzt werden. Die Höhe richtet sich nach den Umständen des Einzelfalls, wie nach den wirtschaftlichen und persönlichen Umständen. Zwangsmaßnahmen zur Durchsetzung der Buchführungspflicht werden in der Praxis kaum angewendet.

Ende der Buchführungspflicht
Die **Buchführungspflicht endet** dann, wenn das Finanzamt feststellt, dass alle drei Grenzwerte unterschritten werden. Mit der Buchführung darf aber noch nicht in dem Wirtschaftsjahr aufgehört werden, ab dem die Pflichtvoraussetzungen nicht mehr vorliegen, sondern erst mit dem Ablauf des folgenden Wirtschaftsjahres.

Teilt also das Finanzamt im Wirtschaftsjahr 2005/2006 mit, dass die Voraussetzungen zur Buchführungspflicht nicht mehr vorliegen, dann hat der Landwirt trotzdem auch noch für das nächste Wirtschaftsjahr 2006/2007 die Buchführung zu machen.

Grundsätzlich kann ein Landwirt mit der Buchführung aufhören, auch wenn die Verpflichtungsvoraussetzungen nicht entfallen sind. Sein Gewinn wird dann geschätzt. Der durch das Finanzamt zu schätzende Gewinn soll aber nicht unter dem Buchführungsgewinn der Vorjahre liegen.

3.3 Das Wirtschaftsjahr (Geschäftsjahr)

Der Gewinn wird in der Land- und Forstwirtschaft für das Wirtschaftsjahr, auch als Geschäftsjahr bezeichnet, ermittelt. Das Wirtschaftsjahr geht nach § 4 a EStG vom 1.7. bis zum 30.6. des folgenden Jahres. Davon abweichend sind aufgrund der Einkommensteuer-Durchführungsverordnung für einzelne Gruppen von Landwirten noch andere **Zeiträume** möglich und zwar:

- Bei Betrieben mit einem Futterbauanteil von 80% und mehr der landwirtschaftlichen Nutzfläche der Zeitraum vom 1.5. bis zum 30.4. des folgenden Jahres.
- Bei reiner Forstwirtschaft der Zeitraum vom 1.10. bis zum 30.9. des folgenden Jahres.
- Reine Weinbaubetriebe vom 1.9. bis zum 30.8. des folgenden Jahres.
- Gartenbaubetriebe, Baumschulbetriebe und reine Forstbetriebe können auch das Kalenderjahr als Wirtschaftsjahr wählen. Das heißt, der Gewinnermittlungszeitraum geht dann vom 1.1. bis zum 31.12. Neuerdings dürfen nach dem Standortsicherungsgesetz auch Obstbaubetriebe das Kalenderjahr als Wirtschaftsjahr wählen. Bei der Umstellung von Obstbaubetrieben auf das Kalenderjahr wird auf ein Rumpfwirtschaftsjahr verzichtet. Es darf dann das Wirtschaftsjahr ausnahmsweise länger als 12 Monate sein.

Das Wirtschaftsjahr umfasst einen Zeitraum von 12 Monaten. Es darf in der Regel nicht länger als 12 Monate sein. Ein kürzerer Zeitraum als 12 Monate ist ausnahmsweise möglich, wenn z. B. ein Betrieb eröffnet, erworben, aufgegeben oder veräußert wird. Weiterhin ist ein Wirtschaftsjahr mit weniger als 12 Monaten möglich, wenn der Buchführungszeitraum umgestellt wird. Die Umstellung des Buchführungszeitraums ist in der Regel nur im Einvernehmen mit dem Finanzamt möglich.

Es wird also der Gewinn in der Land- und Forstwirtschaft auf das Wirtschaftsjahr bezogen festgestellt. Im Unterschied dazu richtet sich die Höhe der Einkommensteuer nach dem Gewinn im Kalenderjahr. Durch die Abweichung zwischen dem landwirtschaftlichen Buchführungsjahr und dem Besteuerungszeitraum ist vorgeschrieben, den Gewinn des betroffenen Kalenderjahres aus 2 Wirtschaftsjahren zeitanteilig zusammenzusetzen.

Die Vorschrift nach § 4 a EStG ist: Bei Land- und Forstwirten ist der Gewinn des Wirtschaftsjahres auf das Kalenderjahr, in dem das Wirtschaftsjahr beginnt, und auf das Kalenderjahr, in dem das Wirtschaftsjahr endet, entsprechend dem zeitlichen Anteil aufzuteilen. Bei der Aufteilung sind Gewinne, die bei der Veräußerung eines land- und forstwirtschaftlichen Betriebs oder Teilbetriebs oder eines Anteils an einem Betrieb entstanden sind, auszuscheiden und dem Gewinn des Kalenderjahres hinzuzurechnen, in dem sie entstanden sind.

Beispiel: Der Gewinn beträgt im Geschäftsjahr 2004/2005 gleich 42000 Euro und 2005/2006 gleich 54000 Euro. Der steuerlich maßgebliche Gewinn für das Kalenderjahr 2005 wird zeitanteilig aus den beiden Geschäftsjahren 2004/2005 und 2005/2006 zusammengesetzt und entspricht den Einkünften aus Land- und Forstwirtschaft.

Steuerlich maßgeblicher Gewinn für das Kalenderjahr 2005 bei dem Geschäftsjahr 1. 7. – 30. 6.:

Anteil von 2004/2005 = 42000 €/12 Monate × 6 Monate	= 21000 €
Anteil von 2005/2006 = 54000 €/12 Monate × 6 Monate	= 27000 €
Einkünfte aus Land- und Forstwirtschaft 2005	= 48000 €

Steuerlich maßgeblicher Gewinn für das Kalenderjahr 2005 bei dem Geschäftsjahr 1. 5. – 30. 4.:

Anteil von 2004/2005 = 42000 €/12 Monate × 4 Monate	= 14000 €
Anteil von 2005/2006 = 54000 €/12 Monate × 8 Monate	= 36000 €
Einkünfte aus Land- und Forstwirtschaft 2005	= 50000 €

4 Beschreibung der Methoden zur Gewinnermittlung

In der Landwirtschaft werden vier Methoden zur Gewinnermittlung angewendet:

- Gewinnermittlung nach Durchschnittssätzen, geregelt im § 13a EStG
- Buchführung im Sinne des § 4 Absatz 1 EStG
- Überschussrechnung im Sinne des § 4 Absatz 3 EStG
- Gewinnschätzung im Sinne des § 162 AO

4.1 Gewinnermittlung nach Durchschnittssätzen (GnD)

Die Gewinnermittlung nach Durchschnittssätzen (GnD) ist eine Schätzung und die Vorgaben dazu stehen im § 13 a EStG. Gedacht ist diese Art der Gewinnberechnung für die kleineren landwirtschaftlichen Betriebe, die weder unter die Buchführungspflicht noch unter die Überschussrechnung fallen. Hierbei ist es gleichgültig, ob die Betriebe im Haupt- oder Nebenerwerb bewirtschaftet werden.

Die Durchschnittssatzgewinnermittlung erspart den betroffenen Betrieben die Aufzeichnungen und die Buchführungskosten. Aber auch die Finanzämter werden hierdurch wegen des einfacheren Veranlagungs- und Überprüfungsverfahrens arbeitsmäßig entlastet.

Der Gewinn nach § 13 a Absatz 3 EStG (neue Fassung) setzt sich aus folgenden Teilen zusammen:

- Dem Grundbetrag,
- den Zuschlägen für Sondernutzungen,
- den gesondert zu ermittelten Gewinnen,
- den vereinnahmten Miet- und Pachtzinsen,
- abzüglich der verausgabten Pacht- und Schuldzinsen und dauernden Lasten, soweit diese Positionen Betriebsausgaben sind. Die Summe der abzuziehenden Beträge dürfen zu keinem Verlust aus den landwirtschaftlichen Einkünften führen.

Der Grundbetrag

Die Höhe des Grundbetrages richtet sich bei der landwirtschaftlichen Nutzung ohne Sonderkulturen nach dem Hektarwert der selbst bewirtschafteten Fläche. Zu berücksichtigen sind alle selbst bewirtschafteten Flächen landwirtschaftlicher Nutzung ohne Sonderkulturen (siehe Abschnitt 3.2.1). Dazu gehören auch die auf die landwirtschaftliche Nutzung entfallenden Hof- und Gebäudeflächen. Für die Gewinnberechnung maßgebend ist der Umfang der selbst bewirtschafteten Flächen zu Beginn des betreffenden Wirtschaftsjahres. Dadurch bleiben die Flächenveränderungen, z. B.

Flächenzugänge, Flächenabgänge und Nutzungsänderungen, während eines Wirtschaftsjahres unberücksichtigt und wirken sich erst im nächsten Wirtschaftsjahr aus.

Als Hektarwert kann der im Einheitswert des Betriebes enthaltene oder der aus dem Ersatzwirtschaftswert (neue Bundesländer) abzuleitende Hektarwert für landwirtschaftliche Nutzungen ohne Sonderkulturen angesetzt werden. Hierbei ist der Einheitswertbescheid und in den neuen Bundesländern der Grundsteuermessbescheid heranzuziehen, der vor dem Beginn des Wirtschaftsjahres liegt, für das der Gewinn zu ermitteln ist. Der Grundbetrag ist für Wirtschaftsjahre, die nach dem 31. 12. 2001 enden, in Euro zu berechnen.
Je Hektar der landwirtschaftlichen Nutzung sind in Abhängigkeit vom Hektarwert als Grundbetrag anzusetzen:

bei einem Hektarwert bis zu 300 DM	205 Euro/ 400 DM,
bei einem Hektarwert über 300 DM bis 500 DM	307 Euro/ 600 DM,
bei einem Hektarwert über 500 DM bis 1000 DM	358 Euro/ 700 DM,
bei einem Hektarwert über 1000 DM bis 1500 DM	410 Euro/ 800 DM,
bei einem Hektarwert über 1500 DM bis 2000 DM	461 Euro/ 900 DM,
bei einem Hektarwert über 2000 DM	512 Euro/1000 DM.

Bei der Zupacht gilt hinsichtlich der Höhe des Hektarwertes (vgl. R 13a.2 Abs. 1 EStR 2005, Felsmann C 212 a):

- Zupacht von Einzelflächen: anzusetzen ist in der Regel der Hektarwert der Eigentumsflächen.
- Zupacht aller Flächen von einem Eigentümer: auf den Einheitswertbescheid des Eigentümers kann zurückgegriffen werden.
- Zupacht aller Flächen von verschiedenen Eigentümern: der Einheitswertbscheid des Verpächters ist heranzuziehen, von dem die größten Flächen gepachtet sind.

Mit dem Grundbetrag sind alle Erträge der landwirtschaftlichen Nutzung abgegolten. Daher sind keine weiteren Zurechnungen für z. B. staatliche Flächenzahlungen, Tierprämien, Flächenstilllegungsprämien, Prämien für Umweltmaßnahmen oder Gasölbeihilfe vorgesehen.

Zuschläge für Sondernutzungen

Für Sondernutzungen, deren Werte jeweils 500 DM übersteigen, gibt es je Sondernutzung mit Ausnahme des Forstes einen Zuschlag zum Grundbetrag von 512 €. Dieser Zuschlag trifft auch dann zu, wenn der Wert der Sondernutzung 2000 DM übersteigt und der Steuerpflichtige nicht auf den Wegfall der GnD durch das Finanzamt hingewiesen worden ist. Übersteigt der Wert einer Sondernutzung nicht die Grenze von 500 DM, dann gibt es keinen Zuschlag zum Grundbetrag.

Die Werte der Sondernutzungen sind aus den jeweils zuletzt festgestellten Einheitswerten oder in den neuen Bundesländern nach den Ersatzwirtschaftswerten abzuleiten.

Zuschläge für Sondergewinne

In § 13 a Abs. 6 EStG sind die zu berücksichtigenden Sondergewinne abschließend aufgezählt. Gesondert zu ermittelnde Gewinne sind in den Durchschnittsgewinn einzubeziehen, soweit deren Einnahmen insgesamt 1534 € (3000 DM vor dem 1. 1. 2002) übersteigen.

Die Regelungen für die Sondergewinne sind:

- Für die forstwirtschaftliche Nutzung soll der Gewinn mit der Überschussrechnung ermittelt werden. Vereinfachend kann aber pauschal vom Verkaufserlös 65% für geschlagenes Holz und 40% beim Verkauf des stehenden Holzes als Betriebsausgaben angesetzt werden. Es sind alle Erträge, die aus dem Wald erzielt werden, einzubeziehen.
- Die Veräußerung oder Entnahme von Grund und Boden und Gebäuden sowie die im Zusammenhang mit einer Betriebsumstellung stehende Veräußerung oder Entnahme von Wirtschaftsgütern des übrigen Anlagevermögens. Zu den Veräußerungen im Zusammenhang mit einer Betriebsumstellung gehört auch die Veräußerung von immateriellen Wirtschaftsgütern, z. B. die Milchreferenzmenge, das Zuckerrübenkontingent oder die Betriebsprämie.
- Für Dienstleistungen und vergleichbare Tätigkeiten, die der Land- und Forstwirtschaft zugerechnet und für Nichtlandwirte erbracht werden, sind als Gewinn 35% der Betriebseinnahmen (einschließlich der Umsatzsteuer) anzusetzen. Beispiele dafür sind der Maschineneinsatz bei Nichtlandwirten und die Vermietung von Fremdenzimmern unterhalb der Gewerbegrenzen. Werden die Dienstleistungen für land- und forstwirtschaftliche Betriebe erbracht und fallen sie nicht unter die Gewerbegrenzen, dann sind die Einnahmen daraus mit dem Grundbetrag abgegolten und brauchen nicht gesondert angesetzt zu werden. Soweit die Dienstleistungen gewerblich sind, ist hierfür eine eigene Gewinnermittlung notwendig und gehört zu den Einkünften aus Gewerbebetrieb.
- Die Auflösung von Rücklagen nach § 6 c und von Rücklagen für Ersatzbeschaffung: Land- und forstwirtschaftliche Betriebe können aufgedeckte stille Reserven aus der Veräußerung bestimmter Anlagegüter auch bei der GnD auf anzuschaffende Anlagegüter übertragen

Zuschläge für vereinnahmte Miet- und Pachtzinsen

Vereinnahmte Miet- und Pachtzinsen sind Gegenleistungen für entgeltliche Nutzungsüberlassungen an land- und forstwirtschaftlichen Wirtschaftsgütern. Dazu zählen die Miet- und Pachtzinsen für Grund und Boden, Gebäude, Mietwohnungen, bewegliche und immaterielle Wirtschaftsgüter, z. B. auch Milchreferenzmengen, Kontingente und Betriebsprämien. Sind die verpachteten Wirtschaftsgüter im Privatvermögen, dann sind die vereinnahmten Pachtzinsen Einkünfte aus Vermietung und Verpachtung und dürfen nicht in die Durchschnittssatzgewinnermittlung einfließen.

Durchschnittssatzgewinnermittlung erlaubt auch Abzüge

Von der Summe der bisher besprochenen Posten des Durchschnittssatzgewinns sind die Pachtausgaben, die Schuldzinsen und die dauernden Lasten abzusetzen. Die Abzüge dürfen aber nicht zu einem Verlust aus der Land- und Forstwirtschaft führen.

Schuldzinsen sind absetzbar, soweit sie betrieblich veranlasst sind. Zu den Schuldzinsen gehören nicht nur die Zinsen selbst, sondern auch die Kapitalbeschaffungskosten, z. B. Kreditprovisionen, das Disagio und auch die Notar- und Grundbuchkosten für die Eintragung einer Grundschuld. Erhält der Landwirt Zinsverbilligungszuschüsse, dann sind diese von den gezahlten Zinsen abzuziehen. Zu den abzugsfähigen Schuldzinsen gehören auch die Kontokorrentzinsen. Das trifft auch dann zu, wenn neben den betrieblichen auch private Vorgänge abgewickelt werden, soweit keine Überentnahmen getätigt wurden (§ Abs. 4a EStG). Privat veranlasste Zinsen dürfen bei der Durchschnittssatzgewinnermittlung ebenso wie bei den übrigen Gewinnermittlungsmethoden nicht abgesetzt werden. Wird beispielsweise zum Wohnhausbau ein Darlehen aufgenommen, so sind die Zinsen dafür privat und dürfen den Gewinn nicht mindern.

Dauernde Lasten sind den Betrieb belastende unbedingte Verpflichtungen zu wiederkehrenden Nutzungen und Leistungen. Die Aufwendungen dafür sind vom Durchschnittssatzgewinn nur dann abziehbar, wenn sie Betriebsausgaben sind. In der Praxis haben dauernde Lasten in dem Sinne kaum Bedeutung. Beispiele dafür sind Deich- und Siellasten, Leibrente mit dem Ertragsanteil, Beiträge zu Wasserschutzverbänden, Wegeunterhaltungslasten und Verpflichtungen aus Denkmalslasten (vgl. Märkle/Hiller S. 60 f). Nicht darunter fallen die Austragsleistungen, da diese privat und damit keine Betriebsausgaben sind. Diese können unter Renten und dauernden Lasten als Sonderausgaben steuerlich geltend gemacht werden.

Tabelle 6: Beispiel einer Gewinnermittlung nach Durchschnittssätzen

Eigentumsfläche 14 ha LN, Zupacht 4 ha LN, Hektarwert 1350 DM, Einnahmen aus Holzverkauf 10 000 €, Einnahmen aus Maschineneinsatz bei der Gemeinde 8000 €, Pachtausgaben 1600 €, Betriebliche Schuldzinsen 2300 €		
1. Grundbetrag bei 18 ha LN	18 ha × 410 €/ha	7380 €
2. Sondergewinne Holzverkauf Maschineneinsatz bei der Gemeinde abzüglich Freibetrag Verbleibender Betrag für Sondergewinne	 10 000 € × 35 % = 3500 € 8000 € × 35 % = 2800 € – 1534 €	 4766 €
3. Abzüge Pachtausgaben Schuldzinsen Abzüge gesamt	 1600 € 2300 €	 3900 €
Gewinn nach Durchschnittssätzen		8246 €

4.2 Gewinnermittlung mit der Buchführung

Im Sinne des § 4 Absatz 1 EStG ist der Gewinn die Vermögensmehrung während eines Wirtschaftsjahres, die noch durch die Privatentnahmen und Privateinlagen korrigiert werden muss.

Das Vermögen setzt sich aus den Wirtschaftsgütern des Betriebes zusammen. Das sind z. B. der Grund und Boden, Maschinen, Vorräte, Bankguthaben und Forderungen. Das Vermögen ist jeweils zu den Bilanzstichtagen zu bewerten. Von den Vermögenswerten sind die Schulden abzuziehen, um zum Eigenkapital zu kommen.

Beispiel: Im ersten Schritt wir davon ausgegangen, dass Privatentnahmen und Privateinlagen nicht anfallen. Der Landwirt hat zum Beginn des Wirtschaftsjahres insgesamt 400 000 € an Vermögenswerten, die sich folgendermaßen zusammensetzen:

Boden	200 000 €
Gebäude	100 000 €
Maschinen	80 000 €
Betriebskonto	20 000 €

Von den gesamten Vermögenswerten sind die Schulden in Höhe von 50 000 € abzuziehen. Als Differenz verbleibt das Eigenkapital mit 350 000 €. Im Laufe des Jahres verkauft der Landwirt Waren für 100 000 € und hat Ausgaben in Höhe von 70 000 €. Diese Einnahmen und Ausgaben ändern das Bankkonto und es ist um 30 000 € höher als zu Jahresbeginn. Bei den Gebäuden und den Maschinen wird wegen der Abschreibungen eine Wertminderung von jeweils 5000 € unterstellt. Die Wertverhältnisse sind dann zum Ende des Wirtschaftsjahres:

	Beginn des Jahres	Ende des Jahres
Boden	200 000 €	200 000 €
Gebäude	100 000 €	95 000 €
Maschinen	80 000 €	75 000 €
Betriebskonto	20 000 €	50 000 €
Betriebsvermögen	400 000 €	420 000 €
– Schulden	50 000 €	50 000 €
= Eigenkapital	350 000 €	370 000 €

Insgesamt nimmt das Betriebsvermögen im Laufe des Jahres von 400 000 € auf 420 000 € zu. Das Eigenkapital errechnet sich zum Jahresende aus 420 000 € abzüglich 50 000 € Schulden, das sind 370 000 €.

Da in dem Beispiel keine Einlagen und keine Entnahmen unterstellt werden, entspricht die Erhöhung des Eigenkapitals von 20 000 € auch gleich dem Gewinn.

Das Gegenstück des Gewinns ist der Verlust. Er entsteht, wenn während eines Wirtschaftsjahres eine Minderung des Eigenkapitals eintritt. Um die Entstehung eines Verlustes aufzuzeigen, ändern wir unser Beispiel etwas ab. Der Landwirt hat sowohl Einnahmen als auch Ausgaben von 100 000 €, die über das Betriebskonto abgewickelt werden. Dadurch ändert sich der Bankbestand nicht.

	Beginn des Jahres	Ende des Jahres
Boden	200 000 €	200 000 €
Gebäude	100 000 €	95 000 €
Maschinen	80 000 €	75 000 €
Betriebskonto	20 000 €	20 000 €
Betriebsvermögen	400 000 €	390 000 €
- Schulden	50 000 €	50 000 €
Eigenkapital	350 000 €	340 000 €

Auf diese Weise nimmt von Bilanzstichtag zu Bilanzstichtag das Eigenkapital um 10 000 € ab. Das heißt, der Betrieb weist keinen Gewinn, sondern einen Verlust aus.

In dem folgenden Schritt wird das Beispiel um private Entnahmen und Einlagen erweitert. Der Landwirt bezahlt über das Betriebskonto private Ausgaben im Werte von 50 000 € und er überweist aus einem privat geführten Sparkonto an das Betriebskonto 10 000 €. Die Einnahmen belassen wir bei 100 000 € und die Ausgaben bei 70 000 €. Dadurch ändert sich das Betriebskonto:

Anfangsbestand	20 000 €
+ Betriebseinnahmen	100 000 €
+ Privateinlagen	10 000 €
- Betriebsausgaben	70 000 €
- Privatausgaben	50 000 €
= Endbestand Betriebskonto	10 000 €

Wegen der Privatvorgänge geht der Bestand auf dem betrieblichen Bankkonto auf 10 000 € zurück. Die Vermögensaufstellung weist dadurch eine Verringerung des Betriebsvermögens und des Eigenkapitals aus.

	Beginn des Jahres	Ende des Jahres
Boden	200 000 €	200 000 €
Gebäude	100 000 €	95 000 €
Maschinen	80 000 €	75 000 €
Betriebskonto	20 000 €	10 000 €
Betriebsvermögen	400 000 €	380 000 €
- Schulden	50 000 €	50 000 €
= Eigenkapital	350 000 €	330 000 €

Der Gewinn ist auf den Betrieb bezogen zu ermitteln. Er darf also durch private Vorgänge nicht beeinflusst werden. Es sind daher die Privatentnahmen der Eigenkapitaländerung zuzurechnen und die Privateinlagen davon abziehen. Der Gewinn ergibt sich daher in unserem Beispiel:

Eigenkapitalminderung	(–)	20 000 €
+ Entnahmen		50 000 €
– Einlagen		10 000 €
= Gewinn		20 000 €

Obwohl im Beispiel von einem Bilanzstichtag zum nächsten Bilanzstichtag das Eigenkapital abnahm, wurde unter Berücksichtigung der Entnahmen und Einlagen ein Gewinn erzielt.

4.3 Gewinnermittlung mit der Überschussrechnung

Die Überschussrechnung ist keine reine Einnahmen-Ausgaben-Rechnung. Es sind auch Vorgänge zu berücksichtigen, bei denen kein Geldfluss zustande kommt. So sind die Wirtschaftsgüter abzuschreiben und als Ausgaben zu erfassen. Auch die Buchwertabgänge (z. B. beim Maschinenverkauf) zählen zu den Ausgaben. Wertänderungen beim Vieh sind nur beim Viehanlagevermögen zu berücksichtigen, z. B. Milchkühe oder Zuchtsauen. Die privaten Entnahmen an Sachgegenständen sind zu bewerten und den Einnahmen zuzurechnen (z. B. die Schlachtung eines Bullen zum Verbrauch im Privathaushalt).
In der Tabelle 7 (Seite 41) ist die Überschussrechnung beispielhaft abgeleitet.

4.4 Schätzung des Gewinns

4.4.1 Grundsätze zur Schätzung

Der Gewinn wird geschätzt, wenn ein Land- und Forstwirt zur Buchführung oder Überschussrechnung zwar verpflichtet ist, aber dieser Pflicht nicht nachkommt. Das gleiche gilt, wenn die Aufzeichnungen nicht ordnungsgemäß und für eine korrekte Gewinnherleitung nicht brauchbar sind. Die Finanzämter sind bestrebt, dass die Betriebe, deren Gewinn geschätzt wird, möglichst zur Buchführung übergehen. Das geschieht kaum durch Zwangsmaßnahmen, sondern durch eine verschärfte Gewinnschätzung.

Bei der **Schätzung des Gewinns** darf das Finanzamt nicht willkürlich handeln. Es ist möglichst der tatsächliche Gewinn eines Wirtschaftsjahres zu finden und es sind die besonderen Umstände jedes einzelnen Betriebes zu berücksichtigen.

Tabelle 7: Beispiel einer Überschussrechnung

Betriebsausgaben:		**Betriebseinnahmen:**	
Saat- und Pflanzgut	6 286,69	Getreide	13 412,15
Düngemittel	13 022,24	Raps	17 369,26
Pflanzenschutz	9 961,83	Heuverkauf	2 569,04
sonstige Spezialausgaben Boden	895,10	Tierverkäufe	249 488,78
Viehzukäufe	99 819,57	Mietwert Wohnung	0
Futtermittel	32 650,30	Maschinenring	14 841,56
sonstige Spezialausgaben Vieh	4 962,48	Rapsbeihilfe	14 911,83
Maschinenmiete	15 965,00	Gasölverbilligung	4 035,58
Treib- und Schmierstoffe	8 305,74	Landbewirtschaftung	1 400,00
Ausgaben Maschinen	6 402,29	Einkommensausgleich	2 575,00
Ausgaben Pkw	2 653,34	Zinszuschuss	3 792,16
Ausgaben Gebäude	1 621,95	Bullenprämie	12 712,50
Versicherungen	3 287,90	Forsteinnahmen	2 173,44
Betriebssteuern	1 164,36	Zinseinnahmen	63,56
Strom, Heizung, Wasser	4 590,33	Entnahme 2 Bullen	2 291,00
sonstige Betriebsausgaben	2 436,21	Privatanteile	7 228,08
Forstausgaben	0		
Pachtausgaben	10 920,00		
Zinsausgaben	9 570,46		
Buchabgänge	0	Maschinenverkauf	0
Vst auf Investitionen	3 868,13		
AfA Maschinen	32 106,47		
AfA Pkw	7 449,00		
AfA Gebäude	14 799,00		
geringwertige Wirtschaftsgüter	0		
Wertminderung Vieh	0	Wertmehrung Vieh	0
Betriebsausgaben	292 738,39	Betriebseinnahmen	348 863,94
Überschuss (Gewinn)	56 125,55	**Verlust**	–

Zur Gewinnschätzung stehen dem Finanzamt verschiedene Schätzmethoden zur Verfügung. Mit welcher Methode es arbeitet, liegt dabei im Ermessen des Finanzamtes. Es gibt hinsichtlich der Gewinnschätzung nur eine Einschränkung: Der Gewinn darf nicht nach Durchschnittssätzen aufgrund der Vorgaben des § 13 a EStG ermittelt werden.

Bei jeder Schätzung sind alle Umstände zu berücksichtigen, die für die Gewinnhöhe von Bedeutung sind. Die Berücksichtigung aller für die Schätzung bedeutsamen Umstände darf aber nicht dazu führen, im Zweifelsfall stets zugunsten des Steuerpflichtigen zu schätzen. Ein derartiger Grundsatz ist im Steuerrecht nicht vorgeschrieben und üblich. Bei grober Verletzung der Buchführungspflichten können die jeder Schätzung anhaftenden Unsicherheiten auch zu Lasten des Steuerpflichtigen gehen.

4.4.2 Schätzmethoden

Zur Schätzung des Gewinns sind verschiedene Schätzmethoden möglich:
- Die Richtsatzschätzung,
- die Schätzung über den Vermögensvergleich,
- die Schätzung durch eine Geldverkehrsrechnung,
- die Schätzung mit Gewinnraten,
- die Schätzung mit Standarddeckungsbeiträgen.

Richtsatzschätzung: Es ist eine Schätzung in Anlehnung an die steuerlichen Buchführungsergebnisse gleich gelagerter Betriebe. Die Grundlagen dafür werden von der Finanzverwaltung durch Richtsatzprüfungen erarbeitet.

Dabei handelt es sich um Prüfungen bei Betrieben, die durchschnittliche Ergebnisse erwarten lassen. Aufgrund der Ergebnisse dieser Betriebe geben die Oberfinanzdirektionen jährlich die Richtsätze heraus, anhand derer die Gewinnschätzung durchgeführt wird. Die Richtsatzschätzung ist das übliche Verfahren der Gewinnschätzung durch die Finanzämter.

Schätzung über den Vermögensvergleich: Die Vermögenszuwachsberechnung ist am zeitaufwendigsten, kommt aber den tatsächlichen Verhältnissen am nähesten. Diese Methode wird wegen des hohen Arbeitsaufwands nicht zur jährlichen Gewinnschätzung verwendet.

Eingesetzt wird der Vermögensvergleich immer wieder bei Betriebsprüfungen, vor allem dann, wenn der bislang nach einer einfacheren Methode geschätzte Gewinn dem Betriebsprüfer unrealistisch erscheint. Ist bei einer Betriebsprüfung der mit dem Vermögensvergleich geschätzte Gewinn höher als der bisher geschätzte Gewinn, so wird es zu einer Berichtigung der Steuerbescheide kommen.

Beim Vermögensvergleich ist das gesamte betriebliche und private Anfangsvermögen zu einem bestimmten Stichtag festzuhalten. Nach einem Wirtschaftsjahr oder auch einem längeren Zeitraum wird dann das Endvermögen ermittelt. Genauso wie bei der Gewinnermittlung mit der Buchführung ist unter dem Vermögen das Eigenkapital zu verstehen. Dieses Eigenkapital erhöht sich aus den Vermögenswerten abzüglich des Fremdkapitals. Der Unterschied zwischen dem Endvermögen und dem Anfangsvermögen ist dann noch um den Privatverbrauch zu erhöhen und um die Privateinlagen zu mindern.

Für die Aufstellung des Vermögensvergleiches gibt es verschiedene Vorgehensweisen. Zum einen können, wie bei der Buchführung, zu den jeweiligen Stichtagen *vollständige Bilanzen* erstellt werden. Dazu sind sämtliche Vermögenswerte, also Boden, Gebäude, Maschinen usw. zu erfassen.

Eine Alternative dazu ist, von vorneherein auf die Vermögensveränderungen abzustellen. Diese Vorgehensweise geht schneller, da ein Großteil der vorhandenen Vermögenswerte wie Boden, Gebäude und Maschinen nicht aufzunehmen und zu bewerten sind.

Schätzung des Gewinns durch eine Geldverkehrsrechnung: Dazu muss der gesamte Geldverkehr erfasst werden, damit die Herkunft und die Verwendung der Finanzmittel zusammengestellt werden kann. Die Geldverkehrsrechnung wird in der Land- und Forstwirtschaft kaum eingesetzt.

Schätzung mit Gewinnraten: Die Gewinnrate drückt aus, wie viel Prozent des Umsatzes als Gewinn verbleiben. Ist z. B. bei einem Milchkuhbetrieb die Gewinnrate 25 % und der Umsatz 250 000 €, dann errechnet sich der Gewinn mit 62 500 €.

Die Vorgehensweise ist zu pauschal und berücksichtigt nur wenig die einzelbetrieblichen Verhältnisse. Hinzu kommt noch, dass in der Landwirtschaft keine vollständigen Aufzeichnungen über die Höhe des Umsatzes vorliegen. Die Schätzung mit Gewinnraten wird kaum eingesetzt, höchstens zur Kontrolle, ob der Gewinn eines Betriebes im Rahmen des Üblichen liegt und für bestimmte Sonderbetriebszweige.

Schätzung mit Standarddeckungsbeiträgen: Die Deckungsbeitragsrechnung ist bei Betriebsplanungen üblich und von dort her auch bekannt. Die Standarddeckungsbeiträge werden aus den Auswertungen von Buchführungsergebnissen einer Vielzahl von Betrieben gewonnen. Es sind also Deckungsbeiträge, die auf durchschnittliche Verhältnisse abgestimmt sind.

Für die steuerliche Gewinnermittlung hat die Gewinnschätzung mit Deckungsbeiträgen keine große Bedeutung.

4.4.3 Die Richtsatzschätzung

Das Finanzamt schätzt den Gewinn in der Regel nach Richtsätzen, sofern nicht durch eine andere, auf die besonderen betrieblichen Verhältnisse abgestimmte Methode der Gewinn zutreffender ermittelt werden kann. Beschrieben wird im Folgenden die Richtsatzschätzung nach den Vorgaben des Bayerischen Landesamtes für Steuern (früher Oberfinanzdirektion). Die Gewinnschätzung für Bayern wurde ab dem Wirtschaftsjahr 2002/2003 gegenüber den vorhergehenden Jahren deutlich geändert (vgl. Leitfaden der OFD München: Schätzung des Gewinns aus Land- und Forstwirtschaft nach § 162 AO). Das Schema dieser Richtsatzschätzung, gültig ab dem WJ 2002/2003, zeigt die Tabelle 8.

Schätzungsgrundbetrag

Die Schätzungsgrundbeträge entsprechen begriffssystematisch dem Betriebseinkommen. Sie werden je Hektar landwirtschaftlicher Nutzfläche für jedes Wirtschaftsjahr aus den Ergebnissen buchführender Betriebe abgeleitet und durch das Landesamt für Finanzen durch besondere Verfügung bekannt gegeben (ESt-Kartei § 13 Karte 31.1). Die Höhe des Schätzungsgrundbetrages für einen Betrieb bemisst sich nach der landwirtschaftlichen Vergleichszahl (LVZ) und dem Anteil des Hackfruchtbaus an der LN. Die in Bayern für das Wirtschaftsjahr 2004/2005 gültigen Schätzungsgrundbeträge enthält die Tabelle 9.

Tabelle 8: Schema der Richtsatzschätzung
(Bayerisches Landesamt für Steuern)

Schätzungsgrundbetrag für die maßgebende landwirtschaftliche Nutzfläche (LN)	
+	Sondergewinn bei Milchviehhaltung
+	Sondergewinn übernormale Tierhaltung
+	Sondergewinne aus besonderen Betiebszweigen
+	Sonstige Sondergewinne und Sondereinnahmen
–	Lohnaufwendungen
–	Schuldzinsen
–	Miet- und Pachtaufwendungen
+	Sonstige Zu- und Abrechnungen
–	Sonstige Zu- und Abrechnungen
=	Gewinn des Wirtschaftsjahres

Tabelle 9: Schätzungsgrundbeträge in Euro je ha LN für das Wirtschaftsjahr 2004/2005 (ESt-Kartei § 13 Karte 32.1 ff)

Hackfruchtanteil in % der LN	LVZ[1] nach dem Einheitswertbescheid unter 35	35–45	über 45
0–10%	750	825	900
über 10–15%	800	900	950
über 15–20%	850	950	1050
über 20–30%	950	1050	1150
über 30%	1050	1150	1200

[1] LVZ = Landwirtschaftliche Vergleichszahl; bei Betrieben mit einer LVZ von unter 25 ist der Schätzungsgrundbetrag um 10 % zu vermindern

Die LN umfasst die selbstbewirtschafteten eigenen und zugepachteten Flächen. In dem Fall aber nur die reinen landwirtschaftlichen Produktionsflächen. Flächen für die Hofstelle (Gebäude und Hofraum), Wege, Gräben, Feldraine, Wasser, Unland, Abbauland, Geringstland und Hausgärten rechnen also nicht dazu.

Auch Sondernutzungen und Sonderkulturen, für die Gewinnzuschläge vorgenommen werden, gehören nicht zur LN. Hierunter fallen z.B. Baumschulen, Erdbeeranbau, Gemüse- und Blumenanbau, Hopfen, Spargel, Tabak-, Tee-, Gewürz- und Heilkräuteranbau, Teichwirtschaft, Weinbau und Christbaumkulturen.

Almen und Hutungen sind mit einem Viertel ihrer Fläche anzusetzen. Obstbauflächen mit einer regelmäßigen landwirtschaftlichen Unternutzung sind zur Hälfte zu berücksichtigen.

Zum Hackfruchtbau gehören Zuckerrüben, Kartoffeln, Futterrüben, Futterkohl und Markstammkohl. In der Nutzung beschränkte Flächen (Anbau nachwachsender Rohstoffe, eingeschränkte Nutzung wegen Förderprogrammen) sind als selbstbewirtschaftete Flächen zu berücksichtigen.

Stillgelegte Flächen gehören nicht zu den selbstbewirtschafteten Flächen. Dafür sind die Stilllegungsprämien zu 85 % als Sondergewinn anzusetzen.

Mit dem Schätzungsgrundbetrag sind staatliche Zahlungen aufgrund von Fördermaßnahmen abgegolten und es werden dafür keine Zuschläge angesetzt.

Beispiel: Ein Landwirt bewirtschaftet einschließlich 7 ha Zupacht 41 ha LN. Die LVZ steht im Einheitswertbescheid mit 39,7. Hackfrüchte sind nicht vorhanden.

Nach Tabelle 9 ist der Grundbetrag 825 €/ha LN. Für den gesamten Betrieb beträgt der Schätzungsgrundbetrag 33825 € (41 ha × 825 €/ha).

Sondergewinne

Mit dem Schätzungsgrundbetrag ist das normale, durchschnittliche landwirtschaftliche Betriebseinkommen abgegolten. Besondere Betriebsverhältnisse sind damit noch nicht erfasst. Für die besonderen Verhältnisse gibt es Zurechnungen zum Grundbetrag und zwar für:

- Sondergewinn Milchviehhaltung
- Sondergewinn übernormale Tierhaltung
- Sondergewinne von besonderen Betriebszweigen
- Sonstige Sondergewinne und Sondereinnahmen

a) Sondergewinn bei Milchviehhaltung

Milchwirtschaftsbetriebe erzielen den Auswertungen der Finanzverwaltung zufolge höhere Gewinne als andere Betriebe. Daher gibt es ab dem WJ 2002/2003 für Milchviehbetriebe zum Schätzungsgrundbetrag Zuschläge je Milchkuh, die nach der Höhe der Milchleistung gestaffelt sind. Die Milchleistung je Kuh wird aus der tatsächlich vergüteten Milchmenge (Anlieferungsmenge einschließlich Fettkorrektur) und der im Jahresdurchschnitt gehaltenen Anzahl der Milchkühe berechnet.

Im WJ 2004/2005 beträgt der Sondergewinn je Milchkuh bei einer durchschnittlichen Milchanlieferungsmenge je Milchkuh

bis 5100 kg	225 €	über 6600 bis 6900 kg	525 €
über 5100 bis 5400 kg	275 €	über 6900–7200 kg	575 €
über 5400 bis 5700 kg	325 €	über 7200–7500 kg	625 €
über 5700 bis 6000 kg	375 €	über 7500–7800 kg	675 €
über 6000 bis 6300 kg	425 €	über 7800 kg	725 €
über 6300 bis 6600 kg	475 €		

Der Sondergewinn kann gemindert werden um die:

- Abschreibungen für entgeltlich erworbene Milchlieferrechte, soweit im jeweiligen WJ der 10jährige Abschreibungs-Zeitraum seit der Anschaffung des Milchlieferrechts noch nicht abgelaufen ist
- Pachtaufwendungen für gepachtete Milchlieferrechte
- Superabgabe wegen der Überlieferung des Milchlieferrechts

- Der Sondergewinn aus der Milchviehhaltung darf wegen der Abzüge nicht negativ werden.

b) Sondergewinn übernormale Tierhaltung

Im Schätzungsgrundbetrag ist der Gewinn bis zu einem Tierbestand von 1,4 Vieheinheiten (VE) je ha selbstbewirtschafteter LN enthalten. Übersteigt der Tierbestand diesen Grenzwert, ist für den Mehrbestand ein Sondergewinn anzusetzen. Der Umfang der Tierhaltung ergibt sich aus der durchschnittlichen Zahl der im WJ gehaltenen oder erzeugten Tiere, die in Vieheinheiten (VE) umzurechnen sind. Die Umrechnung in VE erfolgt nach der in Abschnitt 2.2 beschriebenen Vorgehensweise. Der Überbestand an VE ist die Differenz zwischen dem Normaltierbestand von 1,4 VE/ha selbsbewirtschaftete LN und dem tatsächlich vorhandenen Tierbestand. Als selbstbewirtschaftete Flächen sind jene Flächen der LN zu berücksichtigen, für die ein Schätzungsgrundbetrag angesetzt worden ist.

Tabelle 10: Sondergewinn wegen übernormaler Tierhaltung – Beispiel 1

Tierbestandszweig	Tierzahl	VE/Tier	VE	Anteil
Zuchtschweine	50	0,33	16,50	
Jungzuchtschweine	20	0,12	2,40	
Verkauf schwere Ferkel	1000	0,04	40,00	
Schweinehaltung			**58,90**	**49,54 %**
Erzeugte Mastrinder	60	1,00	60,00	
Rinderhaltung			**60,00**	**50,46 %**
VE gesamt			118,90	100 %
Normaltierbestand	41 ha	1,40 VE/ha	57,40 VE	
Überbestand			61,50 VE	

Tabelle 11: Sondergewinn wegen übernormaler – Tierhaltung Beispiel 2

Tierbestandszweig	Tierzahl	VE/Tier	VE
Milchkühe	50	1,00	50,00
Kälber und Jungvieh unter 1 Jahr	25	0,30	7,50
Jungvieh 1–2 Jahre	20	0,70	14,00
Färsen (älter als 2 Jahre)	15	1,00	15,00
Mastbullen erzeugt	40	1,00	40,00
VE gesamt			126,50 VE
Normaltierbestand	41 ha	1,40 VE/ha	57,40 VE
Überbestand			69,10 VE
Sondergewinn	69,10 VE	x 250 €/VE	17275 €

Als Tierbestandszweige werden unterschieden:

- Rinderhaltung: Milchviehhaltung mit der dafür notwendigen Bestandsergänzung, Mastbullen und die Kälberaufzucht
- Schweinehaltung: Zuchtschweine, Ferkel, Läufer, Mastschweine und Jungzuchtschweine
- Übrige Tierhaltung: z.B. Schafe und Geflügel

Bei Betrieben mit verschiedenen Tierbestandszweigen sind die einzelnen Zweige Rinderhaltung, Schweinehaltung und übrige Tierhaltung entsprechend ihrem Anteil an der Gesamtzahl an VE der übernormalen Tierhaltung zuzurechnen.

Umrechnung des Überbestandes in Gewinn

Der VE-Überbestand ist mit den jährlich durch die Finanzverwaltung neu festgesetzten Wertansätzen je VE, differenziert nach Tierbestandszweigen, in einen Sondergewinn umzurechnen. Die Festlegung der Wertansätze je VE orientiert sich an der tatsächlichen Gewinnsituation nach den vorliegenden Buchführungsabschlüssen des betreffenden Wirtschaftsjahres.

Für das WJ 2004/2005 sind die Mehrgewinne je VE Überbestand:

- Rinderhaltung 250 €
- Schweinehaltung 400 €
- Übrige Tierhaltung 150 €

In zwei Beispielen der Tabellen 10 und 11 wird die Berechnung des Sondergewinns als Zuschlag zum Schätzungsgrundbetrag für einen Betrieb mit Zuchtsauen und Bullenmast sowie für einen Betrieb mit Milchkühen, Bestandsergänzung und Bullenmast durchgeführt.

Der Überbestand laut Tabelle 10 von 61,50 VE ist anteilig auf die Rinder- und Schweinehaltung aufzuteilen und mit dem jeweiligen Wertansatz je VE zu multiplizieren.

Schweinehaltung	61,50 VE × 49,54 % Anteil = 30,47 VE × 400 €/VE =	12188,00 €
Rinderhaltung	61,50 VE × 50,46 % Anteil = 31,03 VE × 250 €/VE =	7757,80 €
Sondergewinn als Zuschlag zum Schätzungsgrundbetrag		19945,80 €

Da derzeit zwischen den Betriebszweigen der Rinderhaltung der Mehrgewinn einheitlich mit 250 €/VE anzusetzen ist, ist in Tabelle 11 keine anteilige Aufteilung erforderlich. Der Sondergewinn als Zuschlag zum Schätzungsgrundbetrag berechnet sich mit 17275,00 € (69,10 VE × 250 €/VE).

c) Sondergewinne aus besonderen Betriebszweigen

Das Landesamt für Steuern (früher Oberfinanzdirektion) gibt für besondere Betriebszweige Richtsätze heraus, die dem Betriebseinkommen entsprechen. Eine Ausnahme ist der Hopfenbau; für ihn werden Hopfengestehungskosten veröffentlicht. Das Betriebseinkommen wird aus den Verkaufserlösen einschließlich der Umsatzsteuer abzüglich der Sachkosten ermittelt. In den Sachkosten sind alle sachlichen Aufwendungen mit Ausnahme der Lohnaufwendungen, Schuldzinsen sowie Miet-

und Pachtaufwendungen enthalten. Diese nicht berücksichtigten Aufwendungen sind bei der Ermittlung des gesamten Gewinns vom Betrieb abzusetzen.

Besondere Betriebszweige sind Baumschulen, Branntweinerzeugung, Erdbeeranbau, Gemüse- und Blumenanbau, Hopfenbau, Pensionspferdehaltung, Spargelanbau, Tabakanbau, Tee-, Gewürz- und Heilkräuteranbau, Teichwirtschaft, Wanderschäferei, Weinbau und Christbaumkulturen.

Sondergewinn am Beispiel Erdbeeren, Selbstpflücke:

Erlöse	10800 €/ha
Sachkosten	5400 €/ha
Betriebseinkommen	5400 €/ha
Reingewinnsatz	50 %

Sondergewinn am Beispiel Hopfenbau (WJ 2002/2003):

Tatsächliche Betriebseinnahmen: Verkaufserlöse, Entschädigungen, Beihilfen, Gewinne aus der Veräußerung der Hopfenpflückmaschine	€ je ha
Abzüglich Hopfengestehungskosten (nach Finanzverwaltung):	
Feste (ertragsunabhängige) Kosten	3685 €/ha
Bewegliche (ertragsabhängige) Kosten je 50 kg geernteter Hopfen	13,65 €/Ztr.
Abzüglich weitere Sachkosten des Betriebes:	
Beiträge zu Hagel- und Sturmschadenversicherung	
AfA und gezahlte Vorsteuer für die Pflückmaschine	
Verluste aus der Veräußerung der Pflückmaschine	

Sondergewinn am Beispiel Spargelanbau:

Umsatz (Erlös)	1,88 €/m^2
Betriebsausgaben (Sachkonten)	0,32 €/m^2
Betriebseinkommen	1,56 €/m^2

Sonstige Sondergewinne und Sondereinnahmen

a) **Veräußerung oder Entnahme von Grund und Boden und Gebäuden:** Der Veräußerungsgewinn (Differenz zwischen Buchwert und Veräußerungserlös bzw. Entnahmewert) ist dem Schätzungsgrundbetrag zuzurechnen. Die steuerfreie Übertragung von Buchgewinnen auf Ersatzwirtschaftsgüter im Sinne des § 6 b oder 6 c EStG kann nicht genutzt werden.

b) **Forstwirtschaftliche Nutzungen:** Vorgesehen ist, dass die Betriebe die Erträge aus Holverkauf und die Aufwendungen hierfür aufschreiben. Werden aber die tatsächlichen Betriebsausgaben nicht nachgewiesen, dann können die Betriebsausgaben mit 35 % der Betriebseinnahmen aus der Holznutzung geschätzt werden. Dieser Satz vermindert sich auf 15 %, soweit das Holz auf dem Stamm verkauft wird. Damit sind sämtliche Betriebsausgaben der Holznutzung einschließlich der Wiederaufforstung in dem Wirtschaftsjahr abgegolten. Werden z.B. aus dem Verkauf des selbst eingeschlagenen Holzes 12000 € Einnahmen erzielt, so dürfen davon 4200 € als Betriebsausgaben abgezogen werden. Der Gewinnzuschlag zum Schätzungsgrundbetrag beträgt dann 7800 €. Eine Pauschalierung der Betriebsausgaben nach § 51 ESTDV (65 % der Betriebseinnahmen als Betriebsausgaben absetzbar) ist bei der Gewinnschätzung nicht zulässig.

c) **Veräußerung oder Entnahme von immateriellen Wirtschaftsgütern:** Immaterielle Wirtschaftsgüter sind z.B. Milchlieferrechte, Zuckerrübenkontingente, Brennrechte und Prämienrechte. Der Veräußerungs- oder Entnahmegewinn entsteht aus der Differenz zwischen dem Verkaufserlös und dem Buchwert. Ein Buchwert ist dann vorhanden, insoweit das immaterielle Wirtschaftsgut entgeltlich erworben wurde. Eine Ausnahme von dieser Regel ist das Milchlieferrecht. Für die unentgeltlich zugeteilten Milchlieferrechte ist, genauso wie bei der Buchführung, vom Boden eine Buchwertabspaltung vorzunehmen und mit dem abgespaltenen Betrag ist das Lieferrecht zu bewerten.

d) **Dienstleistungen für Dritte mit oder ohne Verwendung betriebseigener Wirtschaftsgüter:** Dazu gehören z.B. die Tätigkeiten in den Maschinen- und Betriebshilfsringen. Alle Erträge für außerbetriebliche Dienstleistungen, die den land- und forstwirtschaftlichen Betriebserträgen zugeordnet werden können und nicht gewerblich sind, sind – im Unterschied zu früheren Jahren – in den Schätzungsgrundbeträgen nicht enthalten. Der Sondergewinn als Zuschlag zum Schätzungsgrundbetrag kann geschätzt werden:
   - mit 50 % der Bruttoerlöse, soweit Dienstleistungen mit betriebseigenen Wirtschaftsgütern (in der Regel Maschinen) erbracht werden,
   - mit 80 % der Bruttoerlöse, soweit nur Dienstleistungen ohne Verwendung von betriebseigenen Wirtschaftsgütern (z.B. Betriebshilfe) erbracht werden.

   Sind die Tätigkeiten den gewerblichen Einkünften zuzuordnen, dann sind hierfür eigene Aufschreibungen (Buchführung oder Überschussrechnung) erforderlich.

e) **Nebentätigkeiten und Nebenbetriebe:** Ein Nebenbetrieb dient dem land- und forstwirtschaftlichen Hauptbetrieb. Im Nebenbetrieb werden überwiegend im eigenen Hauptbetrieb erzeugte Rohstoffe be- oder verarbeitet und die dabei gewonnen Erzeugnisse werden überwiegend verkauft. Auch Umsätze aus der Übernahme von Rohstoffen (z.B. organische Abfälle) gehören zur Land- und Forstwirtschaft, wenn diese be- und verarbeitet und nahezu ausschließlich im eigenen Betrieb verwendet werden.

   Die Gewinne aus Nebentätigkeiten und Nebenbetrieben sind als Sondergewinn dem Schätzungsgrundbetrag hinzuzurechnen, soweit diese land- und forstwirtschaftlich sind. Sind die Erträge daraus gewerblich, dann sind hierfür eigene Aufzeichnungen notwendig.

f) **Beherbergung von Feriengästen:** Die Vermietung von Zimmern an Feriengäste ist nur zu erfassen, wenn sie der Land- und Forstwirtschaft zugeordnet werden kann. Andernfalls handelt es sich um Einkünfte aus Gewerbebetrieb. Liegen keine Aufzeichnungen über die mit der Zimmervermietung im Zusammenhang stehenden Ausgaben vor, dann können etwa 40 % der Betriebseinnahmen als Gewinn angesetzt werden. Bei Betrieben mit Winter- und Sommersaison können nach Lage des Einzelfalles bis zu 60 % der Vermietungseinnahmen als Gewinn angesetzt werden.

g) **Zuchtviehverkäufe:** Erlöse aus dem Verkauf von Zuchttieren bringen einen Zuschlag zum Schätzungsgrundbetrag, wenn übernormale Preise erzielt werden. Der Zuschlag beträgt 80 % des den Normalpreis übersteigenden Betrages. Damit sind die Aufwendungen des Verkaufs (Gebühren, Provisionen, Transport-, Tierarztkosten usw.) abgegolten. Die Nettopreise gelten für Betriebe, die zur Regelbesteuerung optiert haben und die Bruttobeträge für pauschalierende Betriebe. Im Bereich des Landesamtes für Steuern (Bayern) ist von den Normalpreisen der Tabelle 12 auszugehen.

Tabelle 12: Normalpreise für den Verkauf von Zuchttieren bei Gewinnschätzung

	Nettobetrag in €		Bruttobetrag in €
		USt 9 %	USt 10,7 %
Zucht- und Reitpferde	1600	1744	1771
Zuchtbullen	1600	1744	1771
Zuchtkühe	1400	1526	1550
Zuchtrinder	1300	1417	1439
Zuchtsauen und Zuchteber	500	545	554
Zuchtböcke	500	545	554

Beispiel: Ein zur Umsatzsteuer pauschalierender Betrieb erhält für einen Zuchtbullen netto 5000 €, brutto bei 9 % USt 5450 €. Der Normalpreis beträgt brutto 1744 €. Der Gewinnzuschlag ist 2964,80 €. Er errechnet sich aus 5450 € abzüglich 1744 € und von der Differenz werden 80 % angesetzt.

h) **Kapitalerträge:** Betroffen sind die Erträge, die aus betrieblichem Kapitalvermögen erzielt werden. Zu unterscheiden ist zwischen

- Erträgen aus Beteiligungen: z.B. Ausschüttungen von Genossenschaften oder Dividenden von Aktiengesellschaften. Nach dem Halbeinkünfteverfahren ist die Hälfte der Erträge steuerfrei und die andere Hälfte erhöht als Sondergewinn den Schätzungsgrundbetrag,
- Zinserträgen aus betrieblichen Guthaben: sind dem Schätzungsgrundbetrag in voller Höhe zuzurechnen.

i) **Miet- und Pachterträge:** Zu berücksichtigen sind die Einnahmen nach Abzug der zugehörigen Aufwendungen aus der entgeltlichen Überlassung von Wirtschaftsgütern des Anlagevermögens. Beispiele sind die Verpachtung von Grundstücken und Vermietung von Gebäuden oder das Verleasen von Milchlieferrechten.

j) **Stilllegungsprämien**: von der Flächenstilllegung sind 85 % der gezahlten Prämie als Sondergewinn anzusetzen. Damit wird berücksichtigt, dass im Zusammenhang mit der Stilllegung Kosten in Höhe von 15 % der Prämie entstehen.
k) **Entgelte für die Abnahme von Grüngut und Klärschlamm:** Dem Schätzungsgrundbetrag sind die Einnahmen nach Abzug der Aufwendungen zuzurechnen, soweit die Tätigkeit land- und forstwirtschaftlich ist. Andernfalls bestehen Einkünfte aus einem Gewerbebetrieb.

Vom Schätzungsgrundbetrag abziehbare Aufwendungen

a) **Lohnaufwand:** Lohnaufwendungen sind in der nachgewiesenen Höhe vom Schätzungsgrundbetrag abziehbar, soweit sie nicht bereits bei Sondergewinnen berücksichtigt worden sind. Bei in Anspruch genommenen Dienstleistungen (z.B. Mähdrescher mit Fahrer vom Lohnunternehmen oder Maschinenring) kann der darin enthaltene Lohnanteil abgesetzt werden. Soweit der Lohnanteil nicht bekannt ist, kann dieser mit einem Drittel der Zahlungen geschätzt werden.
b) **Schuldzinsen:** Schuldzinsen können unter Beachtung des § 4 Absatz 4 a EStG vom Schätzungsgrundbetrag abgezogen werden. Danach sind Schuldzinsen nicht abziehbar, wenn Überentnahmen getätigt worden sind. Eine Überentnahme ist der Betrag, um den die Entnahmen die Summe des Gewinns und der Einlagen übersteigen. Nachdem bei der Gewinnschätzung keine Aufzeichnungen über Entnahmen und Einlagen vorliegen werden, können nur Schuldzinsen für Investitionsdarlehen und die allgemeinen betrieblichen Schuldzinsen vom Girokonto nur bis zum Sockelbetrag von 2050 € abgezogen werden. Staatliche Zinszuschüsse mindern die Zinsaufwendungen.
c) **Miet- und Pachtaufwendungen**: sind in voller Höhe vom Schätzungsgrundbetrag absetzbar.
d) **Sonderabschreibungen:** Die Sonderabschreibung und Ansparabschreibung nach 7 g EStG kann nicht genutzt werden.

Beispiel einer Gewinnschätzung

Die Ableitungen sind ab der Seite 45 beschrieben und in der Tabelle 13 zusammengestellt. Angenommen wurde ein Betrieb mit 41 ha LN mit Bullenmast.

Soll man schätzen lassen?

Die Antwort hierauf kann aus steuerlicher Sicht nicht eindeutig mit ja oder nein beantwortet werden.

So ist nicht sicher, mit welcher Schätznethode das Finanzamt arbeiten wird. Bei einer Vermögensvergleichsrechnung kommt noch hinzu, wie das Finanzamt die Privatentnahmen ansetzen wird. Es ist auch nicht auszuschließen, dass bei einer Betriebsprüfung der zunächst einmal durch das Finanzamt geschätzte Gewinn geändert wird.

Ein weiterer Gesichtspunkt ist, wie erfolgreich der Betrieb bewirtschaftet wird.

Tabelle 13: Beispiel einer Gewinnschätzung für das Wirtschaftsjahr 2002/2003

	Euro
Schätzungsgrundbetrag	31775
Zuschlag wegen VE-Überbestand[1]	8520
Pachtausgaben	–3150
Schuldzinsen	–6000
Schätzgewinn	31145

[1] 100 erzeugte Mastbullen × 1,00 VE = 100,00 VE
Normaltierbestand 41 ha × 1,40 VE/ha 57,40 VE
zuschlagpflichtiger Überbestand 42,60 VE
Mehrgewinn 42,60 VE × 200 €/VE 8520 €

Die Schätzungsbeträge sind nämlich auf den durchschnittlich bewirtschafteten Betrieb abgestimmt. Es ist aber aus den zahlreichen Buchführungsauswertungen bekannt, dass die Gewinnabweichungen zwischen gleich gelagerten Betrieben enorm ist. Ist die Bewirtschaftung eines Betriebes besser als der Durchschnitt, dann wird er hinsichtlich der Einkommensteuer mit der Gewinnschätzung günstiger abschneiden als mit der Buchführung. Ist dagegen der Wirtschaftserfolg unterdurchschnittlich, dann wäre er mit der Buchführung besser dran.

5 Umsatzsteuer (Ust.) und Buchführung

5.1 Umsatzsteuerpauschalierung für Landwirte

Das Umsatzsteuergesetz erlaubt im § 24, dass Umsätze, die im Rahmen eines land- und forstwirtschaftlichen Betriebes ausgeführt werden, mit Durchschnittssätzen besteuert werden dürfen. Damit wird den Landwirten die Arbeit mit der Umsatzbesteuerung vereinfacht. So entfallen die Aufzeichnungspflichten, die monatlichen oder vierteljährlichen Umsatzsteuervoranmeldungen und es entfällt auch die jährliche Endabrechnung mit dem Finanzamt.

Das System der Umsatzsteuerpauschalierung für Landwirte ist: Die Landwirte erhalten für den Verkauf ihrer Produkte die Mehrwertsteuer in Höhe von derzeit 10,7 % (bis 31. 12. 2006 9 %) des Nettowarenwertes. Beim Einkauf haben sie aber den üblichen Regelsteuersatz von 10,7% (bis 31. 12. 2006 9 %) oder von 7 % zu bezahlen. Ein Umsatzsteuerabgleich mit dem Finanzamt ist nicht notwendig. Bei dem pauschalen Steuersatz von 10,7 % ist unterstellt, dass sich im Durchschnitt der Betriebe die eingenommene und die ausgegebene Umsatzsteuer in etwa ausgleichen.

Der Mehrwertsteuersatz von 10,7 % gilt für die üblichen Verkäufe wie Getreide, Vieh und Milch, aber auch für Maschinenringabrechnungen und für den Verkauf von Altmaschinen. Für den Verkauf forstwirtschaftlicher Erzeugnisse dürfen nur 5,5 % (bis 31. 12. 2006 5 %) des Nettoverkaufserlöses verrechnet werden.

Buchungsmäßig braucht bei der Pauschalierung die Umsatzsteuer mit Ausnahme der Investitionsgüter nicht eigens ausgewiesen zu werden. Es sind demnach keine Umsatzsteuerkonten notwendig, außer ein Konto »Vorsteuer auf Investitionen«. Es werden also die Einnahmen und Ausgaben mit dem Bruttobetrag verbucht. Die Umsatzsteuer wirkt sich daher erfolgswirksam aus (Tabelle 14).

Tabelle 14: Beispiel zur Verbuchung der Umsatzsteuer (Ust.) eines pauschalierenden Betriebes in T-Konten

Verkauf von Getreide:
Nettobetrag 50 000 € Ust. 10,7 % = 5 350 €, Bruttobetrag 55 350 €
Einkauf von Saatgut:
Nettobetrag 5 000 €, Vorsteuer (Vst.) 7% = 350 €, Bruttobetrag 5 350 €
Einkauf von Dünger:
Nettobetrag 10 000 €, Vst. 19% = 1 900 €, Bruttobetrag 11 900 €

S Bank	H	S Getreide	H	S Düngemittel	H	S Saatgut	H
55 530	5 350		55 350			5 350	
	11 900			11 900			

5.2 Die Option zur Regelbesteuerung

Die weitaus meisten Landwirte entscheiden sich bei der Umsatzbesteuerung für die Pauschalierung. Auf Antrag ist auch die Regelbesteuerung möglich. An diese Entscheidung ist der Landwirt für mind. 5 Jahre gebunden.

Landwirtschaftliche Betriebe, die z. B. als GmbH oder Genossenschaft gewerblich sind, können nicht zwischen der Pauschalierung oder der Regelbesteuerung wählen. Sie sind gewerbliche landwirtschaftliche Betriebe und daher zur Regelbesteuerung verpflichtet.

Bei der **Regelbesteuerung** gibt es den normalen Steuersatz von 19 % und den ermäßigten Steuersatz mit 7 % des Nettopreises. Der ermäßigte Steuersatz von 7 % gilt für die Verkäufe und auch für die Privatentnahmen landwirtschaftlicher Produkte, z. B. für den Verkauf oder die Privatentnahme von Getreide, Vieh, Milch und Holz. Der 19 %ige Mehrwertsteuersatz ist beim Verkauf von Altmaschinen, bei Maschinenringarbeiten und auch bei dem Eigenanteil für die Privatanteile des Stroms und des Telefons zu berechnen.

Der Unternehmer hat den *Differenzbetrag* zwischen der vereinnahmten Mehrwertsteuer und der entrichteten Vorsteuer an das Finanzamt abzuführen. Daher hat der regelbesteuerte Landwirt im Unterschied zur Pauschalierung die Umsatzsteuer getrennt nach Vorsteuer und nach Mehrwertsteuer auf zwei verschiedenen Konten zu erfassen. Hat er an Mehrwertsteuer mehr eingenommen als er an Vorsteuern ausgegeben hat, so bekommt das Finanzamt den überschüssigen Betrag.

Umgekehrt ist es, wenn die ausgegebenen Vorsteuern höher waren als die eingenommenen Mehrwertsteuern. Der Landwirt erhält dann den Differenzbetrag durch das Finanzamt erstattet.

Bei der Regelbesteuerung ist für den Unternehmer die Umsatzsteuer ein durchlaufender Posten, der keinen Einfluss auf die Gewinnhöhe hat. Er erfasst mit seiner Buchführung die Umsatzsteuer. Er darf davon die Vorsteuer abziehen und gleicht mit dem Finanzamt jährlich ab.

Während des Jahres hat der Unternehmer Vorauszahlungen zu leisten. Dazu ist bis zum 10. Tag nach Ablauf jedes Kalendermonats eine Voranmeldung mit einem amtlichen vorgeschriebenen Formular abzugeben. Der Steuerpflichtige hat damit mithilfe seiner Buchführung selbst die Vorauszahlung für den abgelaufenen Monat zu berechnen.

Zur endgültigen Festsetzung der Umsatzsteuerschuld für das Kalenderjahr ist dann zum Jahresende eine Steuererklärung abzugeben. Waren die Vorauszahlungen während des Jahres zu hoch, dann erstattet das Finanzamt den zu hohen Betrag zurück. Ist es umgekehrt, dann hat der Steuerpflichtige nachzuzahlen.

Bei der Ermittlung der Umsatzsteuer ist grundsätzlich von den vereinbarten Entgelten auszugehen. Das hat zur Folge, dass die Umsatzsteuer bei der Ausführung des Umsatzes entsteht und nicht erst dann, wenn das Entgelt vereinnahmt wird. Das gleiche ist auch bei den Ausgaben. Die Vorsteuer entsteht, wenn die

Lieferung oder Leistung ausgeführt ist, auch wenn die Bezahlung noch nicht erfolgt ist.

Die Umsatzsteuer ist auf den beiden Konten »Umsatzsteuer« und »Vorsteuer« zu buchen. Auf das **Umsatzsteuerkonto** kommt die Mehrwertsteuer, die für die Lieferungen, Leistungen und den Eigenverbrauch des Landwirts vereinnahmt wurde. Es ist ein passives Bestandskonto, mit dem die USt-Verbindlichkeiten gegenüber dem Finanzamt erfasst werden. Sie werden unter der Bilanzposition »sonstige Verbindlichkeiten« geführt.

Auf dem **Vorsteuerkonto** stehen die Vorsteuerbeträge der eingegangenen Rechnungen. Es ist ein aktives Bestandskonto, in dem die USt-Forderungen an das Finanzamt stehen.

Als weiteres Umsatzsteuerkonto ist noch das **»Umsatzsteuerverrechnungskonto«** zu führen. Auf diesem werden die monatlichen Salden der beiden anderen Konten solange geführt, bis mit dem Finanzamt abgerechnet ist. Dieses Konto ist ein Forderungs- oder Verbindlichkeitenkonto gegenüber dem Finanzamt.

Tabelle 15: Beispiel zur Verbuchung der Umsatzsteuer eines regelbesteuerten Betriebes in T-Konten

Verkauf von Getreide:
Nettobetrag 50 000 €, Ust. 7 % = 3 500 €, Bruttobetrag 53 500 €
Einkauf von Saatgut:
Nettobetrag 5 000 €, Ust 7 % = 350 €, Bruttobetrag 5 350 €
Einkauf von Dünger:
Nettobetrag 10 000 €, Vst 19 % = 1 900 €, Bruttobetrag 11 900 €

S Bank	H	S Getreide	H	S Düngemittel	H	S Saatgut	H
53 500	5 350		50 000			5 000	
	11 900			10 000			

S Vorsteuer	H	S Umsatzsteuer	H	S USt.-Verrechnung	H
350		2 250	3 500		1 250
1 900	2 250	1 250			
2 250	2 250	3 500	3 500		

Der Landwirt hat in dem **Beispiel** (Tabelle 15) 3500 € Umsatzsteuer eingenommen und 1950 € an seine Lieferanten bezahlt. Den Differenzbetrag von 1250 € hat er an das Finanzamt abzuführen. Während des Jahres werden die Zahlungen an das Finanzamt über das Konto USt-Verrechnung erfasst. Erst zum Jahresende wird das Konto Umsatzsteuer gegen das Konto Umsatzsteuerverrechnung gebucht. Der Habensaldo von 1250 € wird in der Bilanz unter den sonstigen Verbindlichkeiten als »Verbindlichkeiten aus Steuern« ausgewiesen. Besteht ein Soll-Saldo, dann besteht ein Rückerstattungsanspruch, der in der Bilanz als »sonstige Forderung« erscheint.

6 Steuerliche Abschreibungen und Absetzungen

Abschreibungen sind bei allen Wirtschaftsgütern vorgeschrieben, deren *Lebensdauer* länger als 1 Jahr ist und die einer *Wertminderung* unterliegen. In der Landwirtschaft sind das insbesondere Gebäude und bauliche Anlagen, Maschinen, Betriebsvorrichtungen, als besonders wertvoll bewertete Tiere, Dauerkulturen sowie entgeltlich erworbene immaterielle Wirtschaftsgüter, soweit ein Werteverzehr wegen deren Nutzung eintritt.

Durch die Abschreibungen wird der Anschaffungspreis eines Wirtschaftsgutes auf die Nutzungsdauer umgelegt. Für die übliche Abschreibung der Wirtschaftsgüter wird der Ausdruck »Absetzung für Abnutzung« oder kurz AfA gebraucht. Die steuerrechtlichen Vorschriften sehen verschiedene Abschreibungsmethoden vor, die teilweise nur für bestimmte Wirtschaftsgüter, für bestimmte Betriebe oder für Wohnhäuser vorgesehen sind.

6.1 Absetzungen für Abnutzung (AfA)

6.1.1 Lineare Abschreibung als Standardmethode

Die lineare Abschreibung nach § 7 Absatz 1 EStG ist für alle Wirtschaftsgüter die Standardform. Sie ist ausschließlich anzuwenden, wenn bislang keine Buchführung bestand und die Bilanz erstmals erstellt wird. Es ergeben sich also bei der erstmaligen Bilanzaufstellung die Buchwerte aus dem Anschaffungspreis abzüglich der zwischen dem Anschaffungsdatum und dem Bilanzstichtag aufgelaufenen linearen Abschreibung.
Die lineare Abschreibung ist auch immer in der betriebswirtschaftlichen Buchführung vorgesehen. Andere Abschreibungsarten, vor allem Sonderabschreibungen, würden den betriebswirtschaftlichen Gewinn verfälschen. Mit der linearen Abschreibung werden die Anschaffungs- und Herstellungskosten *gleichmäßig* (linear) auf die Nutzungsdauer verteilt.

Beispiel:	Anschaffungspreis	80 000 €,
	Nutzungsdauer	8 Jahre,
	jährliche, lineare AfA	10 000 €.

In diesem Beispiel wird der Wert des Wirtschaftsgutes jährlich um 10 000 € gemindert und nach 8 Jahren ist es abgeschrieben. Sobald ein Wirtschaftsgut abgeschrieben ist, aber noch auf dem Betrieb verbleibt, kann es mit dem Erinnerungswert von 1 € oder mit 0 € in den Inventarlisten geführt werden.

Für die einzelnen Gruppen von Wirtschaftsgütern gibt es hinsichtlich der Handhabung der linearen Abschreibung voneinander abweichende Vorschriften. Die Regelungen sind:

Für Betriebsvorrichtungen, Maschinen und Geräte bestehen keine verbindlich vorgeschriebenen linearen Abschreibungssätze. Das Bundesfinanzministerium gibt aber **amtliche AfA-Tabellen** heraus, aus denen die Nutzungsdauer und die Abschreibungsprozente abzulesen sind. Diese Tabellen sind *nicht* rechtsverbindlich vorgeschrieben, sodass in begründeten Fällen davon abgewichen werden kann. So ist z. B. für Traktoren und für die meisten Bodenbearbeitungsmaschinen die Nutzungsdauer mit 8 Jahren ausgewiesen. Das entspricht einem linearen AfA-Satz von 12,5 % bzw. abgerundet von 12 %.

Die **Abschreibungssätze für Gebäude** sind im Gegensatz zu Maschinen *fest* vorgeschrieben und betragen (§ 7 Absatz 4 EStG):

- Wohn- und Wirtschaftsgebäude, die vor dem 1. 1. 1925 fertig gestellt wurden, sind mit jährlich 2,5 % abzuschreiben. Das entspricht einer 40-jährigen Lebensdauer.
- Wohn- und Wirtschaftsgebäude, die nach dem 31. 12. 1924 fertig gestellt wurden, sind mit jährlich 2 % bzw. auf 50 Jahre abzuschreiben.
- Wirtschaftsgebäude, die zu einem Betriebsvermögen gehören und nicht Wohnzwecken dienen und für die der Bauantrag
  - nach dem 31. 3. 1985 gestellt wurde sind mit 4 % abzuschreiben
  - nach dem 31. 12. 2000 gestellt wurde mit 3 % abzuschreiben.

Niedrigere Abschreibungssätze als die genannten sind nicht möglich. Höhere Abschreibungssätze sind nur dann erlaubt, wenn die tatsächliche Nutzungsdauer kürzer sein wird, als dies bei den genannten AfA-Prozenten unterstellt ist. Die Abschreibung beginnt bei den am 21. 6. 1948 vorhandenen Gebäuden mit dem 21. 6. 1948. Die nach diesem Datum hergestellten oder angeschafften Gebäude werden mit dem Datum der Fertigstellung abgeschrieben.

6.1.2 Abschreibung nach Maßgabe der Leistung

Diese Abschreibungsmethode kann bei beweglichen Wirtschaftsgütern des Anlagevermögens vorgenommen werden, die einer stark schwankenden Nutzung unterliegen und deren Verschleiß dementsprechend wesentliche Unterschiede aufweist. Für die steuerliche Anerkennung muss der auf das einzelne Wirtschaftsjahr entfallende Leistungsanteil nachgewiesen werden. In der Praxis spielt die Leistungsabschreibung kaum eine Rolle.

Beispiel: Ein Landwirt arbeitet mit seinem Mähdrescher überbetrieblich, die jährliche Druschfläche schwankt sehr. Der Anschaffungspreis beträgt 120 000 €, die Lebensleistung nach dem KTBL-Datenkatalog 3000 h. Daraus errechnet sich ein Abschreibungsbetrag von 40 €/h. Die Druschfläche/Jahr und die darauf entfallende Abschreibung ist dann:

im 1. Jahr 360 h Druscheinsatz × 40 €/h = 14400 € AfA
im 2. Jahr 570 h Druscheinsatz × 40 €/h = 22800 € AfA
im 3. Jahr 300 h Druscheinsatz × 40 €/h = 12000 € AfA
im 4. Jahr 630 h Druscheinsatz × 40 €/h = 25200 € AfA
im 5. Jahr 720 h Druscheinsatz × 40 €/h = 28800 € AfA
im 6. Jahr 540 ha, Restabschreibung = 16800 € AfA

Verbleibt der Mähdrescher nach dem 6. Jahr weiterhin im Betriebsvermögen, dann ist sein Restwert 1 € oder 0 und es sind keine weiteren Abschreibungen mehr möglich.

6.1.3 Degressive Abschreibung für bewegliche Wirtschaftsgüter des Anlagevermögens

Bei beweglichen Wirtschaftsgütern des Anlagevermögens kann nach § 7 Absatz 2 EStG statt der linearen AfA auch die Abschreibung in fallenden Jahresbeträgen gewählt werden. Nachdem mit den Nutzungsjahren der jährliche Abschreibungsbetrag immer niedriger wird, spricht man hierbei von *degressiver Abschreibung*.

Das Einkommensteuergesetz sieht derzeit nur die geometrisch-degressive Abschreibung vor. Bei dieser Methode wird der jährliche Abschreibungsbetrag mit einem unveränderlichen Prozentsatz vom jeweiligen Buchwert berechnet.

Man bezeichnet sie deswegen auch als **Buchwertabschreibung**. Der anzuwendende Prozentsatz darf nach der derzeit gültigen Regelung höchstens das Doppelte der linearen AfA, aber höchstens nur 20 % sein. Abweichend davon darf für die beweglichen Wirtschaftsgüter, die nach dem 31.12.2005 und vor dem 1.1.2008 angeschafft oder hergestellt worden sind, das Dreifache der linearen AfA, aber höchstens 30 % betragen

Es kann von der degressiven zur linearen AfA gewechselt werden. Dagegen ist es nicht erlaubt, von der linearen zur degressiven AfA zu wechseln.

Wirtschaftsgüter, für die die degressive AfA gewählt wurde, sind in ein besonderes und laufend zu führendes Verzeichnis aufzunehmen. Daraus muss das Anschaffungsdatum, die Nutzungsdauer und die Höhe der jährlichen Abschreibung abzulesen sein. Das Verzeichnis braucht nicht geführt zu werden, wenn diese Angaben aus der Buchführung ersichtlich sind.

Wie das **Beispiel** (Tabelle 16) zeigt, wird die AfA mit einem zum Abschreibungsbeginn festgelegten Prozentsatz aus dem jährlichen Restwert errechnet. Dadurch nimmt der jährliche Abschreibungsbetrag ab.

Eine vollkommene Abschreibung wird im Gegensatz zur linearen AfA *nicht* erreicht. Es ist daher am Ende der betriebsgewöhnlichen Nutzungsdauer der noch verbliebene, relativ hohe Restwert bis auf den Erinnerungswert von 1 € abzusetzen oder man wechselt zur linearen AfA.

Tabelle 16: Vergleich der linearen AfA mit der degressiven AfA (Beispiel)
Ein Landwirt kauft am 1.8.2001 einen Traktor für netto 80000€. Nach den Abschreibungstabellen für die lineare AfA ist die Nutzungsdauer mit 8 Jahren bzw. die AfA mit 12,5% oder gerundet mit 12% anzunehmen. Die degressive AfA kann dann mit 2 × 12%, maximal bis 20% des Anschaffungspreises angesetzt werden.

	Lineare AfA 12,5%	Degressive AfA 20%
Anschaffungspreis	80000€	80000€
AfA 2001/2002	10000€	16000€
Buchwert am 30.6.2002	70000€	64000€
AfA 2002/2003	10000€	12800€
Buchwert am 30.6.2003	60000€	51200€
AfA 2003/2004	10000€	10240€
Buchwert am 30.6.2004	50000€	40960€
AfA 2004/2005	10000€	8192€
Buchwert am 30.6.2005	40000€	32768€
AfA 2005/2006	10000€	6554€
Buchwert am 30.6.2006	30000€	26214€
AfA 2006/2007	1000€	5243€
Buchwert am 30.6.2007	20000€	20971€
AfA 2007/2008	10000€	4194€
Buchwert am 30.6.2008	10000€	16777€
AfA 2008/2009	9999€	16776€
Buchwert am 30.6.2009	1€	1€

Soweit im Beispiel der Tabelle 16 am 30.6.2005 zur linearen AfA gewechselt wird, ist der Buchwert von 32768€ auf die restlichen 4 Nutzungsjahre gleichmäßig zu verteilen. Die jährliche Abschreibung ist dann für die restlichen Jahre 8192€.

Aus steuerlicher Sicht kann die degressive AfA zur Gewinnglättung genutzt werden, wenn im Wirtschaftsjahr der Anschaffung ein übernormal hoher Gewinn erwartet wird. Sie kann dazu auch mit der 20%igen Sonderabschreibung nach § 7 g EStG gekoppelt werden. Letztere ist nur möglich, wenn für das entsprechende Wirtschaftsgut bereits die Ansparabschreibung genutzt wurde.

Wann der Wechsel von der degressiven zur linearen AfA vorgenommen werden soll, hängt vor allem auch von der Gewinnhöhe des jeweiligen Jahres ab. So wird es sinnvoll sein, bereits im 2. Jahr zu wechseln, wenn in dem Jahr der Gewinn recht niedrig ist. Es wird so für die folgenden Jahre ein möglichst hohes Abschreibungsvolumen erhalten.

6.1.4 Degressive AfA für Gebäude

Die degressive Abschreibung von **Wirtschaftsgebäuden** ist für Gebäude, für die der Bauantrag nach dem 31.12.1993 gestellt oder nach diesem Datum angeschafft wurde, nicht mehr möglich. Für neue Wirtschaftsgebäude ist also nur noch die lineare AfA zulässig.

Die Prozentsätze der degressiven Gebäudeabschreibung nach § 7 Absatz 5 EStG waren *fest vorgegeben*. Zuletzt galten für Gebäude, die zu einem Betriebsvermögen gehörten und nicht Wohnzwecken dienten und für die der Antrag auf die Baugenehmigung nach dem 31. 3. 1985 und vor dem 1. 1. 1994 gestellt wurde, folgende **Abschreibungssätze**:

- In den ersten 4 Jahren je Jahr 10 %,
- in den 3 folgenden Jahren je Jahr 5 %,
- in den 18 folgenden Jahren je Jahr 2,5 %.

Für zu **Wohnzwecken** vermietete Gebäude gab es die degressive AfA weiterhin, soweit der Bauantrag bis zum 31. 12. 2005 eingereicht bzw. der Kaufvertrag bis zu dem Termin abgeschlossen wurde. Für Bauanträge nach dem 31. 12. 2005 gibt es nur noch die lineare AfA. Die AfA-Sätze betrugen ab dem 1. 1. 2004 bis zum 31.12.2005
in den ersten 10 Jahren je 4 %
in den folgenden 8 Jahren je 2,5 %
in den folgenden 32 Jahren je 1,25 %.

6.2 Sonderabschreibung und Ansparabschreibung

6.2.1 Sonderabschreibung zur Förderung kleiner und mittlerer Betriebe

Bei neuen beweglichen Wirtschaftsgütern des Anlagevermögens können nach § 7 g EStG im Jahr der Anschaffung oder Herstellung und in den folgenden 4 Jahren neben der linearen oder degressiven AfA bis zu insgesamt 20 % **Sonderabschreibung** in Anspruch genommen werden.

Bewegliche Wirtschaftsgüter, für die diese Abschreibung genutzt werden kann, sind z. B. Maschinen, Betriebsvorrichtungen, Dauerkulturen und auch Tiere des Anlagevermögens. Diese Sonderabschreibung ist aber nur erlaubt, wenn

- das Betriebsvermögen des Gewerbebetriebes oder des der selbstständigen Arbeit dienenden Betriebes nicht mehr als 204 517 € beträgt; diese Voraussetzung gilt bei Betrieben, die den Gewinn nach § 4 Abs. 3 EStG ermitteln, als erfüllt,
- der Einheitswert des land- und forstwirtschaftlichen Betriebs im Zeitpunkt der Anschaffung oder Herstellung des Wirtschaftsguts nicht mehr als 122 710 € beträgt,
- das Wirtschaftsgut mindestens 1 Jahr nach seiner Anschaffung oder Herstellung auf diesem Betrieb verbleibt,
- im Jahr der Inanspruchnahme von Sonderabschreibungen im Betrieb des Steuerpflichtigen ausschließlich betrieblich genutzt wird und
- für die Anschaffung oder Herstellung eine Rücklage zur Ansparabschreibung gebildet wurde.

Tabelle 17: Beispiel einer Sonderabschreibung für kleinere und mittlere Betriebe nach § 7 g Absatz 1 und 2

Ein Landwirt kauft im November 2001 für 80000 € einen neuen Traktor. Die Nutzungsdauer ist 8 Jahre. Er kann, nachdem er im vorhergehenden Jahr eine Rücklage zur Ansparabschreibung gebildet hat, die Sonderabschreibung nutzen. Verglichen wird diese in Kombination mit der linearen (12,5% AfA) und degressiven (20% AfA) Abschreibung.

	Lineare AfA + 7 g-AfA	**Degressive AfA + 7 g-AfA**
Anschaffungspreis	80000 €	80000 €
– lineare/degressive AfA 2001/2002	10000	16000
= Buchwert am 30. 6. 2002	70000	64000
– lineare/degressive AfA 2002/2003	10000	12800
= Buchwert am 30. 6. 2003	60000	51200
– lineare/degressive AfA 2003/2004	10000	10240
– AfA nach § 7 g Abs. 1 und 2 EstG mit 20%	16000	16000
= Buchwert am 30. 6. 2004	34000	24960
– lineare/degressive AfA 2004/2005	10000	4992
= Buchwert am 30. 6. 2005	24000	19968
– lineare/degressive AfA 2005/2006	10000	3994
= Buchwert am 30. 6. 2006	14000	15974
– lineare/degressive AfA 2006/2007	4667	3195
= Buchwert am 30. 6. 2007	9333	**12779**
– lineare/degressive AfA 2007/2008	4667	6390
= Buchwert am 30. 6. 2008	4666	6389
– lineare/degressive AfA 2008/2009	4665	6388
= Buchwert am 30. 6. 2009	1	1

Erläuterungen: Die Sonderabschreibung wird mit den vollen 20% vom Anschaffungspreis im Wirtschaftsjahr 2003/2004 genutzt. Die Nutzung wäre auch in einem früheren Wirtschaftsjahr oder auch bis 2005/2006 möglich gewesen.

Nach den 5 WJ, die als Begünstigungszeitraum vorgeschrieben sind, ist bei der linearen AfA der dann noch vorhandene Restwert gleichmäßig auf die noch vorhandene Nutzungsdauer zu verteilen (14000 € : 3 Jahre = 4667 €).

Die degressive AfA wurde nach Ablauf des 5-jährigen Begünstigungszeitraumes zunächst noch für ein Wirtschaftsjahr beibehalten. Nach dem 6. WJ erfolgte die Umstellung zur linearen AfA. Dazu ist der noch vorhandene Buchwert auf die restlichen Nutzungsjahre gleichmäßig zu verteilen (12779 € : 2 Restjahre = 6390 €).

Für Anschaffungen nach dem 31. 12. 2000 kann die Sonderabschreibung nur noch in Anspruch genommen werden, wenn vorweg für das betreffende Wirtschaftsgut bereits eine Rücklage für die Ansparabschreibung gebildet wurde. Der § 7 g Abs. 3 setzt zwar mit 40% eine Obergrenze für die Rücklagenbildung, aber keine Mindesthöhe fest. Es ist daher auch zulässig, für geplante Anschaffungen eine Ansparrücklage von 1 € zu bilden (vgl. BMF-Schreiben vom 10. 7. 2001, BStBl I S. 455).

Nach Ablauf des Begünstigungszeitraumes von 5 Jahren ist der noch vorhandene Restwert auf die restliche Nutzungsdauer zu verteilen. Dabei ist es zulässig, wenn für die weitere Bemessung der AfA die um den Begünstigungszeitraum von 5 Jahren verminderte ursprüngliche Nutzungsdauer des Wirtschaftsgutes als Restnutzungsdauer zugrunde gelegt wird. Die Restwert-AfA ist grundsätzlich linear vorzunehmen. Es kann aber, sofern sich die ursprünglich vorgesehene Nutzungsdauer nicht ändert, die degressive AfA auch nach Ablauf des Begünstigungszeitraumes beibehalten werden (vgl. R 45 Abs. 10 EStR 2001; Felsmann, Anm. 940 ff.).

6.2.2 Ansparabschreibung zur Förderung kleiner und mittlerer Betriebe

Für die künftige Anschaffung oder Herstellung eines beweglichen Wirtschaftsguts des Anlagevermögens kann eine den Gewinn mindernde Rücklage gebildet werden. Die Rücklage darf 40% der Anschaffungs- oder Herstellungskosten des begünstigten Wirtschaftsgutes nicht überschreiten. Das Wirtschaftsgut ist bis zum Ende des 2. auf die Rücklage folgenden Wirtschaftsjahres anzuschaffen oder herzustellen.Eine Rücklage wegen der Ansparabschreibung darf nur gebildet werden, wenn

- der Steuerpflichtige den Gewinn mit einer Buchführung im Sinne des § 4 Absatz 1 oder im Sinne des § 5 EStG ermittelt. Wird der Gewinn mit einer Überschussrechnung im Sinne des § 4 Absatz 3 EStG ermittelt, dann ist die Ansparabschreibung als Betriebsausgabe und ihre Auflösung als Betriebseinnahme zu behandeln,
- das Betriebsvermögen des Gewerbebetriebes oder des der selbstständigen Arbeit dienenden Betriebes nicht mehr als 204 517 € (400 000 DM) beträgt; diese Voraussetzung gilt bei Betrieben, die den Gewinn nach § 4 Absatz 3 EStG ermitteln, als erfüllt,
- der Einheitswert des land- und forstwirtschaftlichen Betriebes im Zeitpunkt der Anschaffung oder Herstellung des Wirtschaftsguts nicht mehr als 122 710 € (240 000 DM) beträgt,
- die Bildung und Auflösung der Rücklage in der Buchführung verfolgt werden können,
- der Steuerpflichtige keine Rücklagen nach dem Zonenrandförderungsgesetz ausweist,
- die am Bilanzstichtag insgesamt gebildeten Rücklagen wegen der Ansparabschreibung je Betrieb des Steuerpflichtigen den Betrag von 154 000 € nicht übersteigen.

Sobald das begünstigte Wirtschaftsgut angeschafft wurde und Abschreibungen dafür vorgenommen werden dürfen, ist die Rücklage gewinnerhöhend aufzulösen. Es sind dann aber für das angeschaffte Wirtschaftsgut die lineare oder degressive AfA und die *Sonderabschreibung* möglich.

Erfolgt die Investition nicht, dann ist die Rücklage am Ende des 2. auf ihre Bildung folgenden Wirtschaftsjahres gewinnerhöhend aufzulösen. Das gilt auch für den Teil der Rücklage, der 40% der tatsächlichen Anschaffungs- oder Herstellungskosten übersteigt.

Wird die Rücklage nicht oder nicht in voller Höhe für die Anschaffung eines Wirtschaftsgutes aufgelöst, so erfolgt ein Zinszuschlag zur Rücklage. Dieser beträgt für jedes volle Wirtschaftsjahr, in dem die Rücklage bestand, 6% des ohne der vorgesehenen Investition aufgelösten Rücklagenbetrages.

Der Zuschlag erfolgt nur, wenn die beabsichtigte Anschaffung oder Herstellung nicht, nicht rechtzeitig oder nicht im vorgesehenen Umfang vorgenommen wird.

Beispiel: Ein Landwirt bildet im WJ 2005/2006 eine Rücklage wegen Ansparabschreibung für eine beabsichtigte Anschaffung eines Schleppers und eines Pfluges im WJ 2006/2007.

Voraussichtlicher Anschaffungspreis Schlepper	80 000 €,	Rücklagenbildung 32 000 €
Voraussichtlicher Anschaffungspreis Pflug	15 000 €,	Rücklagenbildung 6 000 €

Die Rücklagenbildung muss je Wirtschaftsgut mindestens 1 € und kann maximal für den Schlepper 32 000 € und für den Pflug 6000 € betragen.

Variante a) Der Landwirt kauft den Schlepper im WJ 2006/2007 um 85 000 €. Die Rücklage ist im WJ 2006/2007 gewinnerhöhend ohne Zinszuschlag aufzulösen. Dadurch wird der Gewinn um 32 000 € erhöht. Diese Gewinnmehrung kann aber durch die degressive AfA oder lineare AfA kombiniert mit der Sonderabschreibung aufgehoben und im Beispiel sogar überkompensiert werden. Die Abschreibung für den Schlepper kann im WJ der Anschaffung bis zu 32 000 € (40% von 80 000 €) betragen. Die maximale Abschreibung sollte aber zur Steuerersparnis nur bei hohen Gewinnen im WJ 2006/2007 genutzt werden.

Der Pflug wird nicht gekauft und die Rücklage bereits 2006/2007 aufgelöst. Der außerbilanzielle Gewinnzuschlag beträgt 6% von 6000 € = 360 €. Dadurch erhöht sich im WJ 2006/2007 der Gewinn um 6360 € (Auflösung der Rücklage 6000 € und Gewinnzuschlag 360 €). Der gleiche Nachteil ergibt sich, wenn der Landwirt nicht einen Pflug, sondern eine nicht funktionsgleiche Maschine kaufen würde; er könnte dafür auch nicht die Sonderabschreibung nutzen.

Variante b) Der Schlepper kostet bei der Anschaffung nur 70 000 €. Die Rücklagenbildung ist damit um 10 000 € × 40% = 4000 € zu hoch. Es erfolgt ein außerbilanzieller Gewinnzuschlag von 6% = 240 €.

Zur Bildung einer Rücklage wegen einer Ansparabschreibung ist die Investitionsabsicht dem Finanzamt gegenüber glaubhaft zu machen. Dazu reicht es aus, das Wirtschaftsgut seiner Funktion nach zu benennen sowie den beabsichtigten Investitionszeitpunkt und die voraussichtlichen Anschaffungs- oder Herstellungskosten anzugeben. Das bei der Rücklagenbildung benannte Wirtschaftsgut muß mit dem später tatsächlich angeschafften Wirtschaftsgut artgleich, d. h. zumindest funktionsgleich sein. Die Angabe des Investitonszeitpunktes wird vom BFH nicht verlangt; es muß ausreichen, dass die Investition innerhalb des begünstigten Investitionszeitraumes vergenommen wird (BFH-Urteil vom 12.12.2001 und FG Köln vom 1.6.2005; zit. nach Felsmann A 1392). Allerdings wird in dem BMF-Schreiben vom 25.2.2004 (Randnr. 8) verlangt, das WJ zu benennen, in dem die Investition getätigt wird. Es fehlt aber der Hinweis auf negative Folgen, wenn die Investition in dem anderen als dem angegebenen WJ erfolgt.

Ab dem 1.1.1997 wurde die **Ansparabschreibung für Existenzgründer** verbessert. Diese günstigeren Regelungen gelten für das Wirtschaftsjahr der Betriebseröffnung und die folgenden 5 Wirtschaftsjahre (Gründungszeitraum). Die Verbesserungen für Existenzgründer sind

- das begünstigte Wirtschaftsgut ist bis zum Ende des 5. auf die Bildung der Rücklage folgenden Wirtschaftsjahrs anzuschaffen oder herzustellen. Erfolgt die Anschaffung nicht in dem Zeitraum, dann ist die Rücklage gewinnerhöhend aufzulösen; ein Zinszuschlag erfolgt deswegen nicht und
- der Höchstbetrag für im Gründungszeitraum gebildete Rücklagen beträgt 307000 €.

Die Übernahme eines Betriebs im Wege der *vorweggenommenen Erbfolge* gilt nicht als Existenzgründung. Entsprechendes gilt auch bei einer Betriebsübernahme im Wege der Auseinandersetzung einer Erbengemeinschaft unmittelbar nach dem Erbfall. Es wird politisch immer wieder diskutiert, Sonderabschreibungen abzuschaffen.

6.3 Beginn und Ende der Abschreibungen

Beginn der AfA: Die Abschreibung ist vorzunehmen, sobald ein Wirtschaftsgut angeschafft oder hergestellt ist. Ein Wirtschaftsgut ist in dem Zeitpunkt angeschafft, in dem der Erwerber das wirtschaftliche Eigentum erlangt. Das ist der Zeitpunkt, zu dem Besitz, Nutzungen, Lasten und Gefahr auf den Erwerber übergehen. Der *Zeitpunkt der Anschaffung* ist also der Tag der Lieferung eines Wirtschaftsgutes an den Erwerber.

Ein Wirtschaftsgut ist *hergestellt*, soweit es fertig gestellt ist, das heißt, seiner Zweckbestimmung entsprechend genutzt werden kann. Ein Gebäude ist dann fertig gestellt, wenn ein Bauzustand erreicht ist, der die bestimmungsgemäße Nutzung des Gebäudes zulässt (R 7.4).

AfA im Jahr der Anschaffung oder Herstellung: Die Abschreibung beginnt mit dem Tag der Lieferung oder mit dem Tag der Fertigstellung eines Wirtschaftsgutes. Wird das Wirtschaftsgut während des Jahres angeschafft oder hergestellt, dann ist die AfA grundsätzlich zeitanteilig vorzunehmen.

Zeitanteilig heißt, dass nur der AfA-Betrag abgesetzt werden darf, der auf den Zeitraum zwischen der Anschaffung oder Herstellung und dem Ende des Wirtschaftsjahres entfällt (§ 7 Abs.1 EStG).

Für **bewegliche Wirtschaftsgüter** des Anlagevermögens gab es aber eine Ausnahmeregelung. Danach war es aus Vereinfachungsgründen erlaubt, dass bewegliche

Wirtschaftsgüter, die in der 1. Hälfte des Wirtschaftsjahres angeschafft wurden, mit dem vollen Abschreibungsbetrag abgeschrieben werden durften. War die Anschaffung dagegen in der 2. Hälfte des Wirtschaftsjahres, so durfte dafür nur der halbe Abschreibungsbetrag im Anschaffungsjahr abgesetzt werden. Diese Vereinfachungsregelung gibt es ab dem 1. 1. 2004 nicht mehr.

Im Unterschied zu den beweglichen Wirtschaftsgütern ist bei den **Gebäuden** die degressive AfA im Wirtschaftsjahr der Anschaffung in Höhe des vollen Jahresbetrages abzuziehen (R 7.4 EStR).

Von der Vorschrift, dass die Wirtschaftsgüter ab dem Zeitpunkt der Anschaffung oder Fertigstellung abzuschreiben sind, gibt es eine Ausnahme. Und zwar sind Gebäude, die bereits am 21. 6. 1948 auf dem Betrieb vorhanden waren, nach den Vorschriften des DM-Eröffnungsbilanzgesetzes zu bewerten und ab dem 21. 6. 1948 abzuschreiben.

Die AfA im Wirtschaftsjahr der Veräußerung: Im Wirtschaftsjahr der Veräußerung ist die AfA für alle Wirtschaftsgüter immer zeitanteilig für volle Monate anzusetzen. Es gilt also für bewegliche Wirtschaftsgüter im Verkaufsjahr nicht die Vereinfachungsregelung.

Beispiel: Ein Traktor wurde am 20. 11. 2005 angeschafft und am 10. 9. 2009 verkauft. Der Kaufpreis betrug 90 000 € und die jährliche Abschreibung daraus 12 % bzw. 10 800 €. Im Jahr der Anschaffung dürfen 10 800 € : 12 Monate × 8 Monate = 7200 € abgeschrieben werden.

Der Restwert war am 1. 7. 2009 noch 50 400 €. Bis zum Verkaufszeitpunkt im September sind noch 10 800 € : 12 Monate × 3 Monate = 2700 € abzuschreiben. Der buchmäßige Abgangswert des Traktors ist dann noch 50 400 € – 2700 € = 47 700 €.

6.4 Bemessungsgrundlage der Abschreibungen

Grundsätzlich gilt, dass die Abschreibungen immer aus den tatsächlichen oder hergeleiteten Netto-Anschaffungskosten zu berechnen sind. Zu diesem Grundsatz gibt es aber auch einige Abweichungen, wie: die Berücksichtigung öffentlicher oder privater Zuschüsse, die Übertragung von Veräußerungsgewinnen auf Ersatzwirtschaftsgüter oder nachträgliche Anschaffungs- und Herstellungskosten.

6.4.1 Zuschüsse und Übertragung von Veräußerungsgewinnen

Für die Behandlung von Zuschüssen hat der Steuerpflichtige ein Wahlrecht. Die Zuschüsse können entweder als Betriebseinnahmen und damit gewinnerhöhend angesetzt werden. Oder die Anschaffungs- und Herstellungskosten des bezuschussten Wirtschaftsgutes werden in Höhe des Zuschusses gemindert.

Kostet zum Beispiel ein Kuhstall netto 250000 € und der Landwirt erhält dafür einen staatlichen Zuschuss in Höhe von 50000 €, der nicht als Betriebseinnahme verbucht werden soll, dann sind die Herstellungskosten mit 200000 € anzusetzen. Davon ist dann die jährliche Abschreibung zu berechnen.

Werden Zuschüsse erst nach der Anschaffung oder Herstellung des Wirtschaftsgutes gewährt und sollen sie erfolgsneutral abgesetzt werden, so sind sie nachträglich von den Anschaffungs- oder Herstellungskosten abzusetzen. Auch die Übertragung von Veräußerungsgewinnen auf Ersatzwirtschaftsgüter nach § 6 b EStG mindert genauso wie Zuschüsse die Abschreibungsbasis.

6.4.2 Anschaffungsnahe Aufwendungen für Wirtschaftsgüter

Dies sind Aufwendungen, die im Zusammenhang mit der Anschaffung (Kauf) gebrauchter Wirtschaftsgüter, insbesondere von Gebäuden, notwendig sind. Bei ihnen ergibt sich die Frage, ob es sofort abziehbare Erhaltungsaufwendungen oder ob es aktivierungspflichtige und abzuschreibende Herstellungsaufwendungen sind.

Anschaffungsnahe Aufwendungen sind als aktivierungspflichtige Instandsetzungskosten zu behandeln, wenn sie zeitnah zum Kauf erfolgen, im Verhältnis zum Kaufpreis hoch sind und durch die Aufwendungen das Wesen des Gebäudes verändert, der Nutzungswert erheblich erhöht oder die Nutzungsdauer erheblich verlängert wird. Diese Voraussetzungen werden meist nur dann vorliegen, wenn zurückgestellte Instandhaltungskosten durch den Käufer nachgeholt werden.

Die Rechtslage ab dem 1. 1. 2004: Für Baumaßnahmen, die nach dem 31. 12. 2003 begonnen wurden, greift eine Neuregelung. Danach gehören zu den Anschaffungskosten eines Gebäudes auch Aufwendungen für die Instandsetzung und Modernisierungsmaßnahmen, die innerhalb von drei Jahren nach der Anschaffung des Gebäudes durchgeführt werden, wenn die Aufwendungen ohne Umsatzsteuer 15 % der Anschaffungskosten des Gebäudes übersteigen (anschaffungsnahe Herstellungskosten). Zu diesen Aufwendungen gehören nicht die Aufwendungen für Erweiterungen, die ohnehin schon nach den allgemeinen Grundsätzen Herstellungskosten sind, sowie jährlich üblicherweise anfallende Erhaltungskosten (§ 6 Absatz 1 Nr. 1a EStG).

6.4.3 Nachträgliche Herstellungskosten

Werden an vorhandenen Wirtschaftsgütern Aufwendungen durchgeführt, so können diese Erhaltungsaufwand, nachträgliche Herstellungskosten oder auch Herstellung eines neuen Wirtschaftsgutes sein.

Unterhalt und **Reparatur** sind stets Betriebsausgaben, die nicht bilanziert und daher auch nicht abgeschrieben werden dürfen. Sie mindern im Jahr des Anfalls den Gewinn. Um Unterhalt und Reparatur handelt es sich bei laufend oder einmalig anfallenden Aufwendungen, um die Anlagen wieder in den üblichen und ursprünglichen Verwendungszweck zu versetzen.

Wenn durch die Aufwendungen nur die Wiederherstellung der Funktionsfähigkeit erfolgt, also z. B. keine Erweiterung oder keine wesentliche Verlängerung der Nutzungsdauer des Wirtschaftsgutes dadurch gegeben ist, sind auch Modernisierungsmaßnahmen als Betriebsausgaben sofort abziehbar.

Nachträgliche Herstellungskosten sind Herstellungsaufwand an bereits bestehenden Gebäuden. Sie liegen dann vor, wenn durch die Baumaßnahme das Gebäude in seiner Substanz deutlich vermehrt, in seinem Wesen deutlich verändert oder über seinen bisherigen Zustand hinaus deutlich verbessert wird. Dies kann z. B. der Fall sein, wenn in einen Rinderstall ein Zuchtsauenstall eingebaut wird und die Kosten dafür wesentlich sind.

Zu einer Erweiterung kommt es durch Aufstockung oder Anbau, Vermehrung der Substanz oder Vergrößerung der Nutzfläche. Eine wesentliche Verbesserung kann angenommen werden, wenn Maßnahmen zur Instandsetzung oder Modernisierung in der Gesamtheit über eine zeitgemäße substanzerhaltende Erneuerung hinausgehen. Aus Vereinfachungsgründen kann bei unbeweglichen Wirtschaftsgütern von der Herstellung eines anderen Wirtschaftsgutes ausgegangen werden, wenn der im zeitlichen und sachlichen Zusammenhang mit der Herstellung des Wirtschaftsgutes anfallende Bauaufwand zuzüglich des Werts der Eigenleistung nach überschlägiger Berechnung den Verkehrswert des bisherigen Wirtschaftsgutes übersteigt. Die weitere AfA ist in dem Fall aus der Summe des bisherigen Buchwertes und den nachträglichen Herstellungskosten zu berechnen (R 7.3 Absatz EStR 2005).

Aktivierung und Abschreibung nachträglicher Anschaffungs- und Herstellungskosten:

Sind für ein Wirtschaftsgut nachträgliche Anschaffungs- oder Herstellungskosten aufgewendet worden, ohne dass ein anderes Wirtschaftsgut entstanden ist, bemisst sich die weitere AfA wie folgt (H 7.3 EStR 2005):

- in den Fällen nach § 7 Abs. 1, Abs. 2 und Abs. 4 Satz 2 EStG bemisst sich die weitere AfA nach dem Buchwert (Restwert) zuzüglich der nachträglichen Anschaffungs- oder Herstellungskosten. Der neue AfA-Satz richtet sich dann nach der geschätzten Restnutzungsdauer des Wirtschaftsgutes. Das betrifft die lineare AfA für Wirtschaftsgüter mit Ausnahme der Gebäude, die degressive AfA beweglicher Wirtschaftsgüter sowie Gebäude, die abweichend von den typisierten AfA-Sätzen 2 %, 2,5 %, 3 % oder 4 % nach der tatsächlichen Nutzungsdauer abgeschrieben werden.

Beispiel: Im Juli 2001 kauft ein Steuerpflichtiger ein bewegliches Wirtschaftsgut für 24000 €. Die betriebsgewöhnliche Nutzungsdauer beträgt 10 Jahre und es wird linear abgeschrieben. Im September 2005 fallen nachträgliche Herstellungskosten in Höhe von 10000 € an. Danach ist die geschätzte Nutzungsdauer noch 8 Jahre.

Restwert zum 30. August 2005	14000 €
Nachträgliche Herstellungskosten September 2005	10000 €
Bemessungsgrundlage ab WJ 2005/2006	24000 €
Weitere AfA 12,5 % von 24000 €	3000 €
(2005/2006 beträgt die zeitanteilige AfA 2500 €)	

- in den Fällen des § 7 Abs. 4 Satz 1 und Abs. 5 EStG bemisst sich die AfA nach der bisherigen Bemessungsgrundlage (ursprüngliche Anschaffungs- oder Herstellungskosten oder die an deren Stelle tretenden Werte) zuzüglich der nachträglichen Anschaffungs- oder Herstellungskosten. Der ursprünglich angesetzte AfA-Satz ist weiterhin anzuwenden. Betroffen sind von dieser Regelung die Gebäude, die mit den typisierten linearen AfA-Sätzen von 2 %, 2,5 %, 3 % oder 4 % oder degressiv abgeschrieben werden. Der BMELV-Jahresabschluss sieht für alle Gebäude, unabhängig von der einmal gewählten Abschreibungsdauer, diese Handhabung vor. Gehörten Wirtschaftsgüter bereits zum 21.6.1948 zum Betriebsvermögen, so sind als Anschaffungs- oder Herstellungskosten die Werte nach der DMEB zu nehmen.

Beispiel: Herstellung eines Gebäudes zum 1.7.1977, Herstellungskosten 150000 €, AfA-Satz 2 %, im Juli 1997 wurde ein grundlegender Ausbau vorgenommen, der als nachträgliche Herstellungskosten einzustufen ist.

Herstellungskosten Juli 1977	150000 €
AfA von 1977/78 bis 1996/97: 20 Jahre × 2 %	60000 €
Buchwert am 30.6.1997	90000 €
Nachträgliche Herstellungskosten Juli 1997	80000 €
Bemessungsgrundlage ab WJ 1997/98: 150000 + 80000	230000 €
Künftige Abschreibung 2 % von 230000 €	4600 €

Von 1997/98 an betragen die Abschreibungen bis zur vollständigen Absetzung des Betrages von 170000 € (Restwert von 90000 € zuzüglich nachträgliche Herstellungskosten von 80000 €) 2 % von 230000 € = 4600 €/Jahr.
Wurde in dem Beispiel die Nutzungsdauer im Jahr 1977 mit 40 Jahren, also mit 2,5 % statt der für 1977 typisierten 2 % angesetzt und ist die Restnutzungsdauer des Gebäudes nach Durchführung der Bauarbeiten noch 25 Jahre, dann gilt:

Herstellungskosten Juli 1977	150000 €
AfA 1977/78 bis 1996/97: 20 Jahre × 2,5 %	75000 €
Buchwert 30.6.1997	75000 €
Nachträgliche Herstellungskosten Juli 1997	80000 €
Bemessungsgrundlage ab WJ 1997/98	155000 €
Ab dem WJ 1997/98 beträgt dann die AfA bis zur vollständigen Absetzung 4 % von 155000 € = 6200 €/Jahr.	

6.5 Absetzungen für außergewöhnliche technische oder wirtschaftliche Abnutzung

Absetzungen nach §7 Absatz 1, Satz 7 EStG für außergewöhnliche technische oder wirtschaftliche Abnutzungen sind zulässig. Zulässig bedeutet, dass derartig außergewöhnliche Absetzungen nicht vorgenommen werden müssen. Ist aber das Wirtschaftsgut aufgrund eines außergewöhnlichen Ereignisses nicht mehr vorhanden, dann muss die Absetzung vorgenommen werden (R7.4 Abs. 11 EStR 2005).

Absetzungen für außergewöhnliche Abnutzungen sind nur bei außergewöhnlichen Umständen erlaubt. Sie dürfen wegen technischer oder wirtschaftlicher Gründe vorgenommen werden.

Außergewöhnlich ist eine *technische Abnutzung* dann, wenn durch ein besonderes Ereignis die Substanz des Wirtschaftsgutes übernormal geschädigt wird. Beispiele dafür sind die Vernichtung oder starke Beschädigung von Wirtschaftsgütern durch Brand, Sturm, Wasserschäden oder Bergrutsch. Bei Traktoren und Maschinen kommen noch Unfälle auf dem Feld oder im Straßenverkehr dazu.

Auch durch den Abbruch eines verbrauchten oder wirtschaftlich veralteten Gebäudes liegt eine außergewöhnliche Absetzung vor. Inwieweit ein Gebäude *wirtschaftlich unbrauchbar* ist, hängt von den Umständen des einzelnen Betriebes ab. Ein Steuerpflichtiger wird ein Gebäude nur dann abbrechen, wenn der Abbruch wirtschaftlich notwendig ist. Entweder beseitigt er dadurch ein überflüssig gewordenes Gebäude oder er erstellt an dessen Stelle ein modernes Gebäude.

Die Absetzungen für außergewöhnliche technische oder wirtschaftliche Abnutzungen sind nicht nur bei einem völligen Verschwinden eines Wirtschaftsgutes möglich bzw. vorgeschrieben. Sie sind auch zulässig, wenn einzelne Gebäudeteile abgebrochen werden oder wenn die wirtschaftliche Nutzbarkeit eines Wirtschaftsgutes durch außergewöhnliche Umstände gemindert wird.

Ist ein Wirtschaftsgut aufgrund eines außergewöhnlichen Ereignisses nicht mehr vorhanden, dann muss es im Wirtschaftsjahr des Ereignisses in Höhe des Buchwertes aus dem Betriebsvermögen ausgeschieden werden. Es tritt dadurch ein Betriebsaufwand in Höhe des Buchwertes ein. Bis zum Ausscheiden des Wirtschaftsgutes aus dem Betriebsvermögen ist es zeitanteilig abzuschreiben. Wird das Wirtschaftsgut durch das außergewöhnliche Ereignis nicht voll zerstört und verbleibt es weiterhin im Betrieb, dann darf ausgehend vom Buchwert die außergewöhnliche Absetzung vorgenommen werden. Das ist allerdings nur insoweit möglich, wenn trotz der Reparaturen eine Wertminderung bestehen bleibt.

Beispiel: Ein bisheriger Rinderstall wird in einen Schweinestall umgebaut. Dabei werden die Stalleinbauten entfernt, die etwa 25% des Wertes des Stallgebäudes ausmachen. Der Buchwert des Rinderstalles beträgt vor den Baumaßnahmen 40000€. Durch die Abbrucharbeiten ist dieser Betrag um 25% bzw. 10000€ auf

30 000 € zu kürzen. Die Absetzung für außergewöhnliche Abnutzung in Höhe von 10 000 € wird im Wirtschaftsjahr des Anfalls als Betriebsaufwand verbucht.

6.6 Absetzungen für Substanzverringerung (AfS)

Die **Absetzungen für Substanzverringerung** (AfS) sind bei Bergbauunternehmen, Steinbrüchen und anderen Betrieben möglich, die einen Verbrauch der Substanz mit sich bringen (§ 7 Absatz 6 EStG). Darunter fällt auch der Abbau von Sand, Kies, Ton oder Torf.

Durch die AfS soll der Aufwand für den Erwerb der Bodenschätze auf den Zeitraum des Abbaues umgelegt werden. Daher ist eine AfS nur dann möglich, wenn das Grundstück mit den Bodenschätzen gegen Entgelt erworben wurde. Die AfS ist entweder in gleichen Jahresbeiträgen (linear) oder nach dem Umfang des Substanzabbaues möglich. Bei der *linearen AfS* sind die Anschaffungskosten auf den voraussichtlichen Abbauzeitraum in gleichen Jahresbeträgen zu verteilen. Diese Methode sollte nur dann gewählt werden, wenn der jährliche Abbauumfang in etwa gleich hoch ist.

In der Regel wird die AfS *nach dem tatsächlichen Abbau* vorgenommen. Diese Methode verlangt, dass der tatsächliche Rohstoffvorrat zunächst geschätzt wird. Die jährliche AfS berechnet sich dann nach dem Verhältnis der im Wirtschaftsjahr geförderten Menge des Bodenschatzes zur gesamten geschätzten Abbaumenge (R 7.5 EStR 2005).

Beispiel: Der Vorrat an einem bestimmten Bodenschatz ist 20 000 t. Der Kaufpreis hierfür soll 100 000 € sein. Der Abbau in einem bestimmten Wirtschaftsjahr beträgt 1000 t. Die AfS für das betreffende Wirtschaftsjahr errechnet sich dann mit 100 000 € : 20 000 t × 1000 t = 5000 €.

6.7 Buchung der Abschreibung

Die jährliche Abschreibung ist ein Aufwand, der den Gewinn mindert. Sie wird in der Regel jährlich nur einmal, nämlich zum Jahresabschluss verbucht. Die Abschreibung mindert das Anlagevermögen. Es liegt somit ein Abgang beim Vermögen vor und im gleichen Umfang wird der Aufwand vermehrt.

Zur Verbuchung der Abschreibung gibt es zwei Buchungsformen und zwar die direkte und die indirekte Abschreibung.

Bei der **direkten Abschreibung** wird der Abschreibungsbetrag auf dem Aufwandskonto »Abschreibungen« erfasst und unmittelbar auf dem Anlagenkonto gegengebucht. Im Anlagenkonto stehen die Buchwerte der Wirtschaftsgüter und es wird über das Schlussbilanzkonto abgeschlossen. Der Abschluss des Abschreibungskontos erfolgt über die Gewinn- und Verlustrechnung.

Beispiel: Anschaffungskosten einer Maschine von netto 80000 €, Nutzungsdauer 8 Jahre, lineare AfA, jährlicher AfA-Betrag 10000 €.

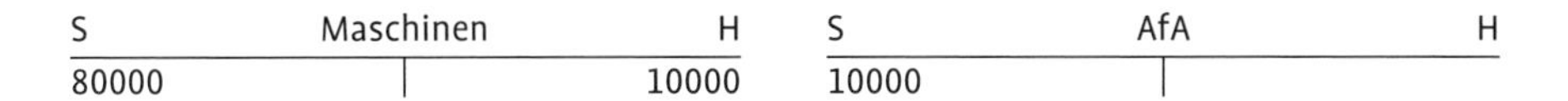

S	Maschinen	H	S	AfA	H
80000		10000	10000		

Bei der **indirekten Abschreibung** wird die Wertminderung nicht vom Anlagenkonto abgezogen, sondern es wird in Höhe der Abschreibungen auf der Passivseite der Bilanz ein Wertberichtigungskonto geführt.

Dieses wird im novellierten BMELV-Jahresabschluss als »Sonderposten mit Rücklagenanteil wegen Sonderabschreibungen« bezeichnet. Dadurch wird der Wert der abzuschreibenden Wirtschaftsgüter nicht fortgeschrieben, sondern bleibt während der gesamten Nutzungsdauer mit den Anschaffungs- oder Herstellungskosten auf der Aktivseite der Bilanz ausgewiesen.

Beispiel: Anschaffungskosten einer Maschine von netto 80000 €, Nutzungsdauer 8 Jahre, lineare AfA, jährlicher AfA-Betrag 10000 €.

Kontenbild im 1. Jahr der Anschaffung:

S	Maschinen	H	S	Wertberichtigung	H	S	AfA	H
80000					10000	10000		

Am Jahresende wird in das Schlussbilanzkonto der Maschinenbestand von 80000 € (Aktivseite der Bilanz) und die Wertberichtigung von 10000 € (Passivseite der Bilanz) übertragen. Die AfA wird auf das GuV-Konto übertragen.

Die indirekte Abschreibungsmethode wird sehr oft zur Verbuchung der Sonderabschreibungen genutzt, während die lineare AfA direkt verbucht wird.

Die Verbuchung einer derartigen **Kombination** zwischen der direkten und der indirekten Methode zeigt das Beispiel der Tabelle 18.

Die Vorteile der indirekten Abschreibung sind, dass zum einen die aktivierten Anschaffungs- oder Herstellungskosten während der Nutzungsdauer in den Inventarverzeichnissen und in der Bilanz ausgewiesen sind. Zum anderen kann aus der Höhe der passiven Wertberichtigungsposten im Vergleich zu den Anschaffungskosten die Veralterung der Anlagen abgeschätzt werden.

An Nachteilen hat die indirekte Abschreibung, dass die Bilanz nicht die tatsächlichen Restbuchwerte direkt ausweist. Diese sind erst aus den ausgewiesenen Anschaffungskosten abzüglich der Wertberichtigungen zu berechnen. Da aber die Wertberichtigung eine Vielzahl von Einzelpositionen enthält, ist eine direkte

Zuordnung der Wertberichtigungen und damit die Restwertermittlung einzelner Vermögenspositionen nicht möglich.

Auch wenn nur die **Sonderabschreibung** nach der indirekten Methode verbucht wird, ist es nur noch schwer nachzuvollziehen, auf welches Wirtschaftsgut sich der Wertberichtigungsposten bezieht.

Die steuerlich zulässigen Sonderabschreibungen dürfen im BMEVL-Jahresabschluss nicht direkt vorgenommen werden. Sie können im Sonderposten mit Rücklagenanteil eingestellt und über die betriebsgewöhnliche Nutzungsdauer aufgelöst werden. Es ist gängige Praxis, dass die landwirtschaftlichen Buchstellen die Normalabschreibungen direkt und die Sonderabschreibungen indirekt verbuchen.

Tabelle 18: Beispiel für die Kombination der direkten und indirekten Verbuchung der Abschreibung

Anschaffungskosten einer Maschine von netto 80000 €, Nutzungsdauer 8 Jahre, lineare AfA kombiniert mit der 20%igen Sonderabschreibung im 3. Wirtschaftsjahr (WJ)

WJ	S Maschinen	H	S Wertberichtigung	H	S AfA	H
1. Zugang lineare AfA	80000	 10000			 10000	
2. lineare Afa		10000			10000	
3. lineare AfA So-AfA		10000		 16000	10000 16000	
4. lineare AfA		10000			10000	
5. lineare AfA		10000			10000	
6. lineare AfA Auflösung Wertber.		10000	 5333		10000	 5333
7. lineare AfA Auflösung Wertber.		10000	 5333		10000	 5333
8. lineare AfA Auflösung Wertber.		10000	 5333		10000	 5333

Erläuterungen zur Tabelle 18. In den ersten beiden Jahren wird nur die lineare AfA abgesetzt. Sie mindert jährlich den Maschinenbestand und wird auf dem AfA-Konto gegengebucht. Im 3. Jahr kommt die Sonder-AfA mit 16000 € zur AfA dazu. Sie wird aber nicht auf dem Maschinenkonto gebucht, sondern auf der Habenseite des Wertberichtigungskontos. Die Gegenbuchung ist, wie bei der linearen AfA, auf der Sollseite des AfA-Kontos.

Nach Ablauf des Begünstigungszeitraums von 5 Jahren läuft die lineare AfA unverändert weiter. Der Wertberichtigungsposten wird dann aber auf die restlichen Nutzungsjahre (gleichmäßig verteilt) gewinnerhöhend aufgelöst.

7 Anforderungen an eine ordnungsgemäße Buchführung

7.1 Grundsätze ordnungsgemäßer Buchführung (GoB)

Der Begriff der **Grundsätze ordnungsgemäßer Buchführung** (GoB) umfasst alle Ordnungsregeln der laufenden Buchführung, der Inventur und des Jahresabschlusses. Sinngemäß sollte daher zwischen den Grundsätzen der ordnungsgemäßen laufenden Buchführung, der ordnungsgemäßen Inventur und der ordnungsgemäßen Bilanzerstellung unterschieden werden.

Die Grundsätze ordnungsgemäßer Buchführung haben sich im Laufe der Zeit aus den praktischen Gegebenheiten heraus entwickelt und sind zum Teil in steuerliche und handelsrechtliche Vorschriften eingegangen. Wesentliche Buchführungsvorschriften stehen im Handelsgesetzbuch und in der Abgabenordnung (AO).

Auch das Gewohnheitsrecht und die Gepflogenheiten sowie branchenspezifische Regelungen haben im Hinblick auf die Ordnungsgemäßheit der Buchführung ihre Gültigkeit, soweit sie rechtlichen Vorschriften nicht entgegenstehen. So gilt für Agrarbetriebe auch noch der Ländererlass von 1981 über die Buchführung in land- und forstwirtschaftlichen Betrieben.

Die wichtigsten **Grundsätze** zur Ordnungsgemäßigkeit der Buchführung im Sinne der Abgabenordnung sind:

- Die Buchführung muss so beschaffen sein, dass sie einem sachverständigen Dritten innerhalb angemessener Zeit einen Überblick über die Geschäftsvorfälle und über die Lage des Unternehmens vermitteln kann. Die Geschäftsvorfälle müssen sich in ihrer Entwicklung und Abwicklung verfolgen lassen. Die Aufzeichnungen sind so vorzunehmen, dass der Zweck, den sie für die Besteuerung erfüllen sollen, erreicht wird (§ 145 AO).

Ein sachverständiger Dritter ist z. B. ein Steuerberater oder auch ein Betriebsprüfer des Finanzamtes. Die Buchführung muss so aufgebaut sein, dass der sachverständige Dritte einen Geschäftsvorfall von dem Beleg, über die laufenden Aufzeichnungen bis zum Jahresabschluss nachvollziehen kann. Daher sind die Belege in zeitlicher Reihenfolge zu nummerieren, abzulegen und aufzubewahren. Die Geschäftsvorfälle sind nach einem systematischen Kontenplan zu kontieren. Der in der Landwirtschaft allgemein übliche und in der Regel verwendete Kontenplan wurde vom Bundesministerium für Ernährung, Land- und Forstwirtschaft herausgegeben bzw. empfohlen.

- Die Buchungen und die sonst erforderlichen Aufschreibungen sind vollständig, richtig, zeitgerecht und geordnet vorzunehmen. Kasseneinnahmen und Kassenausgaben sollen täglich festgehalten werden (§ 146 Absatz 1 AO).

Vollständig und richtig heißt, dass nichts weggelassen und nichts manipuliert werden darf. Der Begriff geordnet besagt, es genügt jede sinnvolle Ordnung, die es einem sachverständigen Dritten ermöglicht, sich in angemessener Zeit einen Überblick über die Geschäftsvorfälle und über die Lage des Unternehmens zu verschaffen. Es sind alle Geschäftsvorfälle zeitgerecht zu verbuchen. Zeitgerecht verlangt keine tägliche Aufschreibung der Geschäftsvorfälle. Kurzfristige Verzögerungen sind möglich, wenn dadurch die Glaubwürdigkeit der Verbuchungen nicht beeinträchtigt wird. Bei kleineren Betrieben mit wenig Geschäftsvorfällen ist ein Buchungsrückstand bis zu 1 Monat unschädlich. Das gleiche gilt auch für größere Betriebe, wenn die Kontoauszüge und die Rechnungen vollständig und geordnet nummeriert oder abgelegt werden (R 29, Absatz 2 EStR). Damit die Zahl der Belege nicht zu unübersichtlich wird, sollten sie möglichst wöchentlich eingeordnet, nummeriert und kontiert werden.

Die Kasseneinnahmen und Kassenausgaben sollen täglich festgehalten werden. Daraus folgt aber nicht, dass sie auch tatsächlich täglich zu verbuchen sind. Es sollten aber alle Kassenbelege zeitnah und geordnet abgelegt werden.

- Die Buchungen und Aufzeichnungen sind in einer lebenden Sprache vorzunehmen. Wird nicht die deutsche Sprache verwendet, so kann die Finanzbehörde Übersetzungen verlangen. Werden Abkürzungen, Ziffern, Buchstaben oder Symbole verwendet, muss im Einzelfall deren Bedeutung eindeutig festliegen (§ 146 Absatz 3 AO).
- Eine Buchung oder eine Aufzeichnung darf nicht in einer Weise verändert werden, dass der ursprüngliche Inhalt nicht mehr feststellbar ist. Auch solche Veränderungen dürfen nicht vorgenommen werden, deren Beschaffenheit es ungewiss lässt, ob sie ursprünglich oder erst später gemacht wurden (§ 146 Absatz 4 AO).

Daraus ist abzuleiten, dass Stifte zu verwenden sind, bei denen das Geschriebene nicht spurlos geändert werden kann. Radieren oder unkenntlich machen, verstößt gegen die Grundsätze der ordnungsgemäßen Buchführung. Bei Korrekturen darf die Falschbuchung nur durchgestrichen werden und muss lesbar bleiben.

- Die Bücher und die sonst verwendeten Aufzeichnungen können auch in der geordneten Ablage von Belegen bestehen oder auf Datenträgern geführt werden, soweit diese Formen der Buchführung einschließlich des dabei angewandten Verfahrens den Grundsätzen ordnungsgemäßer Buchführung entsprechen; bei Aufzeichnungen, die allein wegen der Steuergesetze vorzunehmen sind, bestimmt sich die Zulässigkeit des angewendeten Verfahrens nach dem Zweck, den die Aufzeichnungen für die Besteuerung erfüllen sollen. Bei der Führung der Bücher und der sonst erforderlichen Aufzeichnungen auf Datenträgern muss insbesondere sichergestellt sein, dass die Daten während der Dauer der Aufbewahrungsfrist verfügbar sind und jederzeit innerhalb angemessener Frist lesbar gemacht werden können (§ 146 Absatz 5 AO).

Für die EDV-Buchführung bedeutet dies, dass einmal gespeicherte Buchungen nicht mehr gelöscht werden dürfen. Sie sind statt dessen zu stornieren.

- Es muss *zu jeder Buchung ein Beleg* vorhanden sein. Man spricht hier vom Grundsatz der Begründetheit oder vom Belegprinzip. Fehlende Belege sind nachzufordern. Die Belege dienen der Beweissicherung und der Nachprüfbarkeit der Buchführung. Nur mit ihm kann der verbuchte Geschäftsvorgang nachvollzogen werden.

Nach der Entstehung der Belege unterscheidet man zwischen den Urbelegen und den abgeleiteten Belegen. Die Urbelege entstehen im Geschäftsverkehr mit Dritten und deren Originale oder Durchschriften sind die Grundlage jeder Buchung. Sie werden beim Einkauf durch den Geschäftspartner als sog. Lieferantenrechnungen ausgestellt. Beim Verkauf erhält der Landwirt in der Regel von seinen Abnehmern eine Gutschrift und nur in seltenen Fällen stellt er eine Rechnung aus.

Es können auch selbst Belege erstellt werden, wenn über einen Geschäftsvorfall kein Beleg vorhanden ist. Man spricht hier von Eigenbelegen. Sie sind nur ausnahmsweise zulässig, z. B. für die Privatentnahmen von Sachen und auch für die privaten Geldentnahmen aus der Kasse. Grundsätzlich wird es möglich und vertretbar sein, von seinen Geschäftspartnern Kopien von fehlenden Belegen nachzufordern.

Von den Urbelegen abgeleitete Belege sind die Auszüge von den Bank- und Warenkonten.

- Zu den GoB gehört auch, dass die Buchführungsunterlagen über einen bestimmten Zeitraum ordnungsgemäß aufbewahrt werden. Die Aufbewahrungsfristen betragen nach § 147 AO:

  10 Jahre: Für Buchungsbelege, Bücher und Aufzeichnungen, Inventare, Jahresabschlüsse, Lageberichte, die Eröffnungsbilanz sowie die zu ihrem Verständnis erforderlichen Arbeitsanweisungen und sonstigen Organisationsunterlagen. Zu den Arbeitsanweisungen und Organisationsunterlagen gehören alle Aufschreibungen, die die Technik der gesamten Buchführung erläutern, z. B. auch der verwendete Kontenplan. Der Lagebericht ist nur für die Kapitalgesellschaften vorgeschrieben. Damit ist der Geschäftsablauf und die tatsächliche wirtschaftliche Lage des Unternehmens darzustellen.

  6 Jahre: Für die Handels- und Geschäftsbriefe und für die sonstigen zur Besteuerung bedeutsamen Unterlagen. Sonstige Unterlagen sind z. B. Kassenzettel, Registrierkassenstreifen, Bewertungsunterlagen, Lohnabrechnungen, Ein- und Ausfuhrpapiere.

Die Aufbewahrungsfrist *beginnt* mit dem Schluss des Kalenderjahres, in dem die letzte Eintragung in das Buch gemacht, das Inventar, die Eröffnungsbilanz, der Jahresabschluss oder der Lagebericht aufgestellt, der Handels- oder Geschäftsbrief empfangen oder abgesandt worden oder der Buchungsbeleg entstanden ist, ferner die Aufzeichnung vorgenommen worden ist oder die sonstigen Unterlagen entstanden sind (§ 147 Absatz 4 AO). Die Aufbewahrungsfrist läuft nicht ab, soweit und solange die Unterlagen für Steuern von Bedeutung sind, für die die Festsetzungsfrist noch nicht abgelaufen ist.

7.2 Besondere Regelungen zur Buchführung in land- und forstwirtschaftlichen Betrieben

Für die Buchführung land- und forstwirtschaftlicher Betriebe wurde mit den obersten Finanzbehörden ein gleich lautender Ländererlass vom 15. 12. 1981 veröffentlicht. Danach gelten für Land- und Forstwirte grundsätzlich die gleichen Vorschriften wie für Gewerbetreibende.

Für Land- und Forstwirte sind aber folgende **Vereinfachungs-** bzw. **Sonderregelungen** zugelassen:

- Die geordnete und übersichtliche Sammlung und Aufbewahrung der Kontoauszüge von ständigen Geschäftspartnern ersetzt die betreffenden Grundbücher (Journale), wenn die darin ausgewiesenen Geschäftsvorfälle unter Hinweis auf den dazu gehörigen Beleg mit dem erforderlichen Buchungstext erläutert werden. Diese Kontoauszüge müssen in regelmäßigen Zeitabständen – etwa 1 Monat – vorliegen. Es genügt also, wenn die Kontoauszüge der Bank handschriftlich mit den geforderten Erläuterungen ergänzt werden.
- Die Naturalentnahmen für den Privatverbrauch wie Milch, Eier und Schlachttiere sind normalerweise aufzuschreiben und zu bewerten. Stattdessen genügt es auch, wenn am Ende des Wirtschaftsjahres der von der Finanzverwaltung herausgegebene Richtsatzbetrag gebucht wird.
- Die Bestandsaufnahme braucht sich nicht auf das stehende Holz zu erstrecken. Bei Betrieben mit jährlicher Fruchtfolge kann auch für das Feldinventar und die stehende Ernte sowie für selbst gewonnene Vorräte auf eine Bestandsaufnahme und Bewertung verzichtet werden.
- Land- und Forstwirte haben ein Anbauverzeichnis zu führen. Damit ist nachzuweisen, mit welchen Fruchtarten die selbst bewirtschafteten Flächen im abgelaufenen Wirtschaftsjahr bestellt waren. Die selbst bewirtschaftete Fläche ist unter Angabe ihrer Größe in die einzelnen Nutzungs- und Kulturarten aufzuteilen; Flur- und Parzellenbezeichnungen oder ortsübliche Bezeichnungen sind anzugeben. Hofraum, Wege, Lager- und Gebäudeflächen sollen ebenfalls angegeben werden.

  Das Anbauverhältnis muss grundsätzlich nach den Verhältnissen zum Beginn eines Wirtschaftsjahres aufgestellt werden. Fruchtarten, die innerhalb eines Wirtschaftsjahres bestellt und abgeerntet werden, sind zusätzlich anzugeben (Zwischenfrüchte).

  Forstwirtschaftlich genutzte Flächen sind in Holzboden-, Nichtholzboden- und sonstige Flächen aufzugliedern. Die Holzbodenflächen sind nach Holzarten und unter Angabe der Altersklassen aufzuteilen.

- Forstbetriebe haben die Holzaufnahme und den Holzeingang aufzuzeichnen. Der Nachweis darüber kann durch Führung von Holzaufnahmelisten oder Nummernbücher oder Holzeingangsbüchern geführt werden.
- Der Warenausgang für die gewerbliche Weiterverarbeitung ist gesondert aufzuzeichnen. Damit sollen die Käufer land- und forstwirtschaftlicher Produkte besser überprüft werden können (§ 144 AO).

8 Das Betriebsvermögen, die Inventur, das Inventar und die Bewertung

8.1 Allgemeine Grundsätze zur ordnungsgemäßen Bewertung und Bilanzerstellung

8.1.1 Grundsatz der Vorsicht

Im § 252 Absatz 1 Nr. 4 HGB steht im ersten Satzteil »Es ist vorsichtig zu bewerten«. Damit ist gemeint, die Wirtschaftsgüter im Interesse des Gläubigerschutzes wertmäßig keineswegs zu hoch anzusetzen. Das **Vorsichtsprinzip** ist ein Oberbegriff für verschiedene Einzelgrundsätze, die darauf abzielen, dass der Vermögensausweis im Inventar und in der Bilanz nicht zu hoch ausfällt. Der Jahresabschluss soll vielmehr allen Risiken und Gefahren Rechnung tragen.

Das Vorsichtsprinzip verlangt eine vernünftige kaufmännische Beurteilung und fordert, dass für eine Maßnahme sachliche Gründe vorliegen. Willkürliche Bewertungen mit dem Zweck, steuerlich zu manipulieren oder dadurch Gesellschafter durch eine verminderte Gewinnausschüttung zu benachteiligen, entsprechen nicht dem Grundsatz der Vorsicht.

Dem Grundsatz der Vorsicht ist auch das Realisations-, Erkennbarkeits- und Wertaufhellungsprinzip zugeordnet.

Das Realisationsprinzip sagt aus, dass Gewinne nur zu berücksichtigen sind, wenn sie am Bilanzstichtag auch tatsächlich realisiert sind. Es dürfen also fertige Erzeugnisse, die noch nicht veräußert sind, nicht mit dem möglichen Verkaufserlös bilanziert werden, sondern nur mit den Herstellungskosten.

Im Unterschied dazu gilt für erkennbare, aber noch nicht realisierte Verluste, das Erkennbarkeitsprinzip. Danach dürfen drohende Verluste bereits dann in der Bilanz berücksichtigt werden, wenn sie mit hinreichender Sicherheit eintreten werden. Bilanztechnisch geschieht das durch die Bildung von Rückstellungen für drohende Verluste aus schwebenden Geschäften.

Die unterschiedliche Behandlung der am Bilanzstichtag noch nicht realisierten Gewinne bzw. Verluste wird als Imparitätsprinzip bezeichnet.

Das Wertaufhellungsprinzip verlangt: alle Erkenntnisse, die zwischen dem Bilanzstichtag und der tatsächlichen Bilanzerstellung noch bekannt werden, sind auch im Jahresabschluss zu berücksichtigen. Voraussetzung dafür ist allerdings, dass die Vorgänge ihre Ursache noch im alten Wirtschaftsjahr haben.

Beispiel: Ein Landwirt verkaufte an einen Händler Waren im Wert von 50 000 €, die zum Bilanzstichtag am 30. 6. noch nicht bezahlt waren. Zum Bilanzstichtag besteht also eine Forderung. Noch vor der endgültigen Bilanzfertigstellung wird die Konkursanmeldung und Zahlungsunfähigkeit des Händlers bekannt. Der Landwirt hat dann die uneinbringliche Forderung gegen den Händler abzuschreiben. Tritt der Konkurs des Händlers erst nach dem Bilanzstichtag ein, so bleibt die Forderung von 50 000 € bestehen und wird erst im nächsten Jahresabschluss abgeschrieben.

8.1.2 Grundsatz der Einzelbewertung

Der **Grundsatz der Einzelbewertung** verlangt, dass grundsätzlich jedes Wirtschaftsgut einschließlich der Schulden einzeln und für sich eigenständig zu bewerten ist. Eine Zusammenfassung oder gar Wertesaldierung, z. B. innerhalb der Forderungen und Verbindlichkeiten, ist nicht zulässig.

Von dem Grundsatz der Einzelbewertung sind auch Ausnahmen erlaubt. Unmögliche Einzelwertermittlungen oder bei einem unvertretbar hohen Aufwand können auch Sammelbewertungen mit gewichteten Durchschnittswerten oder Festbetragsbewertungen vorgenommen werden.

Die Einzelwertermittlung bedeutet z. B. für Grundstücke, dass jede Flurnummer in der Regel ein eigenständiges Wirtschaftsgut ist, soweit gleichartige Nutzungen vorliegen. Eine Aufteilung der Flurnummer erfolgt z. B. nur dann, wenn ein Teil der Fläche landwirtschaftliche Nutzfläche und der andere Teil Wald ist.

In Ausnahmefällen sind auch Sammelbewertungen (Gruppenbewertungen) erlaubt. Das heißt, dass in etwa gleichartige und gleichwertige Wirtschaftsgüter in Gruppen zusammengefasst werden dürfen. Darunter fällt in der Landwirtschaft hauptsächlich die Viehbewertung und die Bewertung des Umlaufvermögens.

8.1.3 Das Anschaffungswertprinzip

Nach dem **Anschaffungswertprinzip** dürfen die Wirtschaftsgüter nur mit den tatsächlichen Anschaffungs- oder Herstellungskosten bewertet werden. Eine Bewertung nach *Wiederbeschaffungskosten* ist also nicht erlaubt. Die Anschaffungs- oder Herstellungskosten bilden auch die Abschreibungsbasis der Wirtschaftsgüter.

Soweit der echte Anschaffungswert nicht bekannt ist, sind auch zutreffende Schätzwerte möglich. Schätzungen sind z. B. dann notwendig, wenn erstmals mit der Buchführung begonnen wird und von älteren Gebäuden oder Maschinen die tatsächlichen Anschaffungs- und Herstellungskosten nicht mehr bekannt sind.

Fiktive Anschaffungskosten sind beim Boden, der bereits vor 1970 im Eigentum des Betriebes war, und bei vor 1948 hergestellten Gebäuden zu verwenden. Fiktive Anschaffungs- und Herstellungskosten sind auch in den neuen Bundesländern für Wirtschaftsgüter notwendig, die bereits vor 1990 vorhanden waren. Grundlage dafür ist das als Teil des Einigungsvertrages vom 31. 8. 1990 vereinbarte Gesetz über die Eröffnungsbilanz in Deutscher Mark und die Kapitalneufestsetzung (D-Markbilanzgesetz, DMBilG).

8.1.4 Grundsatz der Kontinuität

Durch den **Grundsatz der Bilanzkontinuität** sollen die Jahresabschlüsse über die Jahre hinweg vergleichbar sein. Die einmal gewählten Verfahren der Bilanzgliederung, der Bilanzierung und Bewertung sind in der Regel beizubehalten.

Dieser Grundsatz beinhaltet im einzelnen die Bilanzidentität, die formelle Kontinuität und die Bilanzstetigkeit (materielle Kontinuität).

Mit der Bilanzidentität ist gemeint, dass die Schlussbilanz des Vorjahres mit der Eröffnungsbilanz des Folgejahres übereinstimmt. Die Übereinstimmung bezieht sich auf die Gliederung, auf die Mengen und auf die Werte.

Durch den Grundsatz der formellen Kontinuität soll das äußere Erscheinungsbild der Buchführung und des Jahresabschlusses über die Jahre hinweg gleich bleiben. Im Einzelnen bedeutet dies:

- Beibehaltung der Bilanzgliederung, der Postenbezeichnungen, der Reihenfolge der Posten in der Bilanz und in der GuV-Rechnung,
- Beibehaltung des Kontenrahmens bzw. des Kontenplans,
- Beibehaltung des einmal gewählten Bilanzstichtages.

Die Bilanzstetigkeit bezieht sich auf die materielle Kontinuität. Sie verlangt, dass die einmal gewählten Bewertungs- und Abschreibungsmethoden im Zeitablauf beizubehalten sind. Dazu gehört auch die Nachvollziehbarkeit von Wertfortführungen, wie die Abschreibungen oder Zuschreibungen aus dem Wertansatz des Vorjahres.

Der Steuerpflichtige kann für ein Wirtschaftsgut oder auch für eine Gruppe von gleichartigen Wirtschaftsgütern oftmals unter verschiedenen Bewertungsmethoden wählen. Beispielsweise kann er seinen Tierbestand nach Richtsätzen oder auch nach eigenen Herstellungskosten bewerten. Die selbst erzeugten Vorräte können mit eigenen Herstellungskosten oder auch ausgehend von den Verkaufspreisen (retrograde Bewertung) bewertet werden.

Die Bewertungsstetigkeit verlangt aber, dass ein einmal gewähltes Bewertungswahlrecht auch für die nachfolgenden Wirtschaftsjahre bindend ist und es kann in späteren Jahren kaum noch geändert werden. Es soll damit verhindert werden, dass durch einen ständigen, willkürlichen Wechsel der Bewertungsmethoden das Vermögen und der Gewinn manipuliert werden.

Ein Wechsel der Bewertungsmethode ist nur möglich, wenn sachliche oder rechtliche Gründe vorliegen. Sachliche Gründe liegen dann vor, wenn durch die Änderung der Bewertungsmethode die Vermögenssituation und der Gewinn korrekter dargestellt werden. So wird es z. B. die Finanzverwaltung akzeptieren, wenn ein Landwirt seine bisher nicht bewerteten Grundfuttervorräte oder das Feldinventar in Zukunft bewertet. Ebenso wird es möglich sein, den Viehbestand nicht mehr nach Durchschnittssätzen und in Gruppen zu bewerten, sondern sich für die Einzelbewertung und für die Bewertung nach eigenen Herstellungskosten zu entscheiden.

Sind derartige Bewertungswahlrechte, die zweifelsohne die Vermögens- und Gewinnsituation zutreffender wiedergeben, ausgeübt worden, ist ein Wechsel zurück zu den einfacheren Methoden nicht mehr möglich. Rechtliche Ausnahmen, die es erlauben vom Grundsatz der Bewertungsstetigkeit abzuweichen, sind z. B. der Wechsel von der degressiven zur linearen AfA oder die Möglichkeit, statt der Anschaffungs- oder Herstellungskosten einen niedrigeren oder höheren Teilwert zu wählen.

Der Betriebsübernehmer ist bei unentgeltlicher Betriebsübergabe für seine Eröffnungsbilanz an die vom Rechtsvorgänger ausgeübten Bewertungswahlrechte und angewendeten Bewertungsmethoden gebunden. In der ersten Schlussbilanz kann er jedoch ohne besondere Gründe einen Wechsel vornehmen, weil die Ausübung von Bewertungswahlrechten personenbezogen ist (Felsmann, Teil B, RdNr. 605 a).

8.1.5 Das Niederstwertprinzip

Wirtschaftsgüter des Vorratsvermögens sind grundsätzlich mit den Anschaffungs- oder Herstellungskosten anzusetzen. Ist der Teilwert am Bilanzstichtag niedriger, so kann dieser angesetzt werden.

Steuerpflichtige, die den Gewinn nach § 5 EStG ermitteln, müssen nach den handelsrechtlichen Grundsätzen den niedrigeren Teilwert ansetzen. Sie können jedoch Wirtschaftsgüter des Vorratsvermögens, die keinen Börsen- oder Marktpreis haben, mit den Anschaffungs- oder Herstellungskosten oder mit einem zwischen diesen Kosten und dem niedrigeren Teilwert liegenden Wert ansetzen, wenn und soweit bei vorsichtiger Beurteilung aller Umstände damit gerechnet werden kann, dass bei einer späteren Veräußerung der angesetzte Wert zuzüglich der Veräußerungskosten zu erlösen ist.

Steuerpflichtige, die den Gewinn nach § 4 Absatz 1 EStG ermitteln (z. B. Landwirte), sind berechtigt, ihr Umlaufvermögen mit den Anschaffungs- oder Herstellungskosten auch dann anzusetzen, wenn der Teilwert der Wirtschaftsgüter erheblich und voraussichtlich dauernd unter die Anschaffungs- oder Herstellungskosten gesunken ist. Wertlose oder nahezu wertlose Wirtschaftsgüter dürfen auch bei der Gewinnermittlung nach § 4 Absatz 1 EStG nicht mehr mit den Anschaffungs- oder Herstellungskosten bewertet werden.

Auch für das Anlagevermögen gilt das **Niederstwertprinzip**. Es sind hier außerplanmäßige Abschreibungen und Wertminderungen vorzunehmen, wenn es sich um voraussichtlich dauernde Wertminderungen handelt. Bei vorübergehenden Wertminderungen kann eine Wertminderung angesetzt werden; ein Zwang zur Teilwertabschreibung besteht nicht.

8.2 Abgrenzung des Betriebsvermögens vom Privatvermögen

Beim Vermögen wird zwischen dem notwendigen Betriebsvermögen, dem gewillkürten Betriebsvermögen, dem notwendigen Privatvermögen und dem gewillkürten Privatvermögen unterschieden.

In den Inventaren und in der Bilanz dürfen nur die Wirtschaftsgüter aufgenommen werden, die Betriebsvermögen sind. Weiterhin zählen nur die Wirtschaftsgüter zum Betriebsvermögen, die im Eigentum des Betriebes sind. So sind also gepachtete Grundstücke, gemietete Gebäude oder geleaste Milchlieferrechte nicht dem Bilanzvermögen des Pächters, sondern dem des Verpächters zuzuordnen.

Zum **notwendigen Betriebsvermögen** zählen alle Wirtschaftsgüter, die dem Betrieb direkt dienen und für den Betrieb unentbehrlich oder zumindest wesentlich sind. Man spricht hier vom notwendigen Betriebsvermögen.

Beispiele dafür sind der Boden, die Wirtschaftsgebäude, die Maschinen, das Vieh, die Vorräte, die Genossenschaftsanteile, die betrieblichen Bank- und Kassenbestände. Auch Schulden sind dem notwendigen Betriebsvermögen zuzuordnen, wenn sie objektiv betrachtet aus betrieblichen Gründen verursacht wurden.

Gewillkürtes Betriebsvermögen ist nicht notwendiges Betriebsvermögen, steht aber mit dem Betrieb in einem gewissen Zusammenhang und kann ihm förderlich sein. Dazu zählen z. B. verpachtete Teilflächen, vermietete ehemalige Landarbeiterwohnungen oder auch Liquiditätsreserven als Festgelder, Sparguthaben und andere Finanzmittel. Auch ein vermietetes Wohnobjekt kann zum Betriebsvermögen gerechnet werden, wenn ein bisher land- und forstwirtschaftlich genutztes Grundstück bebaut und an Betriebsfremde vermietet wird.

Dagegen können Land- und Forstwirte Mietwohn- und Geschäftshäuser, die auf zugekauften, bisher nicht zum Betriebsvermögen gehörenden Grund und Boden errichtet oder einschließlich Grund und Boden erworben wurden, regelmäßig nicht als gewillkürtes Betriebsvermögen behandeln.

Bei dem gewillkürten Betriebsvermögens hat der Landwirt das Wahlrecht, diese als gewillkürtes Betriebsvermögen oder als gewillkürtes Privatvermögen zu behandeln. In der Zuordnung besteht allerdings keine völlige Entscheidungsfreiheit. Das gewillkürte Betriebsvermögen muss tatsächlich betrieblich genutzt werden und es muss ein objektiver Zusammenhang mit dem Betrieb bestehen.

Schwierigkeiten der Zuordnung treten vor allem bei gemischt genutzten Wirtschaftsgütern auf. Sie können sowohl betrieblich als auch privat genutzt werden. Gemischt genutzte Wirtschaftsgüter sind entweder ganz dem Privatvermögen oder ganz dem Betriebsvermögen zuzuordnen. Eine teilweise Zuordnung zum Betriebs- und Privatbereich ist nicht erlaubt. Die Zuordnung zum betrieblichen oder privaten Bereich orientiert sich an dem jeweiligen Nutzungsanteil und zwar:

- Wirtschaftsgüter, die zu mehr als 50% betrieblich genutzt werden, sind *notwendiges Betriebsvermögen.*
- Wirtschaftsgüter, die zu mehr als 90% privat genutzt werden, sind *notwendiges Privatvermögen.*
- Wirtschaftsgüter, die zwischen mindestens 10 und 50% oder weniger betrieblich genutzt werden, können als *gewillkürtes Betriebsvermögen* im Inventar bzw. in der Bilanz ausgewiesen werden.

Hinsichtlich der Zuordnung der Betriebsausgaben und Einnahmen bei gemischt genutzten Wirtschaftsgütern ist geregelt: Gehört ein Wirtschaftsgut zum Betriebsvermögen, so sind die Aufwendungen einschließlich der Abschreibungen hierfür entsprechend dem privaten Nutzungsanteil auf den Privatbereich umzubuchen. Wurde das Wirtschaftsgut dem Privatbereich zugeordnet, dann sind die Aufwendungen einschließlich der AfA hierfür entsprechend dem betrieblichen Nutzungsanteil Betriebsausgaben. Wird ein zum Betriebsvermögen gehörendes, gemischt genutztes Wirtschaftsgut veräußert, dann ist der Veräußerungserlös eine Betriebseinnahme.

Ein bekanntes **Beispiel** für gemischt genutzte Wirtschaftsgüter ist in der Landwirtschaft der Pkw. Er wird als Betriebsvermögen geführt. Die während des Jahres entstehenden Ausgaben werden zunächst als Betriebsausgaben verbucht. Zum Jahresabschluss wird dann von den Aufwendungen einschließlich der AfA ein bestimmter Anteil auf den Privatbereich übertragen.

Gewillkürtes Betriebsvermögen können nur Betriebe bilden, die ihren Gewinn durch den Vermögensvergleich mit der Buchführung ermitteln. Bei den übrigen Ge winnermittlungsmethoden kommt gewillkürtes Betriebsvermögen nur beim Wechsel der Gewinnermittlungsart und bei einer Nutzungsänderung in Betracht.

Beim **notwendigen Privatvermögen** fehlt der Bezug zum Betrieb. Darunter fallen z. B. der Hausrat, Wohnungsgegenstände, Lebensversicherungen oder Mietobjekte in der Stadt. Zum Privatbereich gehören auch Altenteils- und Abfindungsverpflichtungen sowie für private Zwecke aufgenommene Kredite, z. B. auch Kredite für den Wohnhausbau.

Das Wohnhaus und die Altenteilerwohnung gehörten nach den gesetzlichen Vorgaben bis zum 31. 12. 1986 ebenfalls zum Betriebsvermögen. Aufgrund einer Gesetzesänderung sind Wohnungen nach diesem Termin als Privatgut zu behandeln und dürfen nicht mehr zum Betriebsvermögen gerechnet werden. Um aber Härten in der Besteuerung zu vermeiden, ließ der Gesetzgeber für bereits vorhandene Wohnhäuser eine 12-jährige Übergangsregelung zu. Innerhalb dieser Frist konnte der Landwirt von Jahr zu Jahr selbst entscheiden, ob er das Wohnhaus im Betriebsvermögen belässt oder es gewinnneutral ins Privatvermögen überführt. Für neu zu bauende Wohnhäuser besteht dieses Wahlrecht nicht.

8.3 Bestandsaufnahme und Bewertungsgrundsätze

Eine **Inventur** ist zum Beginn eines Unternehmens, zum Beginn der Buchführung und dann laufend zum Schluss eines jeden Wirtschaftsjahres durchzuführen. Man versteht darunter die art-, mengen-, und wertmäßige Aufnahme aller Wirtschaftsgüter einschließlich der Schulden, die zum Stichtag der Inventur einem Unternehmen dienen.

Das Ergebnis der Inventur wird im **Inventar** (Inventarverzeichnis) festgehalten. Mit dem Inventar erfolgt nicht nur die körperliche oder buchmäßige Aufnahme der Wirtschaftsgüter, sondern auch deren Bewertung.

8.3.1 Inventurverfahren

Die Inventur umfasst die Bestandsaufnahme der körperlichen und der buchmäßigen Wirtschaftsgüter (Abb. 1).

Durch die körperliche Bestandsaufnahme werden vor allem die Vorräte und auch die beweglichen Wirtschaftsgüter erfasst. Deren Bestandsaufnahme geschieht durch Zählen, Messen und Wiegen. In Ausnahmefällen ist auch eine Schätzung möglich.

Die buchmäßige Bestandsaufnahme umfasst die Wirtschaftsgüter, deren Bestand sich aus den Unterlagen ergibt. Buchmäßige Unterlagen sind Kontoauszüge, Kreditverträge und auch Urkunden. Auf diese Art werden z. B. Forderungen und Verbindlichkeiten, Guthaben oder Schulden bei Banken und Sparkassen oder auch Mitteilungen über Wertpapierbestände erfasst.

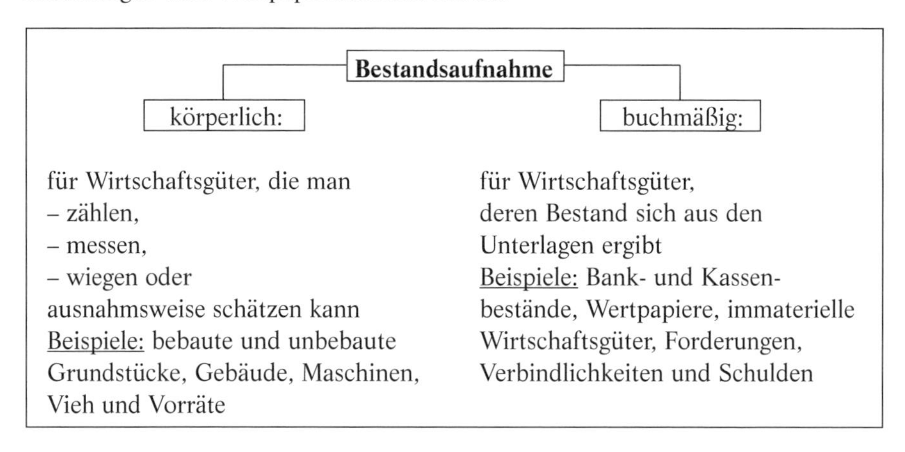

Abb. 1: Die Inventurverfahren im Überblick

8.3.2 Inventursysteme

Nach dem Zeitpunkt der Inventurerstellung unterscheidet man zwischen

- der Stichtagsinventur.
- der permanenten Inventur,
- der zeitlich verlegten Inventur.

Stichtagsinventur – Bei der klassischen Stichtagsinventur ist die Bestandsaufnahme am *Bilanzstichtag* oder einen Tag vorher/danach. Das ist aber nur für kleinere Betriebe mit wenig Vorräten möglich, bei größeren Betrieben ist dies aus organisatorischen und personellen Gründen nicht durchführbar.

Daher erlauben die Einkommensteuerrichtlinien allgemein auch die ausgeweitete Stichtagsinventur. Danach braucht die Inventur selbst nicht am Bilanzstichtag zu sein. Sie muss aber zeitnah, das heißt in der Regel innerhalb einer Frist von 10 Tagen vor oder nach dem Bilanzstichtag durchgeführt werden. Dabei muss aber sichergestellt sein, dass die Bestandsveränderungen zwischen dem Bilanzstichtag und dem Tag der Bestandsaufnahme anhand von Belegen oder Aufzeichnungen ordnungsgemäß berücksichtigt werden.

Liegen besondere, insbesondere klimatische Gründe vor, dann kann die Bestandsaufnahme auch erst in einem größeren Abstand vom Bilanzstichtag durchgeführt werden. Ein **Beispiel** hierfür kann ein starker Schneefall bei Lagerbeständen im Freien sein. Vom Aufnahmetag ausgehend sind dann mit Hilfe der Unterlagen über die Zu- und Abgänge die Bestände zum Bilanzstichtag zu berechnen. An die Belege und Aufzeichnungen über die zwischenzeitlichen Bestandsveränderungen sind dann jedoch strenge Anforderungen zu stellen.

Permanente Inventur (lat. ununterbrochen) – Die permanente Inventur ersetzt die Stichtagsinventur. Sie ist nur für die *Aufnahme des Vorratsvermögen* zulässig. Der Bestand für den Bilanzstichtag kann nach Art und Menge anhand von Lagerbüchern bzw. Lagerkarteien festgestellt werden.
Voraussetzungen für die Anerkennung sind:

- In den Lagerbüchern und Lagerkarteien müssen alle Bestände, alle Zugänge und Abgänge einzeln nach Tag, Art und Menge eingetragen werden. Alle Eintragungen müssen belegmäßig nachgewiesen werden.
- In jedem Wirtschaftsjahr muss mind. einmal durch körperliche Bestandsaufnahme geprüft werden, ob das Vorratsvermögen, das in den Lagerbüchern oder Lagerkarteien ausgewiesen wird, mit den tatsächlich vorhandenen Beständen übereinstimmt. Treten Abweichungen zwischen den buchmäßigen Beständen und der tatsächlichen Aufnahme auf, so sind die Lagerbücher zu korrigieren.
  Der Tag der körperlichen Bestandsaufnahme ist in den Lagerbüchern oder Lagerkarteien zu vermerken. Die Prüfung braucht nicht gleichzeitig für alle Bestände vorgenommen zu werden, sondern kann übers Jahr verteilt werden.
- Über die Durchführung und das Ergebnis der Bestandsaufnahmen sind Protokolle anzufertigen, die unter Angabe des Aufnahmezeitpunkts von den aufnehmenden Personen zu unterzeichnen sind. Die Aufzeichnungen sind wie Handelsbücher 10 Jahre lang aufzubewahren.

Zeitverschobene Inventur – Die jährliche körperliche Bestandsaufnahme kann ganz oder teilweise innerhalb der letzten 3 Monate vor oder der ersten 2 Monate nach dem Bilanzstichtag durchgeführt werden. Der dabei festgestellte Bestand ist nach Art und Menge in einem besonderen Inventar zu verzeichnen, das auch aufgrund einer permanenten Inventur erstellt werden kann.

Der in dem besonderen Inventar erfasste Bestand ist auf den Tag der Bestandsaufnahme nach allgemeinen Grundsätzen zu bewerten. Der sich danach ergebende Gesamtwert des Bestands ist dann wertmäßig auf den Bilanzstichtag fortzuschreiben oder zurückzurechnen.

Nichtanwendbarkeit der permanenten und der zeitverschobenen Inventur: Von jedem Inventursystem wird verlangt, dass die Bestände richtig ausgewiesen werden. Ist diese Voraussetzung mit der permanenten oder zeitverschobenen Inventur nicht sichergestellt, dann sind diese beiden Systeme nicht zulässig.

Das kann insbesondere dann sein, wenn zum einen bei Beständen durch Schwund, Verdunsten, Verderb, leichte Zerbrechlichkeit oder ähnliche Vorgänge wesentliche unkontrollierbare Abgänge eintreten. Ausnahme: diese Abgänge können aufgrund von Erfahrungssätzen annähernd zutreffend geschätzt werden.

Zum anderen sind diese beiden Inventurmethoden nicht erlaubt, wenn die betreffenden Wirtschaftsgüter für den jeweiligen Betrieb besonders wertvoll sind.

Erfassung des beweglichen Anlagevermögens – Dabei gilt grundsätzlich:

- Für das beweglichen Anlagevermögen braucht die jährliche körperliche Bestandsaufnahme nicht durchgeführt zu werden, wenn jeder Zugang und jeder Abgang laufend in das Bestandsverzeichnis eingetragen wird und die am Bilanzstichtag vorhandenen Gegenstände des beweglichen Anlagevermögens damit ermittelt werden können.

  Im Bestandsverzeichnis sind dann auszuweisen: die genaue Bezeichnung des Gegenstandes, der Bilanzwert am Bilanzstichtag, der Tag der Anschaffung oder Herstellung, die Anschaffungs- oder Herstellungskosten und der Tag des Abgangs.
- Geringwertige Anlagegüter, die im Jahr der Anschaffung oder Herstellung in voller Höhe abgeschrieben werden, brauchen nicht in das Bestandsverzeichnis aufgenommen zu werden, wenn ihre Anschaffungs- oder Herstellungskosten ohne Umsatzsteuer nicht mehr als 60 € (100 DM) betragen haben oder auf einem besonderen Konto verbucht oder bei ihrer Anschaffung oder Herstellung in einem besonderen Verzeichnis erfasst worden sind.

  Gegenstände des beweglichen Anlagevermögens, für die ein Festwert angesetzt wurde, brauchen ebenfalls nicht in das Bestandsverzeichnis aufgenommen zu werden.

8.4 Das Inventar

Das Inventar ist die systematische schriftliche Auflistung der betrieblichen Vermögensgegenstände und Schulden nach Art, Menge und Wert. Es ist sehr ausführlich gegliedert und enthält jedes einzelne Wirtschaftsgut. Neben dem Begriff des Inventars kann gleichbedeutend der Betreff »Bestandsverzeichnis« verwendet werden.

Das **Inventar** ist in die Vermögenswerte, in die Schulden und in das Eigenkapital (Reinvermögen) gegliedert.

Im Inventar werden die Vermögenswerte, vergleichbar mit der Bilanz, nach der zeitlichen Bindung bzw. nach der Liquidierbarkeit gegliedert. Als erstes kommt daher der Grund und Boden, dann die Gebäude, die Maschinen und zum Schluss der Bestand in der Bank und in der Kasse.

Die Schulden werden nach der Fälligkeit bzw. nach der Dringlichkeit der Zahlung aufgelistet. Zuerst stehen die langfristigen, dann die mittelfristigen und zum Schluss die kurzfristigen Schulden.

8.5 Die Wertansätze

Bei der Bewertung ist in die Erstbewertung und in die Folgebewertung zu unterscheiden.

Die Erstbewertung erfolgt, wenn ein Betrieb erstmals mit der Buchführung beginnt oder wenn bei bereits vorhandener Buchführung ein Wirtschaftsgut neu angeschafft wird.

Die Folgebewertung ist jeweils zum Jahresabschluss. Es werden ausgehend vom Anschaffungswert und den Wertminderungen oder auch den Werterhöhungen die Zeitwerte errechnet.

Hinsichtlich der Bewertung von Wirtschaftsgütern sind wichtige Grundsätze und Vorschriften im Einkommensteuerrecht (§ 6 EStG) und im Handelsgesetzbuch (HGB) formuliert. Für Landwirte haben die Vorschriften im EStG und in den EStR im Vergleich zum HGB vorrangige Bedeutung.

8.5.1 Die Anschaffungs- und Herstellungskosten

Die **Anschaffungskosten** eines Wirtschaftsgutes sind alle Aufwendungen, die geleistet werden, um das Wirtschaftsgut zu erwerben und entsprechend seinem Zweck in einen betriebsbereiten Zustand zu versetzen.

Anschaffungskosten entstehen z. B. bei Maschinen, bei zugekauften Tieren oder auch bei immateriellen Wirtschaftsgütern. Zu den Anschaffungskosten gehören der Anschaffungspreis und die Nebenkosten der Anschaffung, soweit sie dem Wirtschaftsgut einzeln zugeordnet werden können.

Die Umsatzsteuer gehört nicht zu den Anschaffungskosten. Sie wird daher bei pauschalierenden Landwirten im Sinne des § 24 UStG erfolgswirksam direkt als Betriebsausgabe und nicht unter dem Zugang an Wirtschaftsgütern verbucht. Für regelbesteuerte Landwirte ist die Umsatzsteuer ein durchlaufender Posten und wird mit dem Finanzamt verrechnet. Bei der Umsatzsteuer bildet das Wohnhaus eine Ausnahme, da es im Sinne des Umsatzsteuergesetzes ein Endverbrauchsgut ist. Das Wohnhaus ist daher, soweit es noch nicht Privatgut ist, einschließlich der Umsatzsteuer zu bilanzieren.

Anschaffungsnebenkosten fallen mit dem Erwerb eines Wirtschaftsgutes zusätzlich an. Es sind z. B. Frachtkosten, Transportversicherungen, Zölle, Vermittlungsgebühren, Montage- und Fundamentierungskosten. Bei den Grundstücken fallen an Nebenkosten die Maklergebühren, die Grunderwerbssteuer, die Gebühren für den Notar und für die Grundbuchumschreibung an.

Zu den Anschaffungskosten gehört auch der Wert übernommener Verbindlichkeiten.

Nicht zu den Anschaffungs- und Herstellungskosten zählen die Kosten, die im Zusammenhang mit der Finanzierung des Wirtschaftsgutes entstehen. Das sind Schuldzinsen, Disagio und die Gebühren für die Eintragung einer Grundschuld. Diese Aufwendungen sind als Betriebsausgaben zu verbuchen. Den Anschaffungspreis mindern Rabatte, Skonti und auch eventuelle Preisnachlässe wegen Mängel des beschafften Wirtschaftsgutes.

Herstellungskosten eines Wirtschaftsgutes sind alle Aufwendungen, die durch den Verbrauch von Gütern und die Inanspruchnahme von Diensten für die Herstellung des Wirtschaftsgutes, seine Erweiterung oder für eine über seinen ursprünglichen Zustand hinausgehende wesentliche Verbesserung entstehen. Herstellungskosten entstehen z. B. bei Gebäuden, bei den selbst erzeugten Tieren oder auch bei den selbst erzeugten Vorräten.

Nicht zu den Herstellungskosten gehören die eigene Arbeitsleistung und auch nicht die Umsatzsteuer. Es können daher, z. B. beim Bau eines Gebäudes oder bei der Aufzucht einer Färse, für die aufgewendete eigene Arbeitszeit keine Lohnaufwendungen angesetzt werden.

Die Auswirkungen von Zuschüssen auf die Anschaffungs- und Herstellungskosten, die Übertragung von Veräußerungsgewinnen auf Ersatzwirtschaftsgüter und die Abgrenzung von Erhaltensaufwendungen sind im Abschnitt Bemessungsgrundlage für Abschreibungen 6.4 (Seite 64 ff) behandelt worden.

8.5.2 Die Durchschnittsmethode

Die Wirtschaftsgüter sind vom Grundsatz her mit den Anschaffungs- oder Herstellungskosten zu bewerten. Das gilt grundsätzlich auch für das Vorratsvermögen.

Beim Vorratsvermögen ist aber die individuelle Preisfeststellung oft nicht mehr möglich. Zum einen schwanken die Einkaufspreise und zum anderen treten in den Lagern Vermischungen auf. So wird mehrmals im Jahr Kraftfutter zugekauft und in das gleiche Silo gefüllt. Am Bilanzstichtag ist dann nicht mehr feststellbar, von welcher Zukaufscharge der Vorrat herkommt. Ähnlich schwierig ist es z. B. auch bei Düngemitteln oder beim Diesel.

Bei diesen Wirtschaftsgütern ist daher die Durchschnittsbewertung erlaubt. Das **Prinzip der Durchschnittsbewertung** ist, dass ein Durchschnittspreis festgelegt wird, mit dem der mengenmäßige Endbestand multipliziert wird, um so den Inventars- bzw. Bilanzwert zu erhalten.

Bei der Durchschnittsbewertung sind vier Methoden denkbar:

- Das arithmetische Mittel,
- der gewogene Durchschnittspreis,
- der gleitende Durchschnitt,
- Richtwerte als Durchschnittswerte.

Arithmetisches Mittel – Das arithmetische Preismittel ist nicht erlaubt, da diese Methode bei unterschiedlichen Zugangsmengen und unterschiedlichen Preisen zu falschen Wertansätzen führen würde.

Gewogener Durchschnittspreis – Die Bewertung zugekaufter Wirtschaftsgüter mit dem gewogenen Durchschnittspreis ist in der Landwirtschaft zur Vorrätebewertung ein übliches Verfahren. Es werden hier die Einkaufspreise (ohne Umsatzsteuer) des Anfangsbestandes und der Zugänge jeweils mit den zugehörigen Mengen multipliziert. Der Durchschnittswert wird hier bezogen auf das gesamte Wirtschaftsjahr berechnet. Die Vorgehensweise zeigt das Beispiel der Tabelle 19.

Tabelle 19: Die Ermittlung des gewogenen Durchschnittspreises am Beispiel eines Kraftfuttermittelzukaufs

	Menge in dt	€/dt	€ gesamt
Anfangsbestand am 1. 7.	20	22,00	440,00
Zukauf 10. 9.	80	20,50	1640,00
Zukauf 1. 12.	65	18,95	1231,75
Zukauf 24. 2.	75	21,00	1575,00
Zukauf 12. 5.	50	23,21	1160,50
Zugänge	290	20,85	6047,25
Abgänge	260		
Endbestand am 30. 6.	30	20,85	625,50
Der gewogene Durchschnittspreis beträgt 6047,25 € : 290 dt = 20,85 €/dt, damit wird der Endbestand bewertet			

Gleitender Durchschnitt – Diese Methode kann bei Gütern, die schnell umgeschlagen werden, exakter sein. Es werden hier die Bestände während des Wirtschaftsjahres laufend zu gewogenen Durchschnittspreisen bewertet. Dazu wird nach jedem Zugang ein neuer nach den Mengen gewichteter Durchschnittspreis ermittelt und jeder Abgang mit diesem Durchschnittspreis bewertet. Ein Beispiel hierzu zeigt die Tabelle 20. Diese Methode ist zeitaufwändig und wird daher kaum angewandt.

Richtwerte als Durchschnittswerte – Die Ermittlung der Herstellungskosten für eigen erzeugte Vorräte und für jedes Tier sind für den Einzelbetrieb praktisch kaum feststellbar. Daher ist es bei diesen Wirtschaftsgütern üblich, dass Richtwerte der Oberfinanzdirektionen oder auch des Bundeslandwirtschaftsministeriums verwendet werden. Diese Durchschnittswerte bleiben in der Regel über mehrere Jahre hinweg unverändert hoch. Zu bekommen sind die Richtwerte bei den Landwirtschaftsämtern und Landwirtschaftskammern. Ministerien, z. B. das BMELV, und verschiedene Beratungsstellen veröffentlichen sie auch über Internet.

Tabelle 20: Die Ermittlung des gleitenden Durchschnittspreises am Beispiel eines Kraftfuttermittelzukaufs
(Rundungen führen zu geringfügigen Abweichungen)

	Menge in dt	€/dt	€ gesamt
Anfangsbestand am 1. 7.	20	22,00	440,00
– Abgang bis 10. 9.	15	22,00	330,00
= Zwischenbestand 10. 9.	5		110,00
+ Zukauf 10. 9.	80	20,50	1640,00
= Zwischenbestand neu 10. 9.	85	20,59	1750,00
– Abgang bis 1. 12.	70	20,59	1441,30
= Zwischenbestand 1. 12.	15		308,70
+ Zukauf 1. 12.	65	18,95	1231,75
= Zwischenbestand neu 1. 12.	80	19,26	1540,45
– Abgang bis 24. 2.	75	19,26	1444,50
= Zwischenbestand 24. 2.	5		95,95
+ Zukauf 24. 2.	75	21,00	1575,00
= Zwischenbestand neu 24. 2.	80	20,89	1670,95
– Abgang bis 12. 5.	60	20,89	1253,40
= Zwischenbestand 12. 5.	20		417,55
+ Zukauf 12. 5.	50	23,21	1160,50
= Zwischenbestand neu 12. 5.	70	22,54	1578,05
– Abgang bis 30. 6.	40	22,54	901,60
= Endbestand am 30. 6.	30	22,55	676,45

8.5.3 Retrograde Bewertung

Normalerweise werden die Herstellungskosten für ein selbst hergestelltes Wirtschaftsgut aufgrund der getätigten Aufwendungen vom Betrieb selbst errechnet. Die Daten dazu kommen aus der Kostenrechnung der Buchführung, von der Ackerschlagkartei, von dem Kuhplaner und von anderen betrieblichen Aufzeichnungen. Diese direkte Ableitung der Herstellungskosten ist aber oft schwierig. Daher ist in wenigen Ausnahmefällen auch eine rückschreitende (retrograde, indirekte) Ableitung der Herstellungskosten erlaubt. Derartige Ausnahmefälle sind in der Land- und Forstwirtschaft die Bewertung des Umlaufvermögens und auch von selbst erzeugten Vorräten.

Bei der indirekten Methode wird vom Verkaufspreis am Bilanzstichtag (ohne Umsatzsteuer) ausgegangen. Davon sind dann der Gewinnanteil und die Vertriebskosten abzuziehen. Dieser Abzugsbeitrag beträgt zwischen 10 und 20% des Nettoverkaufspreises.

Beispiel: 50 dt Weizen, Nettoverkaufspreis 12 €/dt, abzüglich 15% = 1,80 €/dt. 50 dt × (12,00 – 1,80) = 510 € Herstellungskosten.

8.5.4 Bewertung nach unterstellten Verbrauchs- und Veräußerungsfolgen

Es wird hier von einem bestimmten Verbrauchs- und Veräußerungsverhalten des Betriebes ausgegangen. Die steuerliche Zulässigkeit dieser Verfahren ist sehr eingeschränkt. Die Einschränkungen sind (R 6.9 EStR 2005):

- Steuerlich zulässig ist nur das Lifo-Verfahren.
- Die unterstellte Verbrauchsfolge »last in – first out« darf nicht im krassen Widerspruch zur Realität stehen.
- Das Lifo-Verfahren ist nur für Betriebe mit der Gewinnermittlung nach § 5 EStG erlaubt. Das sind Betriebe mit Kaufmannseigenschaft, wozu landwirtschaftliche Betriebe normalerweise nicht gehören.
- Es muss sich um gleichartige Vermögensgegenstände des Vorratsvermögens handeln.
- Die Anschaffungs- und Herstellungskosten und -zeitpunkte sind für das einzelne Wirtschaftsgut nicht oder nur mit großen Schwierigkeiten feststellbar.

Das **Lifo-Verfahren** (last in – first out) geht von der Annahme aus, dass vorrangig die zuletzt angeschafften oder hergestellten Wirtschaftsgüter zuerst verbraucht oder verkauft werden. Bei dieser Gelegenheit sind im Lager weitgehend die zum Beginn des Wirtschaftsjahres bereits vorhandenen und die zuerst angeschafften oder hergestellten Vorräte. Die Vorräte werden dadurch mit den Preisen des Anfangsbestandes und den Zugängen zum Beginn des Wirtschaftsjahres bewertet (Beispiel in Tabelle 21).

Tabelle 21: Das Lifo-Verfahren am Beispiel eines Kraftfuttermittelzukaufs

	Menge in dt	€/dt	€ gesamt
Anfangsbestand 1. 7.	20	22,00	440,00
Zukauf 10. 9.	80	20,50	1640,00
Zukauf 1. 12.	65	18,95	1231,75
Zukauf 24. 2.	75	21,00	1575,00
Zukauf 12. 5.	50	23,21	1160,50
Abgänge	260		
Endbestand am 30. 6.	30		
Der Endbestand wird wie folgt bewertet:			
20 dt aus dem Anfangsbestand zu 22,00 €			440,00
10 dt aus dem Anfangsbestand zu 20,50 €			205,00
Wert der 30 dt Endbestand			645,00

8.5.5 Festwertverfahren

Beim **Festwertverfahren** darf für bestimmte Wirtschaftsgüter eine Festmenge zu Festpreisen angesetzt werden. Dieser Festbetrag wird in die Bilanz aufgenommen und über mehrere Jahre hinweg unverändert beibehalten. Es wird davon ausgegangen, dass die Zugänge, Abgänge und Abschreibungen sich in etwa ausgleichen.

Das Festwertverfahren ist dann möglich, wenn:

- die Abgänge der Vermögensgegenstände regelmäßig ersetzt werden,
- der Gesamtwert dieser Vermögenswerte von untergeordneter Bedeutung ist und
- der Bestand nur geringen Änderungen unterliegt.

Im Abstand von 3 Jahren, spätestens von 5 Jahren, ist aber auch hier immer wieder eine Bestandsaufnahme durchzuführen. In der Landwirtschaft hat die Bewertung mit Festwerten kaum Bedeutung.

8.5.6 Fiktive Anschaffungs- und Herstellungskosten

- Gesetz über die Eröffnungsbilanz in Deutscher Mark und die Kapitalneufestsetzung vom 28. 12. 1950 (DMBG):
  Gebäude, die bereits am 21. 6. 1948 zum Betriebsvermögen gehört haben, sind nach den Vorschriften des DMBG zu bewerten. Danach ist der Gebäudewert mit einem bestimmten Prozentsatz vom Einheitswert abzuleiten. Dieser Wert ist dann auf die einzelnen damals vorhandenen Gebäude aufzuteilen. Es sind dies keine tatsächlichen Anschaffungs- oder Herstellungskosten, sondern es ist wegen der Währungsumstellung im Jahr 1948 eine Wertneufestsetzung.
- Grund und Boden, der bereits vor dem 1. 7. 1970 im Eigentum eines Landwirts war, wird nicht mit tatsächlichen Anschaffungs- oder Herstellungskosten bewertet. Sein Wert wird entweder über die Ertragsmesszahl oder mit bestimmten Quadratmeterpreisen ermittelt.
- Gesetz über die Eröffnungsbilanz in Deutscher Mark und die Kapitalneufestsetzung in der Fassung vom 18. 4. 1991 (DM-Bilanzgesetz, DM-BilG), berichtigt am 18. 9. 1991 und geändert am 20. 12. 1991.

Die Währungsumstellung in den neuen Bundesländern verlangt eine völlige Neubewertung der Wirtschaftsgüter eines Betriebes. Die Vorschriften zur Neubewertung stehen im DM-Bilanzgesetz. Danach haben alle Unternehmen mit Sitz in der Deutschen Demokratischen Republik am 1. 7. 1990, die als Kaufleute verpflichtet sind, Bücher zu führen, ein Inventar und eine Eröffnungsbilanz in DM für den 1. 7. 1990 aufzustellen.

Als buchführungspflichtige Unternehmen gelten nicht nur Unternehmen mit Kaufmannseigenschaft, sondern auch volkseigene Kombinate, Betriebe, Güter und andere Wirtschaftseinheiten. Auch die Aktiengesellschaften, die GmbH's und die Genossenschaften sind davon betroffen.

Das DMBilG baut bei der **Bewertung der Wirtschaftsgüter** auf den für ganz Deutschland geltenden handels- und steuerrechtlichen Vorschriften auf. Es gibt aber davon einige abweichende Regelungen: Das DMBilG (§ 7) sieht für die Bewertung der Vermögensgegenstände die Wiederbeschaffungs- oder Wiederherstellungskosten vor, höchstens jedoch den Zeitwert. Entgegen dem üblicherweise geltenden Anschaffungs- oder Herstellungsprinzip wird zur Wertfindung vom Neuwert ausgegangen. Die ursprünglichen Beschaffungskosten sind also nicht zu korrigieren.

Abweichend vom sonst geltenden Stichtagsprinzip sind wesentliche Werterhöhungen, die innerhalb von 4 Monaten nach dem Bilanzstichtag eintreten, entsprechend in der Bewertung zu berücksichtigen. Die bisherige Nutzung der Vermögensgegenstände und ihr Zurückbleiben hinter dem technischen Fortschritt sind bei der Ermittlung des Zeitwerts durch einen Wertabschlag zu korrigieren.

Die abnutzbaren Vermögensgegenstände sind ausgehend vom 1. 7. 1990 abzuschreiben. Für die Nutzungsdauer bzw. für die Abschreibungshöhe ist von den amtlichen AfA-Tabellen auszugehen.

Haben abnutzbare Vermögensgegenstände nach vernünftiger kaufmännischer Beurteilung eine längere Nutzungsdauer, als das in den AfA-Tabellen vorgesehen ist, dann kann für die AfA-Höhe auch die längere Nutzungsdauer angenommen werden. Sie darf aber nicht länger sein, als die vor dem 1. 7. 1990 auf dem Gebiet der früheren DDR zulässige Nutzungsdauer.

Vermögensgegenstände, die im Unternehmen nicht mehr verwendet werden, sind mit dem zu erwartenden Verkaufserlös nach Abzug der noch anfallenden Kosten anzusetzen (Veräußerungswert).

Vermögensgegenstände, die noch genutzt werden, aber vor dem 1. 7. 1990 bereits vollständig abgeschrieben worden sind, dürfen höchstens mit ihrem Veräußerungswert angesetzt werden.

Auch beim **Grund und Boden** besteht eine Besonderheit. In den alten Bundesländern sind land- und forstwirtschaftlich genutzte Grundstücke mit fiktiven Anschaffungskosten zu bewerten, soweit sie vor dem 1. 7. 1970 im Eigentum des Betriebes waren.

In den neuen Bundesländern sind Grundstücke mit dem Verkehrswert anzusetzen. Dabei darf die Preisentwicklung in der ganzen Bundesrepublik Deutschland berücksichtigt werden. In die Bilanz sind nur die im Eigentum des Betriebes stehenden Grundstücke aufzunehmen.

8.5.7 Der Teilwert (§ 6 EStG)

Teilwert ist der Betrag, den ein Erwerber des ganzen Betriebs im Rahmen des Gesamtkaufpreises für das einzelne Wirtschaftsgut ansetzen würde. Dabei ist davon auszugehen, dass der Erwerber den Betrieb fortführt.

Dieser Teilwertbegriff ist recht abstrakt. Daher hat die Finanzrechtssprechung Teilwertvermutungen aufgestellt. Damit bestehen Anhaltspunkte für die Handhabung des Teilwertbegriffs.

Teilwertvermutungen sind:

- Im Zeitpunkt der Anschaffung oder Herstellung ist der Teilwert gleich den tatsächlichen Anschaffungs- oder Herstellungskosten.
- Bei nicht abnutzbaren Wirtschaftsgütern des Anlagevermögens ist anzunehmen,

dass auch in späteren Wirtschaftsjahren der Teilwert gleich den Anschaffungs- oder Herstellungskosten ist.

- Beim abnutzbaren Anlagevermögen entspricht der Teilwert den Anschaffungs- oder Herstellungskosten abzüglich der Absetzungen für Abnutzung. Sind die Wiederbeschaffungskosten inzwischen gesunken, dann kann von diesen ausgegangen werden.
- Beim Umlaufvermögen entspricht der Teilwert im Allgemeinen dem Markt- oder Börsenpreis (Wiederbeschaffungspreis). Der Markt- oder Börsenpreis kann aber als Teilwert nur dann eingesetzt werden, wenn er nachhaltig von den Anschaffungs- oder Herstellungskosten abweicht. Augenblickliche Wertschwankungen rechtfertigen also keine Teilwertabschreibung.
- Die Wiederbeschaffungskosten bilden grundsätzlich die obere Grenze des Teilwerts. Für das Anlagevermögen ist die untere Grenze des Teilwerts der Einzelveräußerungspreis abzüglich der Veräußerungskosten.
- Es können im Einzelfall auch Gründe auftreten, die die Teilwertvermutungen widerlegen können: das Sinken der Wiederbeschaffungskosten, die Unrentierlichkeit des Betriebes und die Unrentierlichkeit des Wirtschaftsgutes im Betrieb.

Die **Teilwertabschreibung** ist der buchführungsmäßige Vorgang, bei dem ein Wirtschaftsgut vom bisherigen Buchwert auf den niedrigeren Teilwert abgeschrieben wird.

8.5.8 Entnahmen und Einlagen

Der Teilwert hat auch beim **Privatverbrauch** Bedeutung. Werden zugekaufte Waren zunächst als Betriebsausgabe verbucht und dann erst privat verbraucht, dann ist als Teilwert der Einkaufspreis am Tag der Entnahme anzusetzen.

Bei selbst erzeugten Waren sind diese grundsätzlich mit den loco-Hof-Preisen am Entnahmetag abzüglich 10–20% Gewinn- und Vermarktungsabzug anzusetzen.

In der Praxis wird für die privat entnommenen selbst erzeugten Waren oftmals erst am Jahresende die Bewertung mit den loco-Hof-Preisen oder mit Pauschbeiträgen vorgenommen.

Überträgt der Landwirt Privatvermögen in das Betriebsvermögen, so sind hierfür die Vorschriften über die Bewertung von Einlagen anzuwenden. **Einlagen** sind mit dem Teilwert zum Einlagezeitpunkt zu bewerten. Dieser darf höchstens so hoch wie die Anschaffungs- oder Herstellungskosten sein, wenn das Wirtschaftsgut innerhalb der letzten 3 Jahre vor dem Zeitpunkt der Zuführung angeschafft oder hergestellt worden ist.

Ist die Einlage ein abnutzbares Wirtschaftsgut, so sind die Anschaffungs- oder Herstellungskosten um die AfA zu kürzen, die auf den Zeitraum zwischen der Anschaffung oder Herstellung entfallen (§6 Absatz 1, Ziffer 4 und 5 EStG).

Die private Nutzung des betrieblichen PKWs ist für jeden Kalendermonat mit 1% des Listenpreises im Zeitpunkt der Erstzulassung zuzüglich der Kosten für Sonderausstattungen einschließlich der Umsatzsteuer anzusetzen. Diese Regelung ist ab dem 1.1.2006 nur noch zulässig, wenn der PKW zu mehr als 50% betrieblich genutzt wird. Wegen dieser Änderung kann es interessant sein, den PKW im Privatvermögen zu lassen und nur den betrieblichen Anteil der Kosten als Betriebsausgabe zu berücksichtigen. Der private Nutzungsanteil kann auch durch ein Fahrtenbuch nachgewiesen werden.

8.5.9 Bewertung beim Erwerb eines Betriebes

Kauf: Bei einem Kauf eines Betriebes oder Teilbetriebes sind die einzelnen Wirtschaftsgüter mit ihrem Teilwert, höchstens aber mit den Anschaffungs- oder Herstellungskosten auszuweisen. Zu den Anschaffungskosten gehört nicht nur der hingegebene Kaufbetrag, sondern auch übernommene Schulden, Verbindlichkeiten und auch eventuelle Rentenverpflichtungen.

Erwerb auf Leibrente: Die Anschaffungskosten sind bei einem Erwerb gegen Leibrente der Barwert der Rente, die Abfindungs- und Ablöseleistungen sowie auch übernommene Verbindlichkeiten und andere Verpflichtungen. Die Anschaffungskosten sind auf die einzelnen übernommenen Wirtschaftsgüter einschließlich des Grund und Bodens aufzuteilen.

Der Barwert der Rente ist nach dem Bewertungsgesetz (§ 12) zu berechnen und auf der Passivseite der Bilanz auszuweisen. Die jährliche Minderung des Rentenbarwertes ist als außerordentlicher Ertrag zu verbuchen. Die laufenden Rentenzahlungen sind Betriebsausgaben.

Bewertung bei einem unentgeltlichen Erwerb: Wird ein Betrieb oder Teilbetrieb unentgeltlich auf den Betriebsnachfolger übertragen, dann hat dieser in seiner Eröffnungsbilanz die Werte zu übernehmen, die der bisherige Eigentümer in der Schlussbilanz stehen hatte. Der Übernehmer kann aber in seiner ersten Schlussbilanz die Bewertungswahlrechte neu ausüben.

8.5.10 Geringwertige Wirtschaftsgüter

Die Anschaffungs- oder Herstellungskosten von abnutzbaren beweglichen Wirtschaftsgütern des Anlagevermögens, die einer selbstständigen Nutzung fähig sind, können im Wirtschaftsjahr der Anschaffung, Herstellung oder Einlage des Wirtschaftsguts oder der Eröffnung des Betriebes in voller Höhe als Betriebsausgaben abgesetzt werden. Voraussetzung dafür ist, dass die Anschaffungs- oder Herstellungskosten ohne Vorsteuer für das einzelne Wirtschaftsgut 410 € (800 DM) nicht übersteigen.

Ein Wirtschaftsgut ist einer selbstständigen Nutzung nicht fähig, wenn es nur zusammen mit anderen Wirtschaftsgütern des Anlagevermögens genutzt werden kann und die in den Nutzungszusammenhang eingefügten Wirtschaftsgüter technisch aufeinander abgestimmt sind. Wird von der Bewertungsfreiheit Gebrauch gemacht, dann sind die geringwertigen Wirtschaftsgüter in einem eigenen Verzeichnis zu führen. In diesem sind neben der Bezeichnung der Tag der Anschaffung oder Herstellung und die Anschaffungs- oder Herstellungskosten aufzuführen.

Das Verzeichnis braucht nicht eigens geführt zu werden, wenn diese Angaben aus der Buchführung ersichtlich sind. Sie müssen dann aber auf einem besonderen Konto verbucht werden. Ferner brauchen die im Jahr der Anschaffung oder Herstellung in voller Höhe abgeschriebenen geringwertigen Wirtschaftsgüter nicht in das besondere Verzeichnis aufgenommen zu werden, wenn die Anschaffungs- oder Herstellungskosten ohne Vorsteuer nicht mehr als 60 € (100 DM) betragen.

Beansprucht ein Steuerpflichtiger die Bewertungspflicht für geringwertige Wirtschaftsgüter, dann muss der Anschaffungs- oder Herstellungswert im Jahr der Anschaffung oder Fertigstellung in voller Höhe abgesetzt werden. Es ist also nicht zulässig, nur einen Teil abzusetzen und den Rest auf die betriebsgewöhnliche Nutzungsdauer zu verteilen.

Die Bewertungsfreiheit geringwertiger Wirtschaftsgüter ist keine Verpflichtung. Der Steuerpflichtige hat hier also ein Wahlrecht, das er je nach Gewinnsituation beanspruchen kann. Ist im Jahr der Anschaffung der Gewinn hoch, dann ist ein sofortiger Abzug als Betriebsausgabe zu empfehlen. Ist der Gewinn niedrig, dann wird der Steuerpflichtige mit der Bilanzierung und der Abschreibung in den folgenden Jahren steuerlich günstiger liegen.

Bei **Beginn der Buchführung**, wenn die Bilanz erstmals erstellt wird (Übergangsbilanz), sind geringwertige Wirtschaftsgüter wie folgt zu behandeln:

- Bestand bislang keine Buchführungspflicht und der Gewinn wurde vom Finanzamt nach § 13 a des EStG geschätzt, dann sind die geringwertigen Wirtschaftsgüter mit ihrem Anschaffungspreis abzüglich der bisherigen Abschreibungen in die Bilanz aufzunehmen. Bei Beginn der Buchführung ist die Bilanzierung der geringwertigen Wirtschaftsgüter aus steuerlicher Sicht immer zu empfehlen, da deren Abschreibung den Gewinn mindert.
- Wurde der Gewinn bislang mit der Überschussrechnung nach § 4 Absatz 3 EStG ermittelt, dann können die geringwertigen Wirtschaftsgüter nur in die Bilanz aufgenommen und abgeschrieben werden, wenn sie bisher auch in der Vermögensaufstellung enthalten waren.

  War der Landwirt bislang zur Buchführung verpflichtet, erfüllte über die Buchführungspflicht nicht und sein Gewinn wurde nach § 162 der Abgabenordnung geschätzt, dann dürfen die geringwertigen Wirtschaftsgüter nur in Höhe des Erinnerungswertes von 1 € oder 0 € in die Bilanz aufgenommen werden.

8.5.11 Bewertung von Leasingverträgen

Leasing ist eine Art des Mietens oder Pachtens von Anlagegütern. Beim Leasing ist meistens eine unkündbare Grundmietzeit vorgesehen. Es kann vereinbart werden, dass nach Ablauf der Grundmietzeit der Leasingnehmer den Leasing-Gegenstand weiterhin mieten oder auch kaufen kann. Im allgemeinen ist die unkündbare Grundmietzeit kürzer als die tatsächliche Nutzungsdauer des geleasten Objekts.

Beim Leasing sind verschiedene Gestaltungsformen möglich. Von der vereinbarten Gestaltung hängt die bilanzmäßige Zuordnung zum Leasinggeber oder zum Leasingnehmer ab. Die Regelungen hinsichtlich der bilanzmäßigen Zuordnung sind:

Das **Operate Leasing** hat in Bezug auf die betriebsgewöhnliche Nutzungsdauer des Wirtschaftsgutes eine kurze Mietzeit, es ist nach Ablauf der Mietzeit keine Verlängerung der Miete und auch kein Kauf vorgesehen und ist jederzeit kurzfristig kündbar. Der Leasingvertrag ist dann als ein Mietvertrag zu betrachten. Der Leasinggeber ist zivilrechtlicher und wirtschaftlicher Eigentümer des Leasing-Gegenstandes. Beim Leasingnehmer, z. B. beim Landwirt, wird der geleaste Gegenstand nicht in die Bilanz aufgenommen. Die Leasingraten sind beim Leasingnehmer in voller Höhe als Betriebsausgaben wie Miet- und Pachtzahlungen zu behandeln.

Beim **Finanzierungsleasing** (Financial Leasing) stehen nicht mehr das Pachten und Mieten im Vordergrund, sondern die Finanzierung des Gegenstandes. Für die bilanzmäßige Zuordnung des Leasinggegenstandes zum Leasingnehmer oder zum Leasinggeber können schwierige Zurechnungs- und Bewertungsfragen auftreten. Für die Zurechnung wichtig sind insbesondere:

- Das Verhältnis von der Grundmietzeit zur betriebsgewöhnlichen Nutzungsdauer,
- nach Ablauf der Mietzeit das Verhältnis zwischen dem Kaufpreis bzw. der Anschlussmiete und dem Restwert des geleasten Objekts,

Tabelle 22: Die ertragssteuerliche Behandlung von Leasingverträgen bei beweglichen Wirtschaftsgütern (nach Heyd, 1993)

	Grundmietzeit	
Nutzungsdauer (ND)	zwischen 40 und 90% der betriebsgewöhnlichen ND	kürzer als 40 oder länger als 90% der betriebsgewöhnlichen ND
	wirtschaftliche Eigentümer	
ohne Kauf- oder Mietverlängerungsoption	Leasinggeber	Leasingnehmer
mit Kaufoption:		
• Kaufpreis geringer als Buchwert am Ende der Grundmietzeit	Leasingnehmer	Leasingnehmer
• Kaufpreis höher oder gleich Restbuchwert am Ende der Grundmietzeit	Leasinggeber	Leasingnehmer
mit Mietverlängerungsoption:		
• Anschlussmiete geringer als lineare Afa	Leasingnehmer	Leasingnehmer
• Anschlussmiete höher oder gleich lineare Afa	Leasinggeber	Leasingnehmer

- ob es Mobilien (bewegliche Gegenstände) oder Immobilien sind,
- ob es sich um ein Spezialleasing handelt.

Stimmt die Grundmietzeit und die betriebsgewöhnliche Nutzungsdauer, die aus den amtlichen AfA-Tabellen abzulesen ist, annähernd überein, dann ist immer der Leasingnehmer wirtschaftlicher Eigentümer. Ist dagegen die Grundmietzeit kürzer als die betriebsgewöhnliche Nutzungsdauer, dann hängt die Zuordnung von der Grundmietzeit im Verhältnis zur Nutzungsdauer und vom Kaufpreis bzw. von der Höhe der Anschlussmiete nach Ablauf der Grundmietzeit ab.

Die Zusammenhänge der Behandlung von Leasingverträgen über bewegliche Wirtschaftsgüter aufgrund des BMF-Schreibens vom 14.4.1971 (BStBl. I S. 264) enthält die Tabelle 22.

Beim **Spezialleasing** sind die Wirtschaftsgüter speziell auf den Leasingnehmer zugeschnitten und in aller Regel nur von ihm wirtschaftlich sinnvoll zu nutzen. In diesem Fall ist der Leasingnehmer immer der wirtschaftliche Eigentümer und das Objekt ist ihm bilanzmäßig zuzuordnen. Das gilt sowohl für Gebäude mit dem dazugehörenden Grundstück als auch für bewegliche Wirtschaftsgüter.

Beim **Leasen von Immobilien** sind die Zurechnungskriterien für die Gebäude und das Grundstück getrennt zu prüfen. Für die Zuordnung der Gebäude gilt:

- Ist die Grundmietzeit kürzer als 40% oder länger als 90% der betriebsgewöhnlichen Nutzungsdauer, so ist das Gebäude dem Leasingnehmer zuzurechnen (vergleichbar den Mobilien). Die Nutzungsdauer ist mit 50 Jahren anzusetzen.
- Beträgt die Grundmietzeit mind. 40% oder höchstens 90% der betriebsgewöhnlichen Nutzungsdauer, so gilt:
  - Ohne Kauf- oder Mietverlängerungsoption ist das Gebäude dem Leasinggeber zuzurechnen.
  - Besteht eine Kaufoption, dann wird das Leasingobjekt dem Leasinggeber zugeordnet, wenn nach der Grundmietzeit der Gesamtpreis mind. so hoch ist wie der Buchwert des Gebäudes zuzüglich des Bodenwertes. Ist dagegen der Gesamtkaufpreis niedriger als der Gebäuderestwert und der Bodenwert, dann wird das Objekt dem Leasingnehmer zugerechnet.
  - Bei einer Mietverlängerungsoption wird das Gebäude dem Leasinggeber zugerechnet, wenn die Anschlussmiete mehr als 75% der marktüblichen Miete für ein vergleichbares Grundstück beträgt.

Grund und Boden ist beim Finanzierungs-Leasing ohne Kauf- oder Verlängerungsoption und auch bei Mietverlängerungsoption grundsätzlich dem Leasinggeber zuzurechnen. Besteht dagegen eine Kaufoption, so wird der Grund und Boden regelmäßig dem Leasingnehmer zugerechnet, wenn das Gebäude auf dem Grundstück auch dem Leasingnehmer zugerechnet wird.

Leasingverträge im Rahmen der Buchführung – Die Behandlung muss Folgendes berücksichtigen:

- Bei der bilanzmäßigen Zuordnung zum Leasinggeber gilt: Der Leasinggeber hat den Gegenstand in seiner Bilanz auf der Aktivseite auszuweisen. Der Leasingnehmer verbucht seine Leasingraten wie Mietausgaben als Betriebsaufwand.

- Bei der bilanzmäßigen Zuordnung zum Leasingnehmer gilt: Der Leasingnehmer hat das Wirtschaftsgut in seiner Bilanz auf der Aktivseite aufzunehmen. Anzusetzen sind dafür die Anschaffungs- oder Herstellungskosten, die der Leasinggeber zur Berechnung der Leasingrate zugrunde gelegt hat, zuzüglich etwaiger weiterer Anschaffungs- oder Herstellungskosten, die nicht in den Leasingraten enthalten sind.
  Dem Leasingnehmer steht die AfA nach der betriebsgewöhnlichen Nutzungsdauer des Leasinggegenstandes zu. In Höhe der aktivierten Anschaffungs- oder Herstellungskosten ist auf der Passivseite der Bilanz eine Verbindlichkeit auszuweisen.

Tabelle 23: Beispiel für die Aufteilung des Zins- und Kostenanteils sowie des Tilgungsanteils

Anschaffungskosten eines Leasinggegenstandes 80000 €, Grundmietzeit 6 Jahre, jährliche Leasingrate 20000 €

	Zins- und Kostenanteil in €	Tilgungsanteil in €
1. Jahr	11428,57	8571,43
2. Jahr	9523,81	10476,19
3. Jahr	7619,05	12380,95
4. Jahr	5714,29	14285,71
5. Jahr	3, 809,52	16190,48
6. Jahr	1904,76	18095,24
Summe	40000,00	80000,00

6 Raten zu je 20000 € = 120000 €
– Anschaffungskosten – 80000 €
= Zins- und Kostenanteil = 40000 €

Die **Leasingrate** besteht aus einem erfolgswirksamen Zins- und Kostenanteil sowie aus dem erfolgsneutralen Tilgungsanteil. Bei der Aufteilung in diese Kostenpositionen ist zu berücksichtigen, dass wegen der laufenden Tilgung von Jahr zu Jahr der Zinsanteil geringer und der Tilgungsanteil höher wird (siehe Tabelle 23).

Der in den Leasingraten enthaltene Zins- und Kostenanteil ist einheitlich zu behandeln und ergibt sich, wenn die Summe der Leasingraten um den Betrag der Anschaffungs- oder Herstellungskosten, die der Berechnung der Leasingrate zugrunde liegen, vermindert wird. Der Leasingnehmer kann den in den einzelnen Leasingraten enthaltenen Zins- und Kostenanteil entweder nach dem Barwertvergleich oder über die Zinsstaffelmethode ermitteln. Bei der Zinsstaffelmethode kann der Zins- und Kostenanteil einer Leasingrate mit folgender Formel errechnet werden:

$$\frac{\text{Summe der Zins- und Kostenanteile aller Leasingraten}}{\text{Summe der Zahlenreihe aller Raten}} \times (1 + \text{Zahl der restlichen Raten})$$

Die Summe der Zahlenreihe (S_n) aller Raten wird nach der Summenformel für eine endliche arithmetische Reihe ermittelt und ist:
$S_n = {}^n/_2\ (1 + g_n)$
n = Zahl der insgesamt zu leistenden Raten,
g_n = Zahl der noch zu leistenden Raten.
Die Summe aller Raten (S_n) ist: ${}^6/_2 \times (1 + 6) = 21$
Zins- und Kostenanteil erstes Jahr: 40000/21 × (1 + 5) = 11428,57
Der Tilgungsanteil ist: 20000 – 11428,57 = 8571,43 €

Die Auswirkungen der jährlichen Leasingrate und Abschreibung sind:
- Der Zins- und Kostenanteil wird unter Zinsen verbucht und mindert so wie jeder andere Aufwand das Eigenkapital, ist also gewinnmindernd.
- Der Tilgungsanteil mindert die Verbindlichkeit, die wegen des Leasingvertrages auf der Passivseite bilanziert wurde, das Eigenkapital bleibt unverändert, die Tilgung ist also gewinnneutral.
- Die Abschreibung mindert den aktivierten Wert des Leasinggegenstandes und mindert wie jede andere AfA das Eigenkapital, ist also gewinnmindernd.

9 Die Bilanz und ihre Darstellung in der Landwirtschaft

9.1 Definition der Bilanz

Die Bilanz ist die systematische Zusammenstellung des Vermögens, der Schulden und des Eigenkapitals eines Betriebes zu einem bestimmten Stichtag. Im Unterschied zum Inventar werden durch die Bilanz die zahlreichen Einzelposten in zusammengehörigen Gruppen ausgewiesen. Die Hauptaufgabe der Bilanz ist es, das Vermögen, die Schulden und das Eigenkapital in übersichtlicher Form zu einem bestimmten Stichtag auszuweisen. Die Ausweisung des Vermögens und der Schulden erfolgt prinzipiell nicht mehr wie beim Inventar in Staffelform untereinander, sondern in Form eines T-Kontos. Dadurch ergeben sich für die Bilanz zwei Seiten. Die linke Seite wird als *Aktiva* und die rechte Seite als *Passiva* bezeichnet.

Die **Aktivseite** zeigt den Wert der in einem Betrieb vorhandenen Wirtschaftsgüter und die Zusammensetzung des betrieblichen Vermögens am Bilanzstichtag.

Auf der **Passivseite** steht, wie viel Fremdkapital und wie viel Eigenkapital der Betrieb hat. Die Summe der Vermögenswerte auf der Aktivseite muss immer gleich der Summe der Passivseite sein. Diese geforderte Wertgleichheit wird erreicht, da das Eigenkapital aus dem Vermögen abzüglich der Schulden berechnet wird.

Der aus dem Italienischen kommende Begriff Bilanz (bilancia = Waage) drückt diese Gleichheit der Summe der Vermögenswerte auf der Aktivseite und auf der Passivseite aus. Den grundsätzlichen Bilanzaufbau zeigt die Darstellung der Tabelle 24.

Tabelle 24: Grundsätzlicher Aufbau einer Bilanz

Aktiva	**Passiva**
Auflistung des Betriebsvermögens, zusammengefasst in Positionen die Aktivseite zeigt, **WOHIN** das Eigen- oder Fremdkapital floss	Auflistung der Schulden, zusammengefasst in Positionen und des Eigenkapitals die Passivseite zeigt, **WOHER** die Finanzmittel für das Vermögen kommen

Die Bilanz kann in der Staffelform und in der T-Kontenform dargestellt werden.

Bei der **Staffelform** werden die Vermögenspositionen, gegliedert nach Aktiva und Passiva, untereinander geschrieben.

Die Darstellung in der Staffelform ist bei den Buchführungen der Landwirtschaft die übliche Form. Der Grund dafür sind Platzgründe, da die Entwicklung der Bilanz von dem letzten Jahresabschluss bzw. von der Eröffnungsbilanz des betreffenden Wirtschaftsjahres bis hin zum Jahresabschluss dargestellt wird.

Tabelle 25: Beispiel einer Bilanz in Staffelform

	Euro
Boden	2 000000
Gebäude	400000
Maschinen	350000
Vieh	150000
Vorräte	50000
Forderungen	40000
Bankkonto 1	30000
Kasse	1000
Aktiva	3 021000
Eigenkapital	2 690000
Darlehen	250000
Verbindlichkeiten	60000
Bankkonto 2	21000
Passiva	3 021000
Aktiva (Summe der Vermögenswerte)	3 021000 €
– Schulden (Fremdkapital)	331000 €
= Eigenkapital	2 690000 €

Die klassische Darstellungsform der Bilanz ist die **T-Kontenform**, bei der auf der linken Seite das Aktiva und auf der rechten Seite das Passiva steht. Im Unterschied zur gebräuchlichen Staffelform werden also Aktiva und Passiva nicht untereinander, sondern nebeneinander gestellt. Die T-Kontenform ist für Kapitalgesellschaften im HGB vorgeschrieben.

Aktiva		Passiva	
Boden	2 000000	Eigenkapital	2 690000
Gebäude	400000	Darlehen	250000
Maschinen	350000	Verbindlichkeiten	60000
Vieh	150000	Bankkonto 2	21000
Vorräte	50000		
Forderungen	40000		
Bankkonto 1	30000		
Kasse	1000		
Aktiva	3 021000	Passiva	3 021000

Aus den Positionen der Bilanz werden durch die Bilanzauflösung die Konten gebildet, in die während des Jahres die Geschäftsvorgänge verbucht werden.

9.2 Einzelfragen zur Bilanzdarstellung

Bilanzgliederung: Darunter ist die Anordnung der Bilanzpositionen in einer bestimmten Reihenfolge mit der Bezeichnung und Nummerierung zu verstehen. Der Grad der Aufgliederung ist von der Rechtsform und von der Betriebsgröße abhängig.

Kapitalgesellschaften und Großbetriebe müssen die Bilanz detaillierter gestalten als Einzelunternehmer. Für bestimmte Branchen, z. B. Banken und Versicherungsgesellschaften, bestehen zusätzlich Sondervorschriften. Für mittelgroße und große Kapitalgesellschaften bestehen hinsichtlich der Bilanzgliederung strenge Vorschriften nach dem HGB. Die Bilanz muss zudem einschließlich eines Berichts zur Lage des Unternehmens veröffentlicht werden (Publikationspflicht).

Einzelunternehmen und Personengesellschaften sind in der Bilanzgliederung relativ unabhängig. Der § 241 I HGB bestimmt lediglich, dass in der Bilanz das Anlage- und Umlaufvermögen, die Schulden und das Eigenkapital sowie die Rechnungsabgrenzungsposten gesondert auszuweisen sind. Aufgrund sachlicher Überlegungen und auch wegen der Grundsätze einer ordnungsgemäßen Bilanzierung, haben sich auch hier Bilanzgliederungen entwickelt, die sich am Schema von Kapitalgesellschaften orientieren.

Nach den Grundsätzen einer ordnungsgemäßen Bilanzierung muss die Bilanz klar und übersichtlich gegliedert sein. Nach dem Grundsatz der Klarheit sind die Bilanzpositionen so zu benennen und zu ordnen, dass der Inhalt eindeutig erkannt werden kann. Nicht zusammengehörende Positionen dürfen nicht zusammengefasst werden. Es darf auch zwischen den Aktiv- und Passivposten nicht saldiert werden. So ist es z. B. nicht erlaubt, Verbindlichkeiten und Forderungen gegenseitig aufzurechnen.

Auf der Aktivseite sind die Wirtschaftsgüter, die weniger leicht und schnell veräußerbar bzw. liquidierbar sind, am Anfang. Die leichter liquidierbaren bzw. umsetzbaren Wirtschaftsgüter, wie Vorräte und Finanzmittel, stehen in der Bilanz weiter unten.

Auf der Passivseite steht zuerst das Eigenkapital. Es ist für den Betrieb die sicherste Finanzierung. Die Schulden sind nach der Fälligkeit geordnet. Zuerst kommen die langfristigen Schulden, die dem Betrieb recht sicher über einen längeren Zeitraum zur Verfügung stehen. Weiter unten sind die kurzfristigen Kontokorrentkredite und die Lieferantenverbindlichkeiten aufgeführt.

Auch die vom Bundesministerium für Ernährung, Landwirtschaft und Forsten (BML) für Land- und forstwirtschaftliche Betriebe vorgegebene Bilanzgliederung orientiert sich an den Grundsätzen der Bilanzgliederung des Handelsgesetzbuches. Das gilt vor allem für die Neufassung des BMELV-Jahresabschlusses.

Der grundsätzliche Aufbau landwirtschaftlicher Bilanzen ist, dass auf der Aktivseite das Anlage-, das Vieh- und das Umlaufvermögen stehen. Die Passivseite weist das Eigenkapital und die Schulden auf. Es kommen dann auf beiden Seiten noch

Sonderposten hinzu, die aufgrund unterschiedlicher Vorschriften und Gegebenheiten notwendig sind.

Angabe des Vorjahresbetrages: Nach dem Handelsrecht wird in der Bilanz und auch in der GuV-Rechnung nicht nur die Wertangabe des betreffenden Wirtschaftsjahres verlangt, sondern es ist auch der Vorjahresbetrag auszuweisen. Diese Vorschriften gelten in erster Linie für Betriebe, die den Gewinn nach § 5 EStG ermitteln.

Auch bei den landwirtschaftlichen Buchführungsabschlüssen werden in der Regel immer die Vorjahreswerte mit ausgewiesen und von diesen ausgehend die neuen Bilanzwerte entwickelt.

Leerposten: Weist ein Posten der Bilanz oder der GuV-Rechnung im Wirtschaftsjahr oder im Vorjahr keinen zugehörigen Wert aus, dann braucht dieser Posten nicht genannt zu werden.

Persönliche Unterschrift: Die Bilanz bzw. den Jahresabschluss hat der Steuerpflichtige persönlich zu unterschreiben.

9.3 Gliederung der Bilanz in der Land- und Forstwirtschaft

Mit der Bekanntmachung über den Jahresabschluss für Betriebe der Landwirtschaft, des Gartenbaues, des Weinbaues und der Fischereiwirtschaft vom 1. 10. 1975 wurde unter der Federführung des Bundesministeriums für Ernährung, Landwirtschaft und Forstes (BML) ein einheitlicher Jahresabschluss für land- und forstwirtschaftliche Betriebe herausgebracht.

Das Ziel war es, die Bilanzgliederung und die inhaltlichen Begriffe zu vereinheitlichen. Zunächst wurde er für die Testbetriebe des Agrarberichts und dann für die Betriebe mit einer Auflagenbuchführung nach dem einzelbetrieblichen Förderungsgesetz eingeführt. Dieser BML-Abschluss wurde auch von den Buchführungsgesellschaften und von den Entwicklern von PC-Buchführungsprogrammen fast durchweg angenommen.

Die Novellierung des Jahresabschlusses im Jahr 1994 wurde außer aus EDV-technischen Gründen vor allem wegen der Gründung land- und forstwirtschaftlicher Kapitalgesellschaften notwendig. Kapitalgesellschaften haben auch in der Land- und Forstwirtschaft einen Abschluss zu erstellen, der den HGB-Vorschriften entspricht. Der grundlegend novellierte BML-Jahresabschluss entspricht nunmehr dem HGB und kann daher sowohl von Einzelunternehmen, als auch von Personengesellschaften und juristischen Personen genutzt werden.

Die BMELV-Bilanz ist eine Veränderungsbilanz. Die Werte des Geschäftsjahres werden denen des Vorjahres gegenübergestellt und in einer dritten Spalte sind die Veränderungen ausgewiesen. Die Gliederung der Bilanz ist dem § 266 HGB angepasst (vgl. Tabelle 26).

9.4 Die Bilanzierung von Wirtschaftsgütern beim Übergang zur Buchführung

Eine Übergangsbilanz ist dann aufzustellen, wenn der Land- und Forstwirt von der Gewinnermittlung nach Durchschnittssätzen (§ 13 a EStG) oder von der Überschussrechnung (§ 4 Absatz 3 EStG) zur Buchführung (Vermögensvergleich nach § 4 Absatz 1 EStG) übergeht. Hierzu gelten folgende allgemeine Regelungen:

- Beim Übergang zur Buchführung sind die Wirtschaftsgüter mit den Werten anzusetzen, mit denen sie ohne besondere Ausübung eines Wahlrechts nach den Grundsätzen ordnungsgemäßer Buchführung zu Buche stehen würden, wenn der Gewinn von Anfang an durch Betriebsvermögensvergleich nach § 4 Absatz 1 EStG ermittelt worden wäre.
  Dieser Grundsatz beruht darauf, dass durch andere Gewinnermittlungsvorschriften kein von dem Vermögensvergleich abweichender Gewinnbegriff aufgestellt wird. Dadurch ergibt sich, dass die Wirtschaftsgüter auch bereits vor dem Übergang zur Buchführung (Vermögensvergleich) zum Betriebsvermögen gehörten.
- Bei der Gewinnermittlung nach Durchschnittssätzen kann der Land- und Forstwirt keine Bewertungswahlrechte ausüben, die beim Vermögensvergleich oder bei der Überschussrechnung zulässig sind. Diese Bewertungswahlrechte kann der Landwirt erstmals mit der Erstellung seiner ersten Bilanz, der sog. Übergangsbilanz nutzen.
  So kann ein Landwirt bei der Gewinnermittlung nach Durchschnittssätzen nicht das Feldinventar bewerten oder er kann auch keine geringwertigen Wirtschaftsgüter ausweisen. Entscheidet sich der Landwirt bei der Aufstellung der Übergangsbilanz für bestimmte Bewertungswahlrechte, dann gelten diese auch wegen der allgemeinen Bilanzierungsgrundsätze für die fiktive Schlussbilanz des letzten Wirtschaftsjahres, dessen Gewinn noch nach § 13 a EStG (Gewinnermittlung nach Durchschnittssätzen) ermittelt wurde.
  An die in der Übergangsbilanz ausgeübten Bewertungswahlrechte ist der Landwirt grundsätzlich auch in den folgenden Wirtschaftsjahren gebunden.
- Wurde der Gewinn bisher nach Richtsätzen geschätzt (im Sinne von § 162 AO), so gelten die von vergleichbaren buchführenden Betrieben üblicherweise in Anspruch genommenen Bewertungswahlrechte. Nach Felsmann (Teil B, RdNr. 868 b) kann dadurch beim Übergang von der Richtsatzschätzung zur Buchführung ein von der allgemeinen Handhabung abweichendes Bewertungswahlrecht nicht in der Übergangsbilanz, sondern allenfalls mit einer entsprechenden Gewinnauswirkung in der folgenden Schlussbilanz ausgeübt werden.
- Wurde in der Zeit vor dem Übergang zur Buchführung ein Zuschuss aus öffentlichen Mitteln gewährt, so sind die Anschaffungs- oder Herstellungskosten des betreffenden Wirtschaftsgutes entsprechend zu mindern, soweit der Zuschuss nicht als Gewinnzuschlag oder Sondergewinn behandelt wurde. Bestand vor dem

Tabelle 26: Die Bilanzgliederung in Staffelform nach der Neufassung des BMELV-Jahresabschlusses 1994

Aktiva
A. Ausstehende Einlagen
– davon eingefordert
B. Anlagevermögen
I. Immaterielle Vermögensgegenstände
1. Milchlieferrechte
2. Sonstige Konzessionen, gewerbliche Schutzrechte und ähnliche Geschäfte
3. Geschäfts- und Firmenwert
4. Geleistete Anzahlungen
II. Sachanlagen
1. Grundstücke, grundstücksgleiche Rechte und Bauten einschließlich der Bauten auf fremden Grundstücken; *Boden im Sinne von § 55 Abs. 1 EStG; Sonstiger Boden; Bodenverbesserungen; Bauliche Anlagen; Wohngebäude; Wirtschaftsgebäude; Gewächshäuser (Gebäude)*
2. Technische Anlagen und Maschinen; Betriebsvorrichtungen; *Maschinen und Geräte; Gewächshäuser (Betriebsvorrichtungen); Heizanlagen; Kellereieinrichtungen; Fischereifahrzeuge*
3. Andere Anlagen, Betriebs- und Geschäftsausstattungen; PKW; Fuhrpark; Werkstatteinrichtung; Verkaufsraumeinrichtung; Büroeinrichtung; Sonstiges; Geringwertige Wirtschaftsgüter
4. Stehendes Holz
5. Dauerkulturen
6. Geleistete Anzahlungen und Anlagen im Bau
III. Finanzanlagen
1. Anteile an verbundenen Unternehmen
2. Ausleihungen an verbundene Unternehmen
3. Beteiligungen
4. Ausleihungen an Unternehmen, mit denen ein Beteiligungsverhältnis besteht
5. Geschäftsguthaben bei Genossenschaften
6. Wertpapiere des Anlagevermögens
7. Ausleihungen an Gesellschafter
8. Sonstige Ausleihungen
C. Tiervermögen
I. Pferde
II. Rinder
III. Schweine
IV. Schafe
V. Geflügel
VI. Sonstige Tiere
D. Umlaufvermögen
I. Vorräte
1. Roh-, Hilfs- und Betriebsstoffe
2. Feldinventar
3. Sonstige unfertige Erzeugnisse, unfertige Leistungen
4. Selbst erzeugte fertige Leistungen
5. Zugekaufte Waren
6. Geleistete Anzahlungen
II. Forderungen und sonstige Vermögensgegenstände
1. Forderungen aus Lieferungen und Leistungen

2. Forderungen gegen verbundene Unternehmen
3. Forderungen gegen Unternehmen, mit denen ein Beteiligungsverhältnis besteht
4. Forderungen an Gesellschafter
5. Sonstige Vermögensgegenstände

III. Wertpapiere
1. Anteile an verbundenen Unternehmen
2. Eigene Anteile
3. Sonstige Wertpapiere

IV. Schecks, Kassenbestand, Guthaben bei Kreditinstituten

E. Rechnungsabgrenzungsposten

F. Sonderverlustkonto aus Rückstellungsbildung (§ 17 DMBilG)

G. Nicht durch Eigenkapital gedeckter Fehlbetrag

Passiva

A. Eigenkapital
1. Anfangskapital
2. Einlagen
3. Entnahmen
4. Gewinn
5. Verlust
6. Nicht durch Eigenkapital gedeckter Fehlbetrag

B. Einlage der stillen Gesellschafter

C. Nachrangiges Kapital

D. Sonderposten mit Rücklageanteil
1. Sonderposten aufgrund § 6 b EStG
2. Sonderposten aufgrund steuerlicher Sonderabschreibungen
3. Sonderposten aufgrund von Investitionszuschüssen
4. Sonstige Sonderposten

E. Rückstellungen
1. Rückstellungen für Pensionen und ähnliche Verpflichtungen
2. Steuerrückstellungen
3. Sonstige Rückstellungen

F. Verbindlichkeiten
1. Verbindlichkeiten gegenüber Kreditinstituten
2. Erhaltene Anzahlungen auf Bestellungen
3. Verbindlichkeiten aus Lieferungen und Leistungen
4. Verbindlichkeiten aus der Ausstellung eigener Wechsel
5. Verbindlichkeiten gegenüber verbundenen Unternehmen
6. Verbindlichkeiten gegenüber Unternehmen, mit denen ein Beteiligungsverhältnis besteht
7. Verbindlichkeiten gegenüber Gesellschaftern
8. Sonstige Verbindlichkeiten
   – davon aus Steuern
   – davon im Rahmen der sozialen Sicherheit

G. Rechnungsabgrenzungsposten

Erstellen der Übergangsbilanz eine Überschussrechnung, dann richtet sich die Behandlung des Zuschusses nach der tatsächlichen Behandlung während der Zeit der Überschussrechnung. Beim Übergang von der Gewinnschätzung zur Buchführung sind die Anschaffungs- oder Herstellungskosten um die Zuschusshöhe zu kürzen.

- Gewinnabzüge, die bei der Gewinnermittlung nach Durchschnittssätzen beansprucht werden konnten, mindern in der Übergangsbilanz nicht die Anschaffungs- oder Herstellungskosten.
- Wurde in der Zeit vor dem Buchführungsbeginn auf die Anschaffungs- oder Herstellungskosten ein Veräußerungsgewinn im Sinne von § 6 c EStG auf ein Ersatzwirtschaftsgut übertragen, so ist dieser in der Übergangsbilanz entsprechend zu berücksichtigen.
- Für die Ermittlung der Buchwerte des abnutzbaren Anlagevermögens ist für die Zeit vor der Buchführung die Inanspruchnahme der linearen AfA zu unterstellen. Die Höhe der Abschreibung hat sich dabei nach den amtlichen AfA-Tabellen zu richten.
  Hatte der Landwirt vor dem Übergang zur Buchführung tatsächlich eine andere Abschreibungsform genutzt, so ist diese bei der Übergangsbilanz zu berücksichtigen. Möglich ist dies z. B. bei einer vorhergehenden Überschussrechnung und eventuell auch bei der Gewinnschätzung.
- Wenn der Zeitpunkt des Zugangs eines Wirtschaftsgutes und die Anschaffungs- oder Herstellungskosten oder der Teilwert nicht mehr ermittelt werden können, dann sind diese zu schätzen.
- Besteht bei einem Landwirt mit bisheriger Gewinnermittlung nach Durchschnittssätzen ein Anspruch auf Milchprämie, dann ist diese in der Übergangsbilanz als Forderung auszuweisen. Als passiver Rechnungsabgrenzungsposten ist aber nur der Betrag auszuweisen, der von der fünfjährigen Verpflichtungszeit noch anteilig auf die Buchführungszeit entfällt. Das gleiche gilt auch für die Milchaufgabevergütung, die erfolgswirksam auf 10 Jahre verteilt werden darf.
  Der anteilig auf die Zeit vor der Buchführung entfallende Betrag ist durch den Grundbetrag abgegolten. Der beim Buchführungsbeginn noch vorhandene Anteil ist als passiver Rechnungsabgrenzungsposten auszuweisen und jährlich mit einem Zehntel des ursprünglichen Auszahlungsbetrags erfolgswirksam aufzulösen. Milchaufgabevergütungen werden seit 1990 nicht mehr gewährt.

10 Beschreibung und Bewertung von Bilanzpositionen

Die Reihenfolge der Abhandlung der Bilanzpositionen orientiert sich an der Gliederung der Bilanz des mit dem HGB abgestimmten BML-Jahresabschlusses 1994. Diese Gliederung gibt Tabelle 26 vollständig wieder.

10.1 Gezeichnetes Kapital und Ausstehende Einlagen

Beim üblichen land- und forstwirtschaftlichen Betrieb, der als Einzelunternehmen geführt wird, kommt diese Position nicht vor. Es ist ein Sonderposten der Bilanz, den GmbHs, AGs und auch KGs auszuweisen haben. Darunter fallen damit auch land- und forstwirtschaftliche Betriebe, die als Kapitalgesellschaften oder Genossenschaften geführt werden.

Bei den Kapitalgesellschaften haben die Gesellschafter Anteile. Diese Anteile werden auf der Passivseite der Bilanz als **»Gezeichnetes Kapital«** ausgewiesen. Unter »Gezeichnetem Kapital« versteht man das Kapital, auf das die Haftung der Gesellschafter beschränkt ist. Bei den AG's ist es das Grundkapital, welches in Aktien zerlegt ist. Bei den GmbH's ist es das Stammkapital, aufgeteilt in die Stammeinlagen.

Wenn das vertraglich vereinbarte oder gesetzlich festgelegte Kapital durch die Aktionäre oder Gesellschafter noch nicht in voller Höhe einbezahlt ist, so ist trotzdem das Gezeichnete Kapital auf der Passivseite in voller Höhe anzugeben.

Es ist dann aber auf der Aktivseite als **»Ausstehende Einlagen«** auszuweisen. Der Posten Ausstehende Einlagen ist eine Forderung des Unternehmens an die Gesellschafter und es ist gleichzeitig ein Korrekturposten. Zusätzlich zu den Ausstehenden Einlagen ist auszuweisen, wie viel davon bereits eingefordert, aber noch nicht eingezahlt wurde.

Hinsichtlich des bilanziellen Ausweises sind für die Ausstehenden Einlagen nach § 272 HGB zwei Varianten erlaubt.

Zum einen ist es die vorher beschriebene Darstellung auf der Aktivseite, die man als Bruttoausweis bezeichnet (Tabelle 27). Zum anderen dürfen die nicht eingeforderten ausstehenden Einlagen von dem Passivposten »Gezeichnetes Kapital« offen abgesetzt werden. Man spricht hier von einem Nettoausweis, der im BML-Jahresabschluss nicht angewendet werden sollte. Eingeforderte Einlagen sind dann auf der Aktivseite unter den Forderungen anzugeben (Beispiel Tabelle 27).

Tabelle 27: Die Wahlmöglichkeit zur bilanziellen Darstellung der »ausstehenden Einlagen«

Beispiel: Das gezeichnete Kapital beträgt 1 Mio. €. Von den ausstehenden Einlagen von 200000 € sind 80000 € eingefordert.

Darstellungsvariante: Bruttoausweis			
Aktiva		Passiva	
A. ausstehende Einlagen auf das gezeichnete Kapital	200000	A. Eigenkapital	......
– davon eingefordert	80000	I. gezeichnetes Kapital	1000000
B. Anlagevermögen	......		
Darstellungsvariante: Nettoausweis			
Aktiva		Passiva	
D. Umlaufvermögen		A. Eigenkapital	1000000
....	......	I. gezeichnetes Kapital	
eingeforderte Einlagen	80000	– nicht eingeforderte Einlagen	120000
		eingefordertes Kapital	880000

10.2 Das Anlagevermögen

Unter das Anlagevermögen fallen die Wirtschaftsgüter, die dem Betrieb längerfristig zur Verfügung stehen. In den meisten Fällen unterliegt das Anlagevermögen der Abschreibung. Nicht abgeschrieben wird der Boden. Über die Zuordnung zum Anlage- oder Umlaufvermögen entscheidet die Zweckbestimmung am Bilanzstichtag. Innerhalb des Anlagevermögens gibt es die drei Hauptgruppen:

- Immaterielle Wirtschaftsgüter,
- Sachanlagen,
- Finanzanlagen.

Diese Unterscheidung war auch bereits in der bisherigen Bilanz für Landwirte vorgesehen, aber in der Gliederung nicht so eindeutig wie jetzt in der novellierten, auf das HGB abgestimmten Bilanz hervorgehoben.

10.2.1 Immaterielle Wirtschaftsgüter

Immaterielle Wirtschaftsgüter sind nichtkörperlicher Art. Es sind Rechte, rechtsähnliche Werte und sonstige Vorteile, die steuerrechtlich zu den nicht beweglichen Wirtschaftsgütern gehören. Immaterielle Wirtschaftsgüter sind unter anderem Lieferrechte, Betriebsprämien, Nutzungsrechte, Konzessionen, gewerbliche Schutzrechte, Lizenzen und Firmenwerte.

Ein *Aktivierungsgebot* besteht nur für die immateriellen Wirtschaftsgüter, die entgeltlich erworben wurden. Unentgeltlich erworbene und selbst hergestellte immaterielle Wirtschaftsgüter dürfen im Unterschied dazu nicht bilanziert werden.

Unbefristete Nutzungsrechte dürfen normalerweise nicht abgeschrieben werden. Es sei denn, der Gesetzgeber sieht hierfür Ausnahmen vor, wie beim Milchkontingent und beim Firmenwert. Zeitlich befristete Nutzungsrechte dürfen abgeschrieben werden.

Werden auf zu bilanzierende immaterielle Wirtschaftsgüter *Anzahlungen* geleistet, so sind diese ebenfalls unter der Bilanzposition »Immaterielle Wirtschaftsgüter« aufzunehmen.

Beispiele von immateriellen Wirtschaftsgütern sind in der Landwirtschaft:

- **Milchlieferrecht:** Es ist ein selbstständiges immaterielles Wirtschaftsgut, das wegen der voraussichtlichen zeitlichen Begrenzung als abnutzbar gewertet wird. Regelungen zur Milchrente: Für die Einmalzahlungen nach dem Milchaufgabegesetz (letztmalige Antragstellung bis zum 31. 12. 1990) galt: Es konnte ein Rechnungsabgrenzungsposten auf der Passivseite eingestellt werden, der in zehn gleichen Jahresraten aufzulösen war. Die Auflösung des Rechungsabgrenzungspostens wirkt sich bei den betreffenden Betrieben 10 Jahre lang gewinnerhöhend aus. Regelungen bei den unentgeltlich zugeteilten Milchreferenzmengen nach der Milchgarantiemengenverordnung vom 25. 5. 1984: Bislang galt, dass die zugeteilten Referenzmengen unentgeltlich erworben sind und sie dürfen daher nicht mit einem Buchwert aktiviert werden. Diese Vorgehensweise entsprach dem Aktivierungsverbot des § 5 Abs. 2 EStG, wonach für immaterielle Wirtschaftsgüter des Anlagevermögens ein Aktivposten nur anzusetzen ist, wenn sie entgeltlich erworben wurden. Der Bundesfinanzhof war aber in mehreren Urteilen neueren Datums anderer Meinung. Danach ist vom Buchwert des Bodens ein Anteil auf das im Jahr 1984 unentgeltlich staatlich zugeteilte Milchlieferrecht zu übertragen. Das gilt auch für Boden, der pauschal nach § 55 Abs. 1 bis 4 EStG bewertet wurde (vgl. BStBl. Teil I vom 14. 2. 2003).
  Regelungen beim Zukauf: Der zukaufende Betrieb hat die Milchreferenzmenge mit dem Zukaufspreis zu aktivieren und kann den Betrag auf 10 Jahre abschreiben.
  Regelungen beim Verkauf: Veräußerungsgewinn ist der Verkaufspreis abzüglich der Verkaufsunkosten und des Buchwerts. Der Buchwert ergibt sich aus den Anschaffungskosten vermindert um die Abschreibungen. Bei den unentgeltlich zugeteilten Milchreferenzmengen wird der vom Grund und Boden abgespaltene Buchwert angesetzt; Abschreibungen sind aber in dem Fall nicht möglich. Der Veräußerungsgewinn kann nicht auf mehrere WJ verteilt und der Veräußerungsgewinn darf auch nicht im Sinne des § 6 b EStG steuerfrei auf Ersatzwirtschaftsgüter übertragen werden.
- **Zuckerrübenlieferrecht:** Auch hier gilt, dass es nur dann als ein immaterielles Wirtschaftsgut bilanziert werden darf, wenn es entgeltlich erworben wurde. Eine Abschreibung des gekauften Rübenkontingents ist nicht erlaubt, da ein Ende der

Geltungsdauer der Rübenkontingentierung nicht absehbar ist. Möglich ist eventuell eine Teilabschreibung, wenn z. B. die Rübenquote gekürzt wird.
Die Behandlung des Rübenlieferrechts als immaterielles Wirtschaftsgut ist nur dann möglich, wenn es frei veräußerbar ist. Ist das Lieferrecht dagegen an Aktien oder an Beteiligungen gebunden, so wird es mit diesen erfasst.

- **Brennrechte:** Es handelt sich hier um immaterielle Wirtschaftsgüter, die nicht der Abnutzung unterliegen. Sie dürfen daher auch nicht abgeschrieben werden. Eine Teilwertabschreibung ist möglich, wenn z. B. nachgewiesen wird, dass der Teilwert des Brennrechts niedriger ist als die bisher in der Bilanz ausgewiesenen Anschaffungskosten.
- **Prämienrechte nach der Agrarreform 2005:** Zahlungsansprüche sind ein Recht auf Förderung und gehören daher zu den immateriellen Wirtschaftsgütern. Nach derzeitiger überwiegender Meinung dürfen Zahlungsansprüche nur dann aktiviert werden, wenn sie entgeltlich erworben wurden. Mit einer Buchwertabspaltung vom Grund und Boden unentgeltlich zugeteilter Zahlungsansprüche ist nach derzeitiger überwiegender Rechtsmeinung nicht zu rechnen. Auch Regelungen zur Abschreibung zugekaufter Prämienrechte stehen noch aus.
Die Prämienrechte sind umsatzsteuerpflichtig. Die Höhe der USt richtet sich nach dem Verkäufer. Ist der abgebende Betrieb pauschalierend, so beträgt die USt 9 % (ab dem 1.1.2007 10,7 %), andernfalls 16 % (ab dem 1.1.2007 19 %). Die gekauften Prämienrechte müssen mit dem Nettokaufpreis aktiviert werden.
- **Geschäfts- und Firmenwert:** Der Geschäftswert eines Unternehmens ergibt sich z. B. aus dem guten Ruf, aus einem sicheren Kundenstamm oder aus Standortvorteilen. In diesem Fall wird der Kaufpreis für ein Unternehmen wegen dieser immateriellen Vorteile höher liegen. Dieser Mehrpreis ist dann als immaterielles Wirtschaftsgut zu bilanzieren und darf auf 15 Jahre verteilt abgeschrieben werden.

10.2.2 Grund und Boden

Der land- und forstwirtschaftlich genutzte **Grund und Boden** wird erst seit dem 1. 7. 1970 in die Bilanz aufgenommen. Vor diesem Stichtag wurde er nicht bilanziert und der Bodenwertzuwachs unterlag keiner Besteuerung. Aufgrund eines Beschlusses des Bundesverfassungsgerichts vom 11. 5. 1970 wurde dann mit dem 2. Steueränderungsgesetz 1971 die bis zum 1. 7. 1970 geltende Regelung geändert.

Die Folge war, dass der Wert des Grund und Bodens vom 1. 7. 1970 an in der Bilanz zu erfassen und in die Gewinnermittlung einzubeziehen ist. Mit welchen Werten der Grund und Boden zu bewerten ist, regelt der § 55 EStG.

Zum Grund und Boden gehören neben den landwirtschaftlichen Nutzflächen auch die Wege, die Standorte für Gebäude, die Wald-, die Sonderkultur- und die Wasserflächen eines Betriebes.

Nicht mit dem Boden zusammen dürfen der Aufwuchs, die Gebäude, die Betriebsvorrichtungen und die Anlagen im Boden bewertet werden. Es sind das selbstständige Wirtschaftsgüter, die losgelöst vom Boden zu erfassen und zu bilanzieren sind. Es sind also das Feldinventur bzw. die stehende Ernte, Dauerkulturen, mehrjährige Kulturen und stehendes Holz als selbstständig zu bilanzierende Wirtschaftsgüter zu behandeln. Das gilt auch für Wege, Hofbefestigungen und für Röhrendrainagen.

Dagegen sind bodenverbessernde Maßnahmen, z. B. Aufkalkung, Entsteinen und das Ziehen von Maulwurfsdrainagen, keine zu bilanzierende selbstständige Wirtschaftsgüter, sondern im Wirtschaftsjahr des Anfalls Betriebsausgaben. Soweit derartige Aufwendungen im unmittelbaren Zusammenhang mit dem Erwerb eines Grundstücks anfallen, im Verhältnis zum Kaufpreis erheblich sind und den Ertragswert des Grundstücks erheblich verbessern, sind sie zu den Anschaffungskosten des Grundstücks zu rechnen. Auch die Grasnarbe einer Dauergrünlandfläche ist kein selbstständig zu bilanzierendes Wirtschaftsgut, sondern gehört zum Bodenwert.

Jedes Grundstück ist grundsätzlich so, wie es im Katasterverzeichnis geführt wird, ein selbstständiges Wirtschaftsgut, das im Inventar (Grundstücksverzeichnis) auszuweisen und zu bewerten ist. Das im Liegenschaftskataster ausgewiesene Flurstück darf normalerweise nicht weiter unterteilt werden.

Zur **Bewertung des Bodens** bestehen steuerlich im Wesentlichen zwei Bewertungsansätze. Welche der beiden Bewertungen zu wählen ist, hängt vom Anschaffungszeitpunkt ab.

Boden, der bereits vor dem 1. 7. 1970 im Eigentum des Betriebes war, wird mit pauschalen Anschaffungskosten nach § 55 des Einkommensteuergesetzes bewertet. Wurde der Boden nach dem 30. 6. 1970 erworben, dann sind die tatsächlichen Anschaffungskosten einschließlich der Nebenkosten zu nehmen.

Bewertung des vor 1970 bereits vorhandenen Bodens
Die Bewertung erfolgt nach den Vorschriften des § 55 Absatz 1 EStG. Erstellt ein Landwirt erstmals die Bilanz, so sind auch heute noch die Flächen- und Nutzungsverhältnisse zum 1. 7. 1970 heranziehen. Denn maßgebend für die pauschale Wertermittlung des Bodens ist die tatsächliche Nutzung der Grundstücke am 1. 7. 1970.

Weicht die vom Steuerpflichtigen behauptete Nutzung von der im Liegenschaftskataster ausgewiesenen Nutzung ab, und kann der Steuerpflichtige diese Behauptung nicht beweisen, so gilt die im Liegenschaftskataster eingetragene Nutzung (R 236 EStR).

Ein Auszug aus dem Liegenschaftskataster kann jederzeit vom zuständigen Vermessungsamt gegen eine Gebühr schriftlich angefordert werden. In diesem Dokument sind die Flurnummern, die Flurbezeichnungen, die Grundstücksgrößen und die Nutzungsarten ausgewiesen. Nutzungsarten sind z. B. Hof- und Gebäudeflächen, Acker, Grünland, Holz, Wege und Wasserflächen.

Ausgehend von dem Liegenschaftskataster wird für jedes Flurstück mithilfe von Umrechnungsfaktoren der Bodenwert berechnet. Diese Umrechnungsgrößen sind in der Tabelle 28 zusammengefasst.

Tabelle 28: Umrechnungsgrößen für die steuerliche Bewertung von Grund und Boden, der am 1. 7. 1970 im Eigentum des Betriebes war (§ 55 EStG)

	Wertmaßstäbe	
	€	DM
Landwirtschaftliche Nutzflächen	EMZ[1] × 8 : 1,95583	EMZ[1] × 8
Wald	1,02 €/m²	2,00 DM/m²
Sonstige land- und forstwirtschaftliche Nutzung	1,02 €/m²	2,00 DM/m²
Hof- und Gebäudeflächen, Hausgärten	5,12 €/m²	10,00 DM/m²
Geringstland	0,26 €/m²	0,50 DM/m²
Abbauland	0,52 €/m²	1,00 DM/m²
Unland	0,10 €/m²	0,20 DM/m²
Wege, Gräben, Raine und Hecken werden nach der angrenzenden Nutzung bewertet		
Weinbau LV[2] bis 20	2,56 €/m²	5,00 DM/m²
21 bis 30	3,58 €/m²	7,00 DM/m²
31 bis 40	5,12 €/m²	10,00 DM/m²
41 bis 50	7,16 €/m²	14,00 DM/m²
51 bis 60	8,18 €/m²	16,00 DM/m²
61 bis 70	9,20 €/m²	18,00 DM/m²
71 bis 100	10,22 €/m²	20,00 DM/m²
über 100	12,78 €/m²	25,00 DM/m²

[1] EMZ: Ertragsmesszahl eines katastermäßig abgegrenzten Flurstücks laut Liegenschaftskataster, Umrechnung in Euro mit dem Faktor 1,95583 und auf volle Euro abrunden
[2] LVZ: Lagenvergleichszahl

Für landwirtschaftliche Nutzflächen wird der steuerliche Wert aus der Ertragsmesszahl (EMZ) multipliziert mit dem Faktor 8 errechnet. Der Wert ist mit dem Faktor 1,95583 in € umzurechnen und auf volle € abzurunden. Die Ertragsmesszahl ist eine Größe aus dem Verfahren zur Einheitswertermittlung und ist im Liegenschaftskataster in der Regel für jede Grünland- und Ackerfläche ausgewiesen.

Abweichend von der beschriebenen Bewertung der landwirtschaftlichen Nutzflächen können die Flächen für Hopfen, Spargel, Gemüse- und Obstbau mit dem Wertansatz von 4,10 € (8,00 DM)/m² sowie für Baumschulen, Blumen- und Zierpflanzenbau mit 4,12 € (10,00 DM)/m² bewertet werden, wenn bis zum 30. 6. 1972 eine entsprechende Erklärung dem Finanzamt gegenüber abgegeben wurde. Die weiteren Flächen eines Betriebes werden nach der Größe und mit Quadratmeterpreisen angesetzt.

Der Quadratmeterpreis des Waldes von 1,02 € (2,00 DM) umfasst nur den »nackten« Boden. Der Wert der Bestockung ist als ein eigenständiges Wirtschaftsgut zu behandeln.

Zur sonstigen land- und forstwirtschaftlichen Nutzung gehören z. B. die Fischerei, die Teichwirtschaft, der Pilzanbau, die Imkerei, die Wanderschäferei und die Saatzucht.

Für Geringstland und Unland ist im Liegenschaftskataster keine Ertragsmesszahl ausgewiesen. Das Geringstland ist für die Steuerbilanz mit 0,26 € (0,50 DM) und das Unland mit 0,10 € (0,20 DM)/m² anzustehen.

Das Abbauland gehört nur dann zum landwirtschaftlichen Bereich, wenn die gewonnenen Produkte, z. B. Kies oder Sand, selbst verbraucht werden. Es wird daher in der Regel der Bilanz eines Gewerbebetriebes zugeordnet sein.

Ist im Liegenschaftskataster für eine landwirtschaftlich genutzte Fläche keine Ertragsmesszahl ausgewiesen, dann ist die durchschnittliche Ertragsmesszahl des Betriebes zugrunde zu legen. Das kann z. B. sein, wenn eine ursprüngliche Waldfläche gerodet oder eine Geringstlandfläche kultiviert wurde und die Nutzungsänderung am 1. 7. 1970 im Liegenschaftskataster noch nicht erfasst war.

Nachträgliche Anschaffungs- oder Herstellungskosten, die nach dem 30. 6. 1970 angefallen sind, erhöhen die Pauschalwerte und auch die tatsächlichen Kaufpreise oder Teilwerte. Beispiele für nachträgliche Herstellungskosten sind die Herrichtung von Unland für land- und forstwirtschaftliche Zwecke oder die Zuschüttung von Wassergräben und Wasserlöchern zur Gewinnung landwirtschaftlicher Nutzflächen.

Nicht zu den nachträglichen Herstellungskosten gehören dagegen Aufwendungen zur Verbesserung von Grund und Boden, der schon vor der Maßnahme land- und forstwirtschaftlich genutzt wurde, wie das Auflesen von Steinen, die Aufdüngung, Beseitigung von Unkraut, Umbruch, Wieseneinsaat und das Entfernen von Baumwurzeln beim Wechsel von der forstwirtschaftlichen zur landwirtschaftlichen Nutzung.

Die in ein Baulandumlegungsverfahren eingebrachten Grundstücke und die zugeteilten Grundstücke sind, soweit sie wertgleich sind, als wirtschaftlich identisch anzusehen. Das gleiche gilt auch bei Flurbereinigungsverfahren. Das erhaltene, wertgleiche Grundstück wird, weil Anschaffungskosten durch den zwangsweisen Tausch nicht entstehen, mit dem Buchwert des eingebrachten Grundstücks bewertet, auch wenn die Grundstücke nicht flächengleich sind.

Werden aber *Ausgleichszahlungen* geleistet, da eine wertgleiche Verteilung nicht möglich ist, dann kann von der Identität der eingebrachten und der zugeteilten Grundstücke nicht mehr ausgegangen werden. Es erzielt damit der Empfänger der Ausgleichszahlung einen Veräußerungsgewinn und der zur Zahlung verpflichtete erbringt zu bilanzierende Anschaffungskosten (Felsmann, Teil B, RdNr. 273 ff.).

Abweichend von der beschriebenen Bewertung des vor 1970 vorhandenen Grund und Bodens, war statt der Pauschalbewertung auch eine Bewertung mit einem höheren Teilwert möglich. Voraussetzung dafür war aber, dass der Landwirt bis zum 31. 12. 1975 beim zuständigen Finanzamt einen entsprechend begründeten Antrag einreichte. Der Stichtag 31. 12. 1975 war eine Ausschlussfrist, das heißt, später eingegangene Anträge konnten und können nicht mehr berücksichtigt werden.

Die Verlustklausel des § 55 Absatz 6 EStG besagt: Treten bei der Entnahme oder Veräußerung von Grundstücken, die mit den Pauschalwerten oder mit dem höheren Teilwert bewertet wurden, **Veräußerungsverluste** auf, dann dürfen diese bei der Gewinnermittlung nicht berücksichtigt werden. Veräußerungsverluste kommen dann vor, wenn der Veräußerungserlös abzüglich der Veräußerungsunkosten niedriger ist als der pauschale Buchwert des Grundstücks. Diese Regelung ist auch heute noch beim Verkauf von Grundstücken, die schon vor dem 1. 7. 1970 zum Betriebsvermögen gehörten, zu beachten.

Bewertung von nach dem 30. 6. 1970 angeschafften Boden

Für nach dem 30. 6. 1970 angeschaffte Flächen sind in der Regel noch die tatsächlichen Anschaffungskosten ohne Schwierigkeiten zu ermitteln. Sie sind mit den Anschaffungskosten einschließlich der Nebenkosten zu bewerten. Nebenkosten können z. B. Maklerprovision, Notargebühr, Grunderwerbssteuer und Gebühren für die Grundbucheintragung sein.

Eingetauschte Flächen sind genauso wie gekaufte Flächen zu behandeln. Die Anschaffungskosten sind nach dem gemeinen Wert des hingegebenen Wirtschaftsgutes, z. B. ein anderes Grundstück, anzusetzen.

Soweit in dem Kaufpreis auch Anschaffungskosten für besondere Anlagen, wie Aufwuchs an Holz oder Gebäude, enthalten sind, ist der Gesamtkaufpreis aufzuteilen. Es sind dann die Anschaffungskosten für die Flächen und für die übrigen Wirtschaftsgüter voneinander getrennt zu bilanzieren. Werden mehrere Flurnummern zugekauft, so ist auch hierfür eine Aufteilung des Kaufpreises auf die einzelnen Flurnummern und eine getrennte Bilanzierung notwendig.

Bewertung von Grund und Boden in den neuen Bundesländern

Bewertet und in die Bilanz aufgenommen dürfen nur die Eigentumsflächen werden. Die Grundsätze der Bodenbewertung gelten sowohl für die ehemaligen landwirtschaftlichen Produktionsgenossenschaften bzw. deren Nachfolgeeinrichtungen als auch für die Einzelunternehmer, die eine Buchführung oder eine Überschussrechnung eingerichtet haben.

Nach dem DMBilG (§ 9) ist der Grund und Boden, der am 1. 7. 1990 im Eigentum des Betriebes war, mit seinem Verkehrswert anzusetzen. Dabei darf die Preisentwicklung in ganz Deutschland bis zur Feststellung der Eröffnungsbilanz berücksichtigt werden.

Bis zur Bildung von selbstständigen und unabhängigen Gutachterausschüssen für die Ermittlung der Grundstückswerte und für sonstige Wertermittlungen können für die Ermittlung des Verkehrswertes die vom Ministerium für Wirtschaft

empfohlenen Richtwerte herangezogen werden. Diese Richtwerte orientieren sich für die landwirtschaftlichen Nutzflächen nach der Ertragsmesszahl. Je Ertragsmesszahl und ha können 150 DM angesetzt werden. Hat z. B. eine Fläche von 1 ha die EMZ von 40, dann kann der Bodenwert mit 40 × 150 = 6000 DM/ha bewertet werden.

Für den Wald sind in der Regel keine Bodenwertzahlen festgelegt. Er ist in Anlehnung an die Verhältnisse gleich gelagerter landwirtschaftlicher Flächen zu schätzen. Da Wald auf schlechteren Böden steht, kann nach Felsmann für Waldflächen von Bodenwertzahlen von etwa 20 ausgegangen werden. Das entspricht dann einem Wertansatz von 20 × 150 = 3000 DM/ha.

Bestehen für den Grund und Boden Nutzungs-, Verfügungs- oder Verwertungsbeschränkungen, die den Verkehrswert nach allgemeiner Verkehrsauffassung wesentlich beeinträchtigen, so sind diese wertmindernd zu berücksichtigen. Das gilt auch für künftige Rekultivierungs-/Entsorgungsverpflichtungen.

Beispiel: Flurstück mit 5,29 ha

Acker	285 ar	Bodenwertzahl 49	=	EMZ 13 965 × 1,50	=	20 047,50 DM
Acker	95 ar	Bodenwertzahl 41	=	EMZ 3 895 × 1,50	=	5 942,50 DM
Wiese	50 ar	Bodenwertzahl 25	=	EMZ 1 250 × 1,50	=	1 875,00 DM
Wald	99 ar	–	=	0,99 ha × 3000	=	2 970,00 DM
	529 ar	= 5,29 ha		EMZ 19 220		31 635,00 DM

Der Bodenwert bei einer betriebswirtschaftlichen Buchführung

Für eine betriebswirtschaftliche Buchführung, wie sie z. B. bei einer Förderung nach dem Einzelbetrieblichen Förderungsprogramm vorgeschrieben ist, ist der Grund und Boden seit der Neufassung des BMELV-Abschlusses gleich der Steuerbilanz zu erfassen. Vorher lag der Unterschied nur bei den pauschalen **Umrechnungsgrößen**. Diese sind bei der betriebswirtschaftlichen Buchführung ein Viertel und bei den Forstflächen ein Achtel der steuerlichen Werte. Für Grundstücke, die nach dem 30. 6. 1970 angeschafft wurden, sind ebenso wie bei der Steuerbilanz die Anschaffungspreise zu verwenden.

Beispiel einer Bodenbewertung

In Tabelle 29 wird an einem **Beispiel** die Bewertung des Grund und Bodens eines landwirtschaftlichen Betriebes abgeleitet. Buchführungsbeginn war der 1. 7. 1983.

Der Betrieb hat eine landwirtschaftschaftliche Nutzfläche von 39,76 ha, die zum 1. 7. 1970 zum Betriebsvermögen gehörte. Als Anschaffungsdatum wird daher in der Inventarliste der 1. 7. 1970 eingetragen. Bewertet wird diese Fläche mit den fiktiven Anschaffungskosten, errechnet aus der EMZ × 8. Vom Wald waren zum Stichtag 1. 7. 1970 erst 5,5048 ha vorhanden, die mit den fiktiven Anschaffungswerten von 2,00 DM/m² anzusetzen sind.

Tabelle 29: Steuerliche Bewertung des Bodens für den Betrieb Portner

Flur-Nr.	Bezeichnung	Fläche ha	EMZ	Buchwert 1. 7. 1970	+ Zugang – Abgang	Buchwert 1. 7. 93	Buchwert Euro
314	Irring Hofstelle	0,5930		59300		59300	30319,60
327	Anger, Grünland	5,0722	24346	194768		194768	99583,30
328	Hoffeld, Acker	9,0888	58370	466960		466960	238752,85
331	Mitterfeld, Acker	13,8250	75214	601712	– 21003	580709	296911,74
331/1	Mitterfeld-straße	0,0430		1806		1806	923,39
332	Hoierfeld, Acker	11,2740	72448	579584		579584	296336,59
420	Leiten, Wald	5,5048		110096		110096	56291,18
517	Neuwald	3,6100		0	+ 57760	57760	29532,21
	gesamt	49,0108		2014226		2050983	1048650,10

Erläuterungen
Die Flächenangabe bezieht sich auf den 1.7.2001. Die Flurnummer 314 wird mit 10 DM/m² bewertet, Grünland und Ackerland mit dem Faktor 8 je EMZ, die Flurnummer 327 wird heute als Acker genutzt, von der Flurnummer 331 wurde 1987 eine Fläche von 0,50 ha zur Abfindung weichender Erben entnommen. Die Buchwerte in DM und Euro beziehen sich auf den 1.1.2001, die Umrechnung auf Euro erfolgt mit 1,95583.

Im Jahr 1987 wurde die Flurnummer 517 mit 3,61 ha einschließlich aller Nebenkosten für 162000 DM gekauft. Diese Ausgabe ist auf den Holzgrund und auf die Bestockung aufzuteilen. Der Holzgrund kann in dieser Lage einschließlich der Nebenkosten mit 1,60 DM/m² bzw. für die gesamte Flurnummer mit 57760 DM angesetzt werden. Für den Aufwuchs ergibt sich dann als Differenz aus dem Anschaffungspreis abzüglich des Bodenwertes ein Betrag von 104240 DM.

Der Wert der Bestockung darf nicht mit dem Holzgrund bilanziert werden und erscheint daher auch nicht in der Inventarliste Grund und Boden.

Ab dem Wirtschaftsjahr 2001/2002 sind die Werte in Euro umzurechnen.

10.2.3 Bodenverbesserungen

Bodenverbesserungen sind feste Anlagen im oder auf dem Grund und Boden, die zu dessen Verbesserung dienen.

Darunter fallen vor allem Drainagen aus Ton-, Beton- oder Kunststoffrohren, Be- und Entwässerungsgräben, fest verlegte Rohre zur Bewässerung und Windschutzpflanzungen. Sie sind als eigene Wirtschaftsgüter mit den Herstellungskosten abzüglich der Abschreibungen zu bilanzieren.

10.2.4 Bauliche Anlagen

Bauliche Anlagen sind Bauwerke auf oder im Boden, die weder Gebäude noch Bodenverbesserungen sind. Sie dienen ganz oder überwiegend der Benutzung eines Grundstücks, insbesondere eines Gebäudes. Die baulichen Anlagen sind nicht immer eindeutig von den Betriebsvorrichtungen abzugrenzen.

Zu den baulichen Anlagen gehören z. B. folgende Wirtschaftsgüter: Dungstätten (soweit nicht Betriebsvorrichtung), Jaucheanlage, Fahrsilos, Einfriedungen, Gülleanlagen (soweit nicht Betriebsvorrichtung), Hofbefestigung, Kanalisation, Rohrleitung, Wegebauten und Zäune.

Für die Bewertung gelten die allgemeinen Bewertungsvorschriften für bewegliche Wirtschaftsgüter. Diese Zuordnung der baulichen Anlagen zu den beweglichen Wirtschaftsgütern hat Auswirkungen auf die AfA-Höhe und die möglichen AfA-Formen. Es ist der Buchwert ausgehend von den tatsächlichen Anschaffungs- und Herstellungskosten abzüglich der bis zum Bilanzstichtag angefallenen Abschreibungen zu ermitteln. In den neuen Bundesländern werden die baulichen Anlagen mit den Wiederherstellungs- oder Wiederbeschaffungskosten abzüglich eines Wertabschlags für die bisherige Nutzung bewertet. Der Wert für unterlassene Instandhaltungen und notwendige Großreparaturen ist ebenfalls vom Zeitwert abzusetzen. Weicht der Verkehrswert vom auf diese Art ermittelten Zeitwert ab, dann darf auch der Verkehrswert angesetzt werden.

10.2.5 Wohngebäude

Die **Wohnung des Unternehmers** und die **Austragswohnung** gehörten in der Land- und Forstwirtschaft steuerlich zum notwendigen Betriebsvermögen. Nach einer Gesetzesänderung ist die Wohnung des Landwirts seit dem 1. 1. 1987 als Privatgut zu behandeln.

Um aber Härten in der Besteuerung zu vermeiden, lässt der Gesetzgeber für bereits vorhandene Wohnhäuser eine zwölfjährige Übergangsfrist zu. Innerhalb dieser Frist kann der Landwirt selbst entscheiden, ob er das Wohnhaus weiterhin im Betriebsvermögen belässt oder es steuerfrei ins Privatvermögen überführt.

Bei einer Entnahme während des Wirtschaftsjahres sind die Aufwendungen einschließlich der AfA zeitanteilig auf den betrieblichen und den privaten Bereich aufzuteilen. Nach dem 31. 12. 1998 sind die selbst genutzten Wohnhäuser aus dem Betriebsvermögen steuerfrei ins Privatvermögen zu überführen.

Selbst genutzte Wohnhäuser, für die der Bauantrag nach dem 31. 12. 1986 gestellt wurde, können nicht mehr als Betriebsvermögen bilanziert werden; sie sind von Anfang an Privatgut.

Zu der Bilanzposition »Wohngebäude« gehören mit den beschriebenen Einschränkungen auch Wohnungen für Mitarbeiter des Betriebes. Landarbeiterwohnungen müssen bilanziert werden, wenn sie betrieblichen Zwecken dienen.

Werden sie nicht mehr durch Mitarbeiter des Betriebes bewohnt oder anderweitig betrieblich genutzt, dann können sie weiterhin als gewillkürtes Betriebsvermögen geführt werden. Die Beibehaltung als gewillkürtes Betriebsvermögen ist auch bei einer Vermietung möglich,

10.2.6 Wirtschaftsgebäude

Ein Gebäude ist ein Bauwerk auf eigenem oder fremdem Grund und Boden, das Menschen oder Sachen durch räumliche Umschließung Schutz gewährt, den Aufenthalt von Menschen gestattet, fest mit dem Grund und Boden verbunden, von einiger Beständigkeit und standfest ist. Es ist zwischen selbstständigen und unselbstständigen Gebäudebestandteilen zu unterscheiden.

Unselbstständig sind die Gebäudebestandteile, die mit dem Gebäude selbst in einem einheitlichen Nutzungs- und Funktionszusammenhang stehen. Es sind dies Einrichtungen, die der eigentlichen Benutzung des Gebäudes dienen. Sie bilden mit dem Gebäude eine Einheit und sind damit auch unbewegliche Wirtschaftsgüter, mit dem Gebäude zu bilanzieren und wie dieses abzuschreiben.

Werden **unselbstständige Gebäudeteile** ersetzt, dann sind sie als Unterhalt zu behandeln und nicht zu aktivieren. Beispiele für unselbstständige Gebäudeteile sind Beheizungs-, Beleuchtungs- und Entwässerungsanlagen sowie Wasch- und Toiletteneinrichtungen.

Selbstständig sind Gebäudeteile dann, wenn sie für besondere betriebliche Zwecke vorgesehen sind. Sie stehen auch im Zusammenhang mit einem Gebäude, dienen aber speziellen Zwecken. Sie stehen in einem von der eigentlichen Gebäudenutzung verschiedenen Nutzungs- und Funktionszusammenhang. Selbstständige Gebäudeteile werden als eigene Wirtschaftsgüter behandelt, selbstständig bilanziert und unabhängig vom Gebäude abgeschrieben.

Bei den **selbstständigen Gebäudebestandteilen** unterscheidet man:

- Betriebsvorrichtungen: Es sind meistens Maschinen und maschinenähnliche Vorrichtungen, die zu den beweglichen Anlagegütern gehören.
- Einbauten für vorübergehende Zwecke: Die Einbauten werden entweder vom Steuerpflichtigen für seine eigenen Zwecke oder vom Vermieter für die Zwecke des Pächters vorgenommen.
- Einbauten, die einem schnellen Wechsel des modischen Geschmacks unterliegen, wie Ladeneinbauten und Schaufenster. Sie zählen zu dem unbeweglichen Anlagevermögen.
- Nutzung der Gebäude für unterschiedliche Zwecke: Stehen einzelne Teile eines Gebäudes in unterschiedlichen Nutzungs- und Funktionszusammenhängen, dann bestehen selbstständige Wirtschaftsgüter. So kann ein Gebäude eigenbetrieblich,

fremdbetrieblich sowie zu eigenen oder fremden Wohnzwecken genutzt werden. Es bildet dann jedes Gebäudeteil ein selbstständiges Wirtschaftsgut und die Gebäudeteile sind dem jeweiligen Funktions- und Nutzungsbereich, dem es dient, zuzuordnen.

Dienen einzelne Gebäudeteile verschiedenen Funktionsbereichen, so sind diese anteilig auf die Funktionsbereiche aufzuteilen. Die Aufteilung kann nach dem Flächenanteil der einzelnen Funktionsbereiche erfolgen. Hat ein Gebäude verschiedene Funktions- und Nutzungsbereiche, dann ist auch der zugehörige Grund und Boden aufzuteilen.

Beispiel: In einem einheitlichen Gebäude sind das Wohnhaus als Privatgut und ein Stallgebäude untergebracht. In diesem Fall sind die Räumlichkeiten einschließlich des Grundstücks zwischen dem betrieblichen und dem privaten Bereich abzugrenzen. Sowohl betrieblich und privat kann der Heizraum genutzt werden, der dann bei beidseitiger Nutzung aufgrund der Flächenanteile aufzuteilen ist.

Gebäude sind grundsätzlich nach den **Herstellungskosten** zu bewerten. Wertminderungen, vor allem Abschreibungen, vom Zeitpunkt der Bezugsfertigkeit an bis zum jeweiligen Bilanzstichtag sind abzuziehen. Hinzuzurechnen sind werterhöhende Großreparaturen, Umbauten und Erweiterungsbauten.
Bei der Ermittlung der Herstellungskosten ist zu unterscheiden:

- Gebäude, die in den alten Bundesländern vor dem 21. 6. 1948 angeschafft oder hergestellt wurden,
- Gebäude, die in den neuen Bundesländern vor dem 1. 7. 1990 angeschafft oder hergestellt wurden,
- Gebäude, die nach dem 21. 6. 1948 bzw. nach dem 1. 7. 1990 angeschafft oder hergestellt wurden.

In den alten Bundesländern vor dem 21. 6. 1948 hergestellte Gebäude

Bei Gebäuden, die bereits vor dem 21. 6. 1948 hergestellt wurden, ist der Buchwert nach dem DM-Eröffnungsbilanzgesetz (DMBG) abzuleiten. Der Wert nach dem DM-Eröffnungsbilanzgesetz ist um die Abschreibungen zu mindern und um die Zugänge aus den nachträglichen Herstellungskosten zu erhöhen. Die Abschreibung beginnt für diese Altgebäude unabhängig vom tatsächlichen Herstellungsdatum immer am 21. 6. 1948. Der jährliche Abschreibungssatz betrug für diese nach dem DM-BG bewerteten Gebäude bis einschließlich zum Wirtschaftsjahr 1963/64 nur 1 %. Ab dem Wirtschaftsjahr 1964/65 wurde der AfA-Satz auf 2 % (hergestellt nach dem 31. 12. 1924) bzw. 2,5 % (hergestellt vor dem 1. 1. 1925) angehoben.

Der **Gebäudegesamtwert** zum 21. 6. 1948 errechnet sich nach dem DM-Eröffnungsbilanzgesetz mit einem bestimmten Prozentsatz des damals maßgeblichen Einheitswertes. Der für 1948 zutreffende Einheitswert wird auf Antrag vom zuständigen Finanzamt kostenlos mitgeteilt.

Der Gesamtwert der Gebäude setzt sich im Einzelnen zusammen aus:
- dem Einheitswert der landwirtschaftlichen Nutzung multipliziert mit einem bestimmten Prozentsatz,
- dem Einheitswert Forst multipliziert mit einem bestimmten Prozentsatz,
- dem Einheitswert Gemüsebau mal 20%,
- dem Einheitswert sonstige Betriebe mal 30%.

Bei der landwirtschaftlichen Nutzung hängt die Höhe des Prozentsatzes vom Hektarsatz der landwirtschaftlichen Nutzfläche ab und beträgt:

Hektarsatz der LN	Anteil des Gebäudewerts am landwirtschaftlichen Einheitswert
über 3000	40%
2501–3000	45%
2001–2500	50%
1601–2000	55%
1201–1600	60%
801–1200	65%
bis 800	70%

Die Prozentsätze zur Berechnung des Gebäudeteils für den Wald richten sich nach der Waldfläche. Sie betragen bei einer
- Waldfläche bis 300 ha: 15% des Einheitswertes Forst, höchstens 25 000 DM,
- Waldfläche von 301–1000 ha: 15% des Einheitswertes Forst, höchstens 40 000 DM,
- Waldfläche über 1000 ha: 5% des Einheitswertes Forst.

Der Gebäudegesamtwert ist auf die einzelnen Gebäude aufzuteilen. Die Aufteilung kann mit den Stammversicherungswerten aus der Brandversicherungsurkunde vorgenommen werden. Die alten Brandversicherungsurkunden sind oftmals nicht mehr vorhanden. Das Finanzamt akzeptiert dann auch die Aufteilung auf die damals vorhandenen Gebäude aus der Erinnerung.

Beispiel zur Berechnung des Gebäudegesamtwertes für die am 21. 6. 1948 vorhandenen Gebäude:

a) Für 1948 gültiger Einheitswert

Hektarsatz der LN:	1 500 DM
Einheitswert der LN:	63 084 DM, bei 42,056 ha LN
Einheitswert Forst:	1 800 DM, bei 5,5048 ha Wald

b) Berechnung des Gebäudehöchstwertes 1948

60% von 63 084 DM Einheitswert der LN	=	37 850,40 DM
15% von 1 800 DM Einheitswert Forst	=	270,00 DM
Gebäudegesamtwert	=	38 120,40 DM

Der Wert aller am 21. 6. 1948 vorhandenen Gebäude ist also 38 120,40 DM. Dieser Betrag muss auf die einzelnen damals vorhandenen Gebäude aufgeteilt werden. Für die Zuteilung können, soweit vorhanden, die Brandversicherungswerte verwendet werden.

c) Stammversicherungssummen aus der Brandversicherungsurkunde

Wohnhaus:	14 000 DM,	wurde ins Privatvermögen überführt
Rindviehstall:	16 000 DM,	seit 1983 Kälberaufzuchtstall
Schweinestall:	8 500 DM,	wurde 1980 abgebrochen
Stadel:	6 500 DM,	als Getreidelager genutzt
Scheune:	7 900 DM,	1962 abgebrochen
gesamt:	52 900 DM	

d) Aufteilung des Gebäudehöchstwertes
Die Aufteilung erfolgt nach dem Verhältnis des Gebäudehöchstwertes zur Stammversicherung: 38 120/52 900 DM × 100 = 72,06%

Wohnhaus:	72,06% von	14 000 DM =	10 088 DM Gebäudewert
Rindviehstall:	72,06% von	16 000 DM =	11 530 DM Gebäudewert
Schweinestall:	72,06% von	8 500 DM =	6 125 DM Gebäudewert
Stadel:	72,06% von	6 500 DM =	4 684 DM Gebäudewert
Scheune:	72,06% von	7 900 DM =	5 693 DM Gebäudewert
gesamt		52 900 DM	38 120 DM

Die auf diese Art festgestellten Gebäudewerte sind die fiktiven Anschaffungspreise, die dann ausgehend vom 21. 6. 1948 abgeschrieben werden. Gebäude, die nach 1948 abgerissen wurden, werden in der Bilanz nicht mehr erfasst. Ab dem Wirtschaftsjahr 2001/2002 sind die DM-Beträge in Euro umzurechnen.

In den neuen Bundesländern vor dem 1. 7. 1990 hergestellte Gebäude
Die in den neuen Bundesländern vor dem 1. 7. 1990 hergestellten Gebäude sind mit den Wiederherstellungskosten oder mit den Wiederbeschaffungskosten unter Berücksichtigung des Wertabschlags für die zwischenzeitliche Nutzung zu bewerten. Als Nutzungsdauer sind bei herkömmlich errichteten Gebäuden 100 Jahre und bei Plattenbauweise 60 Jahre anzunehmen, soweit nach den tatsächlichen Verhältnissen von keinem kürzeren Nutzungszeitraum auszugehen ist (BMF-Schreiben vom 21. 7. 1994).

Sie sind also mit dem geschätzten Neuwert abzüglich der Wertminderungen in die Bilanz aufzunehmen. Für unterlassene Instandhaltung und für Großreparaturen können statt eines Wertabschlags auch Rückstellungen hierfür in der Bilanz angesetzt werden.

Als Zeitwert kann auch der Verkehrswert angesetzt werden. Die nach dem DM-BilG festgestellten Werte sind in der Folgezeit als Anschaffungs- oder Herstellungskosten zu verwenden.

Beispiel: Ein Wirtschaftsgebäude im Eigentum eines Betriebes wird aufgrund des umbauten Raumes und des Preises je Kubikmeter oder je Quadratmeter auf 200000 DM Wiederherstellungskosten geschätzt. Es war am 1. 7. 1990 20 Jahre alt. Die Nutzungsdauer ist nach den tatsächlichen Verhältnissen mit 50 Jahren bzw. der jährliche AfA-Betrag mit 2% anzusetzen. Bis zum 1. 7. 1990 beträgt die AfA-Summe 80000 DM und der Restwert 120000 DM. Für anstehende Großreparaturen und für das Zurückbleiben hinter dem technischen Fortschritt werden 50000 DM angesetzt.

Die fiktiven Herstellungskosten betragen dann am 1. 7. 1990 gleich 70000 DM. Daraus wird dann die jährliche AfA in Höhe von 4% (entspricht 25 Jahre Restnutzungsdauer) berechnet. Der Buchwert dieses Gebäudes ist dann am 1. 7. 2001: 70000 DM – (11 Jahre × 2800 DM/Jahr) = 39200 DM; das entspricht gerundet 20043 €.

Neu erstellte Gebäude

Nach dem 21. 6. 1948 und in den neuen Bundesländern nach dem 30. 6. 1990 erstellte Gebäude sind mit den tatsächlichen Herstellungskosten zu erfassen. Soweit die tatsächlichen Herstellungskosten nicht mehr bekannt sind, dürfen ausnahmsweise auch Schätzungen vorgenommen werden.

Ein zeitaufwändiges Schätzverfahren ist es, den umbauten Raum festzustellen und mit den Kubikmeterpreisen des Herstellungsjahres zu multiplizieren, um zu den Herstellungskosten zu kommen. Dieses Verfahren können die Finanzämter zur Überprüfung des im Folgenden beschriebenen einfachen Schätzverfahrens anwenden.

Einfacher und damit in der Praxis meistens angewandt ist es, die Herstellungskosten mit der Stammversicherungssumme multipliziert mit dem Bauindex zu errechnen. Der Stammversicherungswert ist der Brandversicherungsurkunde zu entnehmen und entspricht dem Baupreis im Jahr 1914. Der Bauindex drückt aus, um wie viel mal teurer seit 1914 die Baupreise geworden sind. Er kann für das jeweils zutreffende Jahr nach den Bauindizes des Statistischen Bundesamtes oder der Brandversicherungskammern geschätzt werden (Tabelle 30).

Anmerkung: Bis einschließlich dem Kalenderjahr 2001 gelten die Richtzahlen auf DM-Basis; die Stammversicherung ist mit der Richtzahl zu multiplizieren und auf € umzurechnen. Ab dem 1. 1. 2002 ist die Richtzahl mit Umrechnungsfaktor 1,95583 auf €-Basis ausgewiesen. Der so geschätzte Herstellungswert beinhaltet noch die im jeweiligen Baujahr gültige Umsatzsteuer und die eigene Arbeitsleistung. Bei den nach dem 31. 12. 1967 angeschafften oder hergestellten Wirtschaftsgebäuden gehört die

Tabelle 30: Bauindizes für Gebäude (1914 = 100)

Bauindizes des Statistischen Bundesamtes
(Basis 1914 = 100, gelten für Wohn- und Wirtschaftsgebäude)

1914	100,0	1948	263,1	1949	245,9	1950	234,4
1951	271,3	1952	289,2	1953	279,6	1954	280,9
1955	296,2	1956	303,8	1957	314,6	1958	324,8
1959	342,0	1960	367,5	1961	395,5	1962	428,0
1963	450,2	1964	471,3	1965	491,1	1966	507,0
1967	469,2	1968	517,2	1969	546,8	1970	636,9
1971	702,7	1972	750,2	1973	805,3	1974	863,9
1975	884,4	1976	915,0	1977	959,3	1978	1018,6
1979	1108,0	1980	1226,8	1971	1298,1	1982	1335,5
1983	1363,7	1984	1397,4	1985	1404,5	1986	1425,3
1987	1453,8	1988	1485,7	1989	1539,1	1990	1633,4
1991	1746,7	1992	1858,7	1993	1950,4	1994	1997,1
1995	2044,0	1996	2040,5	1997	2025,2	1998	2018,4
1999	2010,8	2000	2017,0	2001	2013,9	2002	2013,9
2003	2015,9	2004	2042,2	2005	2060,4		

Baukostenindizes der Bayerischen Versicherungskammer (Basis 1914 = 100)

ab Datum	Richtzahl	ab Datum	Richtzahl	ab Datum	Richtzahl
1. 1. 1948	2,5	1. 2. 1949	3,0	15. 10. 1949	2,7
1. 3. 1950	2,6	15. 5. 1951	2,9	1. 12. 1951	3,4
1. 8. 1955	3,7	1. 9. 1956	3,8	1. 8. 1958	4,0
1. 8. 1960	4,4	1. 9. 1961	4,8	1. 6. 1962	5,2
1. 7. 1963	5,5	1. 7. 1964	5,8	1. 7. 1965	6,0
1. 7. 1969	6,6	1. 7. 1970	7,5	1. 7. 1971	8,5
1. 7. 1972	9,6	1. 7. 1973	10,5	1. 7. 1974	11,4
1. 7. 1977	11,8	1. 7. 1978	12,3	1. 7. 1979	13,3
1. 10. 1980	14,7	1. 10. 1981	15,3	1. 10. 1982	15,8
1. 10. 1983	16,3	1. 10. 1984	16,8	1. 10. 1986	17,3
1. 10. 1989	18,6	1. 10. 1990	20,0	1. 10. 1991	22,0
1. 10. 1992	23,7	1. 10. 1993	24,4	1. 10. 1994	24,4
1. 10. 1995	25,1	1. 10. 1996	25,8	1. 10. 1997	25,8
1. 10. 1998	25,8	1. 10. 1999	25,8	1. 10. 2000	25,8
1. 10. 2001	25,8	1. 1. 2002	13,1914 €	2003	13,3
2004	13,3	2005	13,5		

Umsatzsteuer nicht zu den Anschaffungs- oder Herstellungskosten. Es ist daher von den Bruttobeträgen die im Herstellungsjahr gültige Umsatzsteuer herauszurechnen.

Die herauszurechnenden Vorsteuersätze sind:
1. 1. 1968 bis 30. 6. 1968: 10%,
1. 7. 1968 bis 31. 12. 1977: 11%,

1. 1. 1978 bis 30. 6. 1979: 12 %,
1. 7. 1979 bis 30. 6. 1983: 13 %,
1. 7. 1983 bis 30. 12. 1992: 14 %,
1. 1. 1993 bis 30. 3. 1998: 15 %,
1. 4. 1998: 16 %,
1. 1. 2007: 19 %.

Auch die eigene Arbeitsleistung des Landwirts und seiner nicht entlohnten Familienangehörigen gehört nicht zu den Herstellungskosten. Es können hierfür, soweit keine andere Sachbehandlung geboten ist, mind. 10% vom Netto-Baupreis abgezogen werden.

Beispiel: Der Landwirt Portner stellte zum 1. 5. 1982 ein Stallgebäude fertig. Die Herstellungskosten sind nicht mehr bekannt und sollen daher geschätzt werden, verwendet werden die Bauindizes des Statistischen Bundesamtes

Stammversicherungssumme	21 000 DM
Bauindex für 1982	1 335,5
Herstellungswert einschließlich Umsatzsteuer	280 455 DM
Vorsteuer 13% (280 455/113% × 13%)	32 264 DM
Netto-Baupreis	248 191 DM
abzüglich 10% eigene Arbeitsleistung	24 819 DM
geschätzte Herstellungskosten	223 372 DM
in Euro (gerundet)	114 208 €

Im Beispiel errechnen sich also die Herstellungskosten zum 1. 5. 1982 mit 223 372 DM bzw. 114 208 €. Davon sind dann die Abschreibungen abzuziehen, um den Buchwert zum Bilanzstichtag zu erhalten.

10.2.7 Betriebsvorrichtungen

Betriebsvorrichtungen sind alle Vorrichtungen einer Betriebsanlage, die mit dem Betrieb so eng verbunden sind, dass dieser unmittelbar mit ihnen betrieben wird.

Zu den Betriebsvorrichtungen gehören nicht nur maschinenähnliche Vorrichtungen, sondern alle Vorrichtungen, mit denen ein Gewerbe unmittelbar betrieben wird. Das können auch selbstständige Bauwerke oder Teile von Bauwerken sein. Sie sind insbesondere von den Gebäuden und den baulichen Anlagen abzugrenzen. Bauwerke, bei denen sämtliche Begriffsmerkmale eines Gebäudes vorliegen, sind keine Betriebsvorrichtungen.

Zu den Betriebsvorrichtungen gehören z. B.: Abferkelbuchten, Anbindevorrichtungen, Entmistungsanlagen, Flüssigfütterungen, Fressstände, Futtermischanlage,

Legebatterien, Melkanlage, Milchkühlung, Rohrleitungen, Gülleanlage (soweit nicht bauliche Anlage), Hochsilo, Fahrsilo (soweit nicht bauliche Anlage), Heugreifer, Schrotmühle, Saatgutreinigung und Waage.

Hinsichtlich der Bewertung und Bilanzierung gelten die allgemeinen Bewertungsvorschriften (siehe die folgende Position »Maschinen und Geräte«).

10.2.8 Maschinen und Geräte

Maschinen und **Geräte** sind mobil und kein wesentlicher Bestandteil eines Gebäudes. Darunter fallen alle Maschinen einschließlich Traktoren und Geräten der Außenwirtschaft sowie die »voll mobilen« Maschinen und Geräte der Innenwirtschaft.

Maschinen und auch die Betriebsvorrichtungen sind mit den tatsächlichen Anschaffungspreisen ohne die Umsatzsteuer abzüglich der Abschreibungen zu bilanzieren. Bei einer voraussichtlich dauerhaften Wertminderung ist der Teilwert anzusetzen. Nachträgliche Herstellungskosten, die bei Maschinen nur selten vorkommen, erhöhen den Buchwert.

Soweit bei älteren Vorrichtungen der Preis nicht mehr bekannt ist, ist er mit Preislisten oder Rückfragen bei Händlern möglichst wirklichkeitsnah zu schätzen. Die Preise dürfen nicht durch die Anrechnung von Altmaschinen im Kaufpreis gemindert werden.

Beispiel: Kauf und Verkauf eines Mähdreschers bei einem zur Umsatzsteuer pauschalierenden Landwirt

Rechnungsbetrag des neuen Mähdreschers	100 000 €
Mehrwertsteuer 16 %	16 000 €
Verkaufspreis des alten Mähdreschers	30 000 €
Mehrwertsteuer 9 %	2 700 €
vom Landwirt noch zu zahlen	83 300 €

Im Beispiel ist der neue Mähdrescher mit 100 000 € zu bilanzieren, die Mehrwertsteuer von 16 000 € ist eine Betriebsausgabe und der Brutto-Verkaufspreis von 32 700 € ist eine Betriebseinnahme. Zusätzlich wird der verkaufte Mähdrescher in Höhe seines Buchwertes aus der Bilanz genommen.

10.2.9 Stehendes Holz (Bestockung)

Eine jährliche Bestandsaufnahme ist beim stehenden Holz praktisch kaum durchführbar und ist auch vom Steuerrecht her nicht vorgeschrieben. Auf die Aktivierung des stehenden Holzes dürfen sowohl Einzelunternehmen als auch Personengesellschaften verzichten (§ 141 Absatz 1 AO).

Diese Vereinfachungsregelung dürfen auch Kapitalgesellschaften und Genossenschaften anwenden, wenn sich deren Betrieb auf die Land- und Forstwirtschaft beschränkt oder die Land- und Forstwirtschaft als organisatorisch selbstständiger Teil geführt wird.

Das stehende Holz ist ein selbständiges bewertungsfähiges Wirtschaftsgut. Es gehört zum nicht abnutzbaren Anlagevermögen. Es kann daher auch nicht abgeschrieben werden. Die Finanzverwaltung lies aber für WJ, die vor dem 1. 1. 1999 begannen, für das stehende Holz eine jährliche Waldwertminderung von 3% von den Anschaffungs- oder Erstaufforstungskosten zu, die sich gewinnmindernd ausgewirkt hat. Diese Waldwertminderung ist ab dem WJ 1999/2000 bzw. dem Kalenderjahr 1999 nicht mehr zulässig. Wurde die Waldwertminderung genutzt, so bleibt der zum Beginn des WJ 1999/2000 vorhandene Buchwert, der sich aus den Anschaffungs- oder Herstellungskosten abzüglich der Waldwertminderungen ergibt, bestehen.

Zur Bewertung des stehenden Holzes können folgende Regelungen genutzt werden:

- Stehendes Holz, das bereits am 21. 6. 1948 zum Betrieb gehörte, ist mithilfe des damals gültigen Einheitswertes für den Wald zu bewerten. Dazu ist der Einheitswert des Forstes um 15% für den Gebäudeanteil und um 5% für Maschinen- und Geräteanteil zu kürzen. Der verbleibende Betrag ist dann auf den Boden und auf das stehende Holz aufzuteilen. Dabei kann der Bodenanteil am Einheitswert bei Betrieben mit nicht mehr als 500 ha Forstfläche mit pauschal 90 DM/ha angesetzt werden (EKSt-Kartei OFD München und Nürnberg, § 13, Karte 20.4).

Beispiel zur Bewertung des stehenden Holzes von 5,50 ha Wald:

Einheitswert Forst	1800 DM
abzüglich 20% Anteil für Gebäude und Maschinen	360 DM
abzüglich Bodenanteil 5,5048 ha × 90 DM/ha	495 DM
Bilanzwert des stehenden Holzes	945 DM

Der Wert von 945 DM ist in die Bilanz einzustellen und ab 2001/2002 in Euro umzurechnen.

- Nach dem 20. 6. 1948 käuflich erworbenes, stehendes Holz ist mit den tatsächlichen Anschaffungskosten zu bilanzieren.

Beispiel: Es werden nach 1970 3,61 ha einschließlich aller Nebenkosten für 162 000 DM gekauft. Von diesem Kaufpreis entfallen schätzungsweise auf den Aufwuchs 104 240 DM. Dieser Wert ist unter der Bilanzposition »Stehendes Holz« aufzunehmen.

- Erstaufforstungskosten dürfen bei einem Betrieb mit einer bereits vorhandenen Waldfläche nur dann bilanziert werden, wenn die Aufforstung zu einer erheblichen Mehrung des Waldbestandes führt. Hatte der Betrieb bislang keine Waldflächen, dann sind Aufforstungskosten stets in die Bilanz aufzunehmen.
- Wiederaufforstungskosten, das heißt, die Wiederbepflanzung von bisherigen Waldflächen, dürfen nicht aktiviert werden. Die Aufwendungen hierfür sind im Jahr des Anfalls Betriebsausgaben.
- Soweit zur Bewertung keine betriebsindividuellen Werte vorliegen, können die Richtsätze der Tabelle 31 genommen werden.

Tabelle 31: Richtwerte für die Bewertung (in DM/ha) von stehendem Holz (BMELV-Jahresabschluss)

Baumart	Alter	Wert	
		Euro	DM
Fichte, Douglasie	unter 20 Jahre	2800	5500
	20 bis unter 40 Jahre	3600	7000
	40 Jahre und älter	10200	20000
Kiefer, Buche	unter 40 Jahre	3600	7000
	40 bis unter 60 Jahre	4300	8500
	60 Jahre und älter:		
	Buche 1. und 2. Bonität	9500	18500
	Kiefer und restliche Bonitäten Buche	6600	13000
Eiche	unter 40 Jahre	3600	7000
	40 bis unter 60 Jahre	4300	8500
	60 Jahre und älter:		
	1. und 2. Bonität	17900	35000
	restliche Bonitäten	9500	18500

10.2.10 Dauerkulturen

Dauerkulturen werden einmal angelegt und bringen dann über mehrere Jahre hinweg jährlich Erträge, die zum Verkauf oder zur Verarbeitung bestimmt sind.

Dazu gehören unter anderem Hopfen-, Reb-, Spargel- und Obstanlagen, weiterhin Beerensträucher und Erdbeeranlagen mit mehrmaligem Ertrag. Dauerkulturen zählen zu den beweglichen Wirtschaftsgütern des Anlagevermögens. Sie sind mit den Anschaffungs- oder Herstellungskosten zu aktivieren und über die betriebsgewöhnliche Nutzungsdauer abzuschreiben.

Aus Vereinfachungsgründen kann auf die Aktivierung der Pflege- und Gemeinkosten, die zwischen dem Anlegen bis zur Fertigstellung anfallen, verzichtet werden.

Aktivierungspflichtige Herstellungskosten sind insbesondere: Bodenvorbereitung, Vorratsdüngung, Jungpflanzen, Gerüste, Pfähle, Bindematerial, Veredelungskosten und Umzäunungen.

Die Abschreibungen beginnen bei Dauerkulturen mit der Fertigstellung. Sie sind fertig gestellt, wenn sie entsprechend ihrer Zweckbestimmung genutzt werden können. Das ist z. B. bei Hopfen und Spargel im 2. Jahr nach der Anpflanzung.

Da die Herstellungskosten in der Praxis oft nur schwer zu ermitteln sind, gibt das BMELV **Durchschnittswerte** heraus (Heft 88, Schriftenreihe des HLBS).

10.2.11 Anzahlungen und Anlagen im Bau

Mit der Position **»Geleistete Anzahlungen und Anlagen im Bau«** sind alle Aufwendungen für aktivierungspflichtige Anlagen zu erfassen, die noch nicht geliefert oder fertig gestellt sind. Diese Position wird nicht weiter nach den Anlagegruppen aufgegliedert.

Nach der Lieferung oder Fertigstellung erfolgt durch eine Umbuchung die endgültige Zuordnung zu der betreffenden Anlageposition. Abschreibungen sind für Anzahlungen und für Anlagen im Bau normalerweise nicht möglich.

10.3 Finanzanlagen

Finanzanlagen sind langfristig außerhalb des Unternehmens eingesetzte Kapitalwerte, z. B. Kapitaleinlagen in Kapital- oder Personengesellschaften. In der Landwirtschaft haben Finanzanlagen keine große Bedeutung.
Die Finanzanlagen werden bilanzmäßig untergliedert in:

- *Anteile an verbundene Unternehmen:* Dies sind Anteile an Unternehmen, zu denen ein Mutter-Tochter-Verhältnis besteht, wenn eine einheitliche Leitung besteht oder bestimmte Rechtspositionen zugunsten des Mutterunternehmens, wie die Mehrheit der Stimmrechte, vorliegen.
- *Ausleihungen an verbundene Unternehmen:* Dies sind Finanz- oder Kapitalausleihungen an Unternehmen, mit denen ein Mutter-Tochter-Verhältnis besteht. Aus der Sicht des ausleihenden Unternehmens besteht eine Forderung.
- *Beteiligungen:* Es sind dies Anteile an anderen Unternehmen, um durch diese dauernde Verbindung dem eigenen Unternehmen zu dienen. Es können Kommanditeinlagen, GmbH-Anteile, Anteile an einer Personengesellschaft oder auch Aktien sein. Für das Vorliegen von Beteiligungen ist entscheidend, ob die Kapitaleinlage einem Gesellschaftsrecht durch die Gewährung von Kontroll- und Mitspracherechten vergleichbar ist.
- *Geschäftsguthaben bei Genossenschaften:* In der Landwirtschaft sind Genossenschaftsanteile sehr weit verbreitet. Beispiele dafür sind die Geschäftsguthaben (Anteile) bei den Raiffeisenbanken, den Molkerei-, den Brennerei-, den Vieh-,

den Obst- und Gemüseverwertungsgenossenschaften. Zu aktivieren sind die eingezahlten Beträge (Anschaffungskosten).
In den neuen Bundesländern ist anstelle der Anschaffungskosten der Betrag auszuweisen, der dem anteiligen Eigenkapital in der DM-Eröffnungsbilanz der beteiligten Genossenschaft entspricht.

- *Wertpapiere des Anlagevermögens:* Hier sind Aktien, Anleihen, Genussscheine, Inhaberschuldverschreibungen und auch Pfandbriefe zu erfassen. Damit Wertpapiere in die Bilanz des Betriebes aufgenommen werden dürfen, müssen sie dazu bestimmt sein, dem Betrieb auf Dauer zu dienen. Eindeutig ist das bei Aktien der Fall, die wegen bestimmter Lieferrechte erworben werden, wie Aktien von Zuckerfabriken, von Müllereien oder von Fleischfirmen.
  Nicht mehr eindeutig ist die dienende Funktion zum Betrieb erkennbar, wenn landwirtschaftsfremde Wertpapiere zur Liquiditätssicherung des Betriebes angeschafft werden. In solchen Fällen, wie VW-Aktien oder Pfandbriefe, wird es sinnvoller sein, diese schon allein wegen des Sparerfreibetrags als Privatvermögen zu behandeln und nicht in der Bilanz auszuweisen.
- *Sonstige Ausleihungen:* Diese Position spielt in üblichen landwirtschaftlichen Betrieben kaum eine Rolle. Es sind hier Darlehensgewährungen durch den Betrieb an Dritte aufzunehmen. Ein Beispiel dafür ist, wenn der Betrieb einem Mitarbeiter ein langfristiges Darlehen, z. B. für den Hausbau, gewährt. Bilanziert werden die Ausleihungen mit dem Ausgabebetrag abzüglich der Tilgungen.

10.4 Das Tiervermögen

10.4.1 Allgemeines zur Tierbewertung

Das **Tiervermögen** ist teils dem Anlagevermögen und teils dem Umlaufvermögen zuzuordnen.

Zum Anlagevermögen gehören die Tiere, die nach ihrer Fertigstellung nicht zum sofortigen Verkauf vorgesehen sind. Nach ihrer Natur und Zweckbestimmung sind sie dafür bestimmt, dem Betrieb über einen längeren Zeitraum zu dienen. Sie bringen während ihres Verbleibs auf dem Betrieb dauernd land- und forstwirtschaftliche Erzeugnisse hervor und werden durch den Produktionsprozess nicht verbraucht. Es sind das z. B. Milchkühe, Zuchtsauen, Legehennen, Mutterschafe und männliche Zuchttiere.

Würden die Tiere als Anlagevermögen in der Bilanz ausgewiesen, so brächte dies buchungstechnisch deutliche Mehraufwendungen. Jede Milchkuh, jede Zuchtsau oder jedes Tier zur Nachzucht müsste mit einer Inventarnummer im Tierverzeichnis erfasst und fortgeschrieben werden. Beim Abgang eines Tieres müsste dafür die Inventurnummer gesucht und aus dem Inventarverzeichnis ausgebucht werden.

Im Unterschied dazu gehören die zum Verbrauch oder Verkauf bestimmten Tiere zum Umlaufvermögen. Es kommt dabei nicht auf die *Haltungsdauer* der Tiere im Betrieb an, sondern auf deren *Zweckbestimmung*. Masttiere sind aufgrund dieser Umschreibung immer dem Umlaufvermögen zuzuordnen.

Schwierigkeiten bereitet die Zuordnung der Tiere zum Umlauf- oder Anlagevermögen während der Aufzuchtphase. Es ist in der Aufzuchtzeit nicht immer geklärt, welcher Zweckbestimmung das Tier nach der Fertigstellung zugeführt wird. Die Zuordnung kann nach den Grundsätzen des Anscheinbeweises vorgenommen werden. Danach wird die Zuordnung zum Anlage- oder Umlaufvermögen nach der bisherigen oder der voraussichtlichen überwiegenden Zweckbestimmung der Aufzuchttiere entschieden.

Bei einem Ferkelerzeugerbetrieb werden z. B. mit eigener Bestandsergänzung alle Ferkel zunächst dem Umlaufvermögen zugerechnet, weil die Zweckbestimmung Mast überwiegt. Erst wenn selektiert ist, kommen die zur Nachzucht bestimmten Tiere zum Anlagevermögen.

In Milchkuhbetrieben ist eine andere Vorgehensweise gerechtfertigt. Die Bullenkälber sind bis zum Verkauf oder bis zur Ausmast Umlaufvermögen. Die Kuhkälber sind zunächst Anlagevermögen, da die Zweckbestimmung der Zuchtverwendung überwiegt. Erst nach der Selektion erfolgt die Zuordnung der für die Mast vorgesehenen weiblichen Jungtiere zum Umlaufvermögen, während die Tiere zur Bestandsergänzung beim Anlagevermögen bleiben.

Um die buchungstechnischen Mehraufwendungen und die Abgrenzungsschwierigkeiten zu umgehen, werden die Tiere als **Sonderposten Tiervermögen** zwischen dem Anlage- und Umlaufvermögen ausgewiesen. Der Sonderposten Tiervermögen gilt für alle land- und forstwirtschaftlichen Betriebe unabhängig von der Rechtsform und auch unabhängig davon, ob sie als gewerblich eingestuft sind. Wegen des Ausweises als Sonderposten Tiervermögen sind die Vorgänge in der Tierhaltung buchungstechnisch wie Umlaufvermögen zu behandeln. Die Tierverkäufe sind in der Gewinn- und Verlustrechnung als Umsatzerlöse und die Tiereinkäufe als Materialaufwand zu verbuchen. Am Ende des Geschäftsjahres werden im Rahmen der Abschlussarbeiten die Bestandsänderungen festgestellt, die als Mehrung oder Minderung des Tierbestands in der GuV erscheinen.

Betriebe mit der Überschussrechnung nach § 4 Abs. 3 EStG haben eine Aufteilung der Tiere in Anlage- und Umlaufvermögen vorzunehmen. Die Tiere des Anlagevermögens sind in einem eigenen Verzeichnis aufzunehmen und die Bestandsänderungen sind während des Wirtschaftsjahres in die Einnahmen-/Ausgabenrechnung zu übertragen. Für die Tiere des Umlaufvermögens gilt das Zufluss- und Abflussprinzip.

Die im folgenden beschriebenen Viehbewertungsgrundsätze gelten für die Betriebe, die ihren Gewinn nach dem Vermögensvergleich oder mit der Überschussrechnung ermitteln. Die Regelungen treffen für Einzelunternehmen, Personengesellschaften, Kapitalgesellschaften und Genossenschaften zu. Sie gelten auch für Betriebe, die Einkünfte aus einem Gewerbebetrieb erzielen.

10.4.2 Bewertung der Tiere für Wirtschaftsjahre, die nach dem 31.12.1994 enden

Für die Viehbewertung sind als Bewertungsmethoden die Einzel- und die Gruppenbewertung erlaubt. Für beide Methoden sind folgende **Wertermittlungsverfahren** zulässig:

- betriebsindividuelle Wertermittlung,
- Werte aus vergleichbaren Musterbetrieben,
- Richtwerte der Finanzverwaltung.

Diese Wertermittlungsverfahren gelten sowohl für die Anschaffungs- oder Herstellungskosten als auch für die Schlachtwerte.

Einzelbewertung: Grundsätzlich gilt auch für die Viehbewertung die Einzelbewertung. Das setzt aber voraus, dass für jedes Tier die Anschaffungs- und Herstellungskosten festzustellen sind und jedes Tier im Inventar verfolgt werden kann. Beides ist praktisch nur schwer zu verwirklichen. Daher kommt die Einzelbewertung kaum vor. Vorgeschrieben ist sie für besonders wertvolle Tiere des Anlagevermögens. Dazu gehören Zuchttiere wie Zuchtbullen, Zuchthengste, Zuchteber, Zuchtböcke und weibliche Zuchttiere mit besonders wertvollen Erbeigenschaften sowie Turnier- und Rennpferde. Diese wertvollen Tiere sind mit den Anschaffungs- und Herstellungskosten zu bewerten und über die betriebsgewöhnliche Nutzungsdauer abzuschreiben.

Bei der Abschreibung gilt seit der Neuregelung der Sonderfall, dass sie aus dem Differenzbetrag der Anschaffungs- oder Herstellungskosten abzüglich des Schlachtwertes zu berechnen ist. Ist der Teilwert eines Tieres niedriger als der verbleibende Wert nach Abzug der AfA, so kann der niedrigere Teilwert angesetzt werden.

Bei der Bemessung der AfA kann von folgenden AfA-Sätzen ausgegangen werden: Zuchthengste 20%, Zuchtstuten 10%, Zuchtbullen und Zuchtkühe 33,33%, übrige Kühe 20%, Zuchteber und -sauen 50%, Zuchtböcke und Zuchtschafe 33,33%, Legehennen 75% und Damtiere 10%.

Die Abschreibung beginnt mit der Fertigstellung. Als fertig gestellt gilt ein männliches Tier, wenn es zur Zucht eingesetzt werden kann. Weibliche Zuchttiere sind nach der ersten Geburt fertig gestellt.

Statt betriebsindividueller Werte können bei der Einzelbewertung auch Werte aus vergleichbaren Musterbetrieben oder Richtwerte der Finanzverwaltung angesetzt werden. Werte vergleichbarer Musterbetriebe sind z. B. die Standardherstellungskosten des BMELV. Die von der Finanzverwaltung herausgegebenen Richtwerte können bei Tieren des Umlaufvermögens und bei noch nicht fertig gestellten Tieren direkt zur Tierbewertung verwendet werden. Bei fertig gestellten Tieren des Anlagevermögens ist zusätzlich der Schlachtwert zu berücksichtigen.

Dieser ist entweder betriebsindividuell zu ermitteln, aus vergleichbaren Musterbetrieben zu übernehmen oder es sind die Richtwerte der Finanzverwaltung anzusetzen. Die um den Schlachtwert verminderten Anschaffungs- oder Herstellungskosten sind abzuschreiben. Bei Inanspruchnahme der Sofortabschreibung als geringwertige Wirtschaftsgüter sind die Anschaffungs- oder Herstellungskosten, die vor dem 1.7.2002 enden, vollständig ohne Berücksichtigung eines Restwertes im Jahr des Zukaufs oder der Fertigstellung abzusetzen. Nach dem BFH-Urteil vom 15.2.2001 ist bei Inanspruchnahme der Bewertungsfreiheit grundsätzlich ein Schlachtwert als Mindestwert zu berücksichtigen. Erstmals ist diese Regelung für WJ anzuwenden, die nach dem 30.6.2002 beginnen.

Gruppenbewertung: Die am Bilanzstichtag vorhandenen Tiere können in Gruppen zusammengefasst werden, die nach Tierarten und Altersklassen gebildet sind und mit dem gewogenen Durchschnittswert bewertet werden. Zulässig zur Bewertung sind auch hier betriebsindividuelle Werte, Werte aus vergleichbaren Musterbetrieben und durch die Finanzverwaltung veröffentlichte Richtwerte. Nicht zulässig sind bei der Gruppenbewertung die degressive AfA, die Sonderabschreibungen und die Sofortabschreibung für geringwertige Wirtschaftsgüter.

Sowohl für die Einzel- als auch für die Gruppenbewertung veröffentlicht das Bundesfinanzministerium Richtwerte. Diese sind in der Tabelle 32 aufgelistet. Zusätzlich gab das Bundeslandwirtschaftsministerium Richtwerte für Tiere heraus, die vom BMF nicht berücksichtigt wurden.

Bewertungswahlrecht und Bewertungsstetigkeit: Mit der Neufassung der Tierbewertung wurde es möglich, für jede Tiergruppe eine andere Bewertungsmethode und ein anderes Wertermittlungsverfahren zu wählen. So kann z. B. ein Ferkelerzeuger die Zuchtsauen einzeln bewerten und die Sofortabschreibung für geringwertige Wirtschaftsgüter beanspruchen sowie die Ferkel und Läufer mit den Richtwerten der Finanzverwaltung ansetzen. Es ist aber die einmal gewählte Bewertungsmethode und das Wertermittlungsverfahren für die jeweilige Tiergruppe grundsätzlich beizubehalten. Das gilt auch für die Bestandszugänge. Von diesem Grundsatz darf nur abgewichen werden, wenn sich die betrieblichen Verhältnisse wesentlich geändert haben, z. B. bei einem Strukturwandel. Die strenge Bewertungsstetigkeit wurde durch das BFH-Urteil vom 15.2.2001 durchbrochen. Danach kann von der Gruppenbewertung der Tiere des Anlagevermögens für Neuzugänge eines WJ der jeweiligen Tiergruppe einheitlich zur Einzelbewertung übergegangen werden (BMELV-Schreiben vom 14.11.2001, BStBl. I S. 864).

Steuerfreie Neubewertungsrücklage: Bei der Umstellung der Viehbewertung auf die Neuregelung entsteht im Vergleich zur bisherigen Viehdurchschnittsbewertung in der Regel ein Gewinn. Es ist nicht zu beanstanden, wenn in der Schlussbilanz, in der der Landwirt den gesamten Viehbestand erstmals einheitlich nach der Neuregelung bewertet, eine den steuerlichen Gewinn mindernde Rücklage in Höhe von neun Zehntel des Differenzbetrages zur bisher zulässigen Viehdurchschnittsbewertung bildet.

Die Rücklage ist in den folgenden Jahren jeweils mit mindestens einem Neuntel gewinnerhöhend aufzulösen. Bei der Ermittlung der Rücklage sind Erhöhungs- und Minderbeträge der einzelnen Tiergruppen zu saldieren. Die Rücklagenbildung erfordert also eine Gegenüberstellung des gesamten Tierbestandes nach der bisherigen und der neuen Regelung.

Tabelle 32: Richtwerte der Finanzverwaltung für die Tierbewertung und ergänzende Richtwerte des BMELV

Tierart und Tiergruppe	Anschaffungs-/ Herstellungskosten		Schlachtwert		Gruppenwert	
pro Tier	DM	€	DM	€	DM	€
Pferde[1)]						
Pferde bis 1 Jahr	1600	800			1600	800
Pferde über 1 bis 2 Jahre	2800	1400			2800	1400
Pferde über 2 bis 3 Jahre	4000	2000			4000	2000
Pferde über 3 Jahre	5200	2600	800	400	3000	1500
Rinder						
Mastkälber	550	275			550	275
männliche bis ½ Jahr	400	200			400	200
männliche über ½ bis 1 Jahr	670	335			670	335
männliche über 1 bis 1,5 Jahre	1000	500			1000	500
männliche über 1,5 Jahre	1400	700			1400	700
weibliche bis ½ Jahr	360	180			360	180
weibliche über ½ bis 1 Jahr	600	300			600	300
weibliche über 1 bis 2 Jahre	1000	500			1000	500
Färsen	1500	750			1500	750
Kühe	1600	800	1100	550	1350	675
Schweine						
Ferkel bis 25 kg	60	30			60	30
Läufer bis 50 kg	100	50			100	50
Mastschweine über 50 kg	160	80			160	80
Jungsauen	400	200			400	200
Zuchtsauen	420	210	300	150	360	180
Schafe						
Lämmer bis ½ Jahr	60	30			60	30
Schafe über ½ bis 1 Jahr	100	50			100	50
Jungschafe bis 20 Monate	140	70			140	70
Mutterschafe über 20 Monate	150	75	50	25	100	50
Geflügel						
Aufzuchtküken	2,00	1,00			2,00	1,00
Junghennen	5,90	2,95			5,90	2,95
Legehennen	9,00	4,50	0,80	0,40	4,90	2,45
Masthähnchen	1,30	0,65			1,30	0,65
schwere Mastputen	14,50	7,25			14,50	7,25
Enten	4,50	2,25			4,50	2,25
Gänse	10,60	5,30			10,60	5,30
ergänzende Richtwerte des BMELV						
Jungeber 50–120 kg	180	90			180	90
Zuchteber	970	485	250	125	610	305
Zuchtböcke	350	175	50	25	200	100
Damkälber	90	45			90	45
Damschmaltiere, Spießer	190	95			190	95
Damalttiere	280	140	240	120	260	130
Damhirsche	700	350	400	200	550	275

[1)] Kleinpferde (Stockmaß unter 1,47 m) sind mit jeweils 2/3 und Ponys (Stockmaß unter 1,30 m) mit 1/3 der Werte anzusetzen

Beispiel: Der Bullenmäster Portner hatte zum 30. 6. 1995 erstmals seine Tiere nach den neuen Vorschriften zu bewerten. Wie in der Vergangenheit bewertet er weiterhin nach den Richtwerten der Finanzverwaltung. Das Ergebnis seiner Bewertung zum 30. 6. 1995 ist:

		Tierzahl	alte Richtsätze		neue Richtsätze	
			DM/Tier	gesamt	DM/Tier	gesamt
Kälber bis 0,5 Jahre		36	150	5400	400	14400
Jungrinder 0,5–1 Jahr		56	200	11200	670	37520
Jungrinder 1–1,5 Jahre		48	500	24000	1000	48000
gesamt				40600		99920

Wegen der Tierumbewertung würde der Gewinn im Wirtschaftsjahr 1994/95 um 59320 DM zunehmen. Portner kann aber davon 9/10 = 53388 DM als Rücklage in die Bilanz aufnehmen. Dadurch wirkt sich im Wirtschaftsjahr 1994/95 nur 1/10 = 5932 DM gewinnerhöhend aus. Die Rücklage von 53388 DM ist jährlich mit mindestens 1/9 = 5932 DM (künftig 3033 €) gewinnerhöhend aufzulösen.

Betriebswirtschaftliche Bewertung – Der neu gefasste BMELV-Abschluss für die Testbetriebsbuchführung übernimmt die steuerlichen Bewertungsvorschriften. Das gilt auch für die Tierbewertung. Damit wird in der Buchführungspraxis weitgehend die Unterscheidung zwischen der steuerlichen und der betriebswirtschaftlichen Bewertung des Tiervermögens an Bedeutung verlieren.

10.5 Das Umlaufvermögen

Das Umlaufvermögen wird durch den Prozess der Produktion und des Warenverkaufs laufend umgeschlagen. Im Produktionsablauf wird es im Unterschied zum Anlagevermögen nicht nur gebraucht, sondern es wird dadurch aufgebraucht.

Zum **Umlaufvermögen der Bilanz** gehören die Vorräte, die Forderungen und sonstigen Vermögensgegenstände, die Wertpapiere und die flüssigen Mittel der Kasse sowie der Geldinstitute.

Die Position Vorräte: Sie sind in der Bilanz als folgende Untergliederungen auszuweisen:

- Roh-, Hilfs- und Betriebsstoffe,
- unfertige Erzeugnisse und unfertige Leistungen bestehend aus Feldinventar, sonstige unfertige Erzeugnisse und Leistungen,
- fertige Erzeugnisse und Waren, aufgeteilt nach selbst erzeugten Erzeugnissen und zugekauften Waren,
- geleistete Anzahlungen auf die Gruppe der Vorräte.

Die Wirtschaftsgüter des Vorratsvermögens sind grundsätzlich mit ihren Anschaffungs- oder Herstellungskosten zu bewerten. **Zukaufsvorräte** mit unterschiedlichen

Einkaufspreisen werden in der Regel nach der Durchschnittsmethode bewertet. Ist der Teilwert (Einkaufspreis) am Bilanzstichtag vorübergehend oder auf Dauer niedriger als die Anschaffungs- oder Herstellungskosten, so *kann* auch dieser angesetzt werden. Diese »kann-Regelung« gilt aber nur für Betriebe, die nach § 4 Absatz 1 EStG den Gewinn ermitteln. Das sind z. B. die Land- und Forstwirte, unabhängig davon, in welcher Rechtsform der Betrieb geführt wird.

Kaufleute mit der Gewinnermittlung nach § 5 EStG müssen wegen des Niederstwertprinzips in der Regel den niedrigeren Teilwert ansetzen. Eine Ausnahme von dem strengen Niederstwertprinzip besteht nur, wenn für die Vorräte kein Börsen- oder Marktwert besteht. Sie dürfen dann mit den Anschaffungs- bzw. Herstellungskosten, mit dem niedrigeren Teilwert oder zwischen diesen beiden Werten bewertet werden. Voraussetzung für die Ausübung dieses Bewertungswahlrechts ist aber, dass bei der späteren Veräußerung der angesetzte Wert zuzüglich der Veräußerungskosten sicher zu erlösen ist (Abschnitt 36 EStR).

Selbst erzeugte und **nicht zum Verkauf bestimmte Vorräte** brauchen nicht aktiviert zu werden. Hierzu zählen hauptsächlich Grundfuttervorräte (Heu, Silage) sowie Stroh und Wirtschaftsdünger (Gülle, Stallmist, Jauche). Soweit selbst erzeugte und nicht zum Verkauf bestimmte Vorräte in der Steuerbilanz nicht angesetzt werden, brauchen sie auch nicht in der Bilanz des BML-Jahresabschlusses bewertet zu werden.

Die Position Roh-, Hilfs und Betriebsstoffe: Rohstoffe sind die Fertigungsprodukte, die als Hauptbestandteile direkt in das zu produzierende Erzeugnis eingehen, z. B. Kies und Sand zur Herstellung von Betonprodukten oder auch von Mehl zur Backwarenerzeugung.

Die Hilfsstoffe gehen ebenfalls unmittelbar in das Produkt ein. Im Unterschied zu den Rohstoffen ist ihr Anteil am Gesamtprodukt nur von untergeordneter Bedeutung. Beispiele sind Futtermittel, Düngemittel, Medikamente, Saatgut, Pflanzenschutzmittel, Verpackungsmaterialien, Schrauben und Drähte.

Betriebsstoffe werden zur Produktion eingesetzt, gehen aber nicht als Bestandteil in das Produkt ein. Hierzu zählen z. B. Heizstoffe, Kühlmittel, Treib- und Schmierstoffe, Reinigungsmittel und noch nicht verbrauchtes Büromaterial.

Die Position unfertige Erzeugnisse, unfertige Leistungen: Ein Wirtschaftsgut ist dann den **unfertigen Erzeugnissen** zuzuordnen, wenn es am Bilanzstichtag bereits in den Herstellungsprozess eingeflossen ist. Sie sind unter dieser Position solange auszuweisen, bis die Herstellung abgeschlossen ist. **Unfertige Leistungen** betreffen Werk- und Dienstverträge, die zum Bilanzstichtag zwar begonnen, aber noch nicht abgeschlossen sind.

Den unfertigen Erzeugnissen sind das Feldinventar, die sonstigen unfertigen Erzeugnisse der Innenwirtschaft und der Nebenbetriebe sowie bei Obst- und Weinbaubetrieben der Most zugeordnet. Die in der Aufzucht befindlichen Tiere sind zwar auch unfertige Erzeugnisse, werden aber unter dem Tiervermögen erfasst.

Der Wert des Feldinventars umfasst den Aufwand für die Bestellung und Pflege landwirtschaftlicher, gartenbaulicher und weinbaulicher Kulturen, der bis zum Bilanzstichtag angefallen ist. Zum Feldinventar gehören einjährige und mehrjährige Kulturen. Die landwirtschaftlichen Nutzpflanzen sind in der Regel einjährige Kulturen, die jedes Jahr Ertrag bringen. Mehrjährige Kulturen brauchen mehrere Jahre Kulturzeit und bringen im Unterschied zu Dauerkulturen nur einmal einen Ertrag. Darunter fallen unter anderem Baumschulkulturen und Ziergehölze.

Bei landwirtschaftlichen Betrieben mit jährlicher Fruchtfolge kann auf eine Aktivierung des Feldinventars und der stehenden Ernte abgesehen werden, da der Wert dieser Wirtschaftsgüter zu Beginn und am Ende eines Wirtschaftsjahres annähernd gleich ist (Abschnitt 131 Absatz 2 EStR). Dieses Bewertungswahlrecht darf unabhängig von der Rechtsform des Betriebes ausgeübt werden. Wird das Feldinventar in der Steuerbilanz nicht bewertet, so ist es auch in der Bilanz des BML-Jahresabschlusses nicht anzusetzen.

Auch für gärtnerische Pflanzen, deren Kulturzeit weniger als 1 Jahr beträgt, besteht keine Aktivierungspflicht. Das gilt für Freilandkulturen (z. B. Gemüsebau, Zierpflanzenbau) und für Pflanzen unter Glas.

In landwirtschaftlichen Steuerbilanzen wird aus Vereinfachungsgründen das Feldinventar meistens nicht bewertet. Dadurch wird das Vermögen zu niedrig ausgewiesen. Das trifft insbesondere für Ackerbaubetriebe zu, die am Bilanzstichtag hohe Feldinventarwerte haben.

Entscheidet sich ein Landwirt für die **Bewertung** des Feldinventars, dann ist es grundsätzlich mit den Herstellungskosten zu bewerten. Die Herstellungskosten setzen sich aus dem Saatgut, den Düngemitteln, dem Pflanzenschutz, der Hagelversicherung, dem Unterhalt und der Abschreibung für Maschinen sowie den Fremdlöhnen zusammen.

Nachdem für das Feldinventar die Herstellungskosten schwer zu ermitteln sind, können hierfür statt betriebseigener Herstellungskosten auch Richtwerte (siehe Tabelle 33) verwendet werden.

Mehrjährige Kulturen sind mit den Anschaffungs- oder Herstellungskosten zu aktivieren. Zu den Herstellungskosten gehören die Jungpflanzen, das Auspflanzen bzw. Säen, Baumpfähle, Umzäunungen u. a. Aufwendungen für die Anlage.

Die Position selbst erzeugte Erzeugnisse: Ein Erzeugnis ist fertig gestellt, wenn die Herstellung abgeschlossen und der sofortige Verkauf möglich ist. Die Zurechnung zu den fertigen Erzeugnissen erfolgt im Unterschied zum Feldinventar dann, wenn die Produkte vom Boden getrennt sind. Beispiele dafür sind Getreide, Kartoffeln, Raps, Hopfen, Gemüse, Eier. Auch das geerntete Holz ist den fertigen Erzeugnissen zuzurechnen. Sobald die Bäume gefällt sind, gehören sie zum bewertungspflichtigen Umlaufvermögen, auch wenn sie noch nicht aufbereitet sind.

Bei einer Holznutzung infolge höherer Gewalt wird im Unterschied von der normalen Holznutzung eine Trennung von Grund und Boden und damit eine Aktivierungspflicht erst dann angenommen, wenn das Holz aufbereitet ist. Von der Aktivie-

Tabelle 33: Standardherstellungskosten für das Feldinventar in BMELV-Abschlüssen (€/ha, Betriebsgröße 50–200 ha LF, Auszug)

Bilanzstichtag		**1. 5.**			**1. 7.**	
Anteil bewerteter Arbeit in %	**0%**	**11%**	**100%**	**0%**	**11%**	**100%**
Winterweizen	340	345	385	492	499	553
Roggen	361	367	412	412	419	470
Wintergerste	355	360	402	457	463	515
Sommergerste	279	284	322	398	403	451
Hafer	306	311	351	353	359	410
Körner-/Silomais, CCM	409	414	454	530	535	583
Winterraps	457	463	514	457	463	514
Kartoffeln	1175	1185	1267	1300	1312	1406
Zuckerrüben	528	545	674	587	605	754
Feldgemüse	1797	1804	1864	2019	2044	2248
Klee, Kleegras	223	225	243	104	106	118
Wiesen, Weiden	150	151	164	96	97	107

Quelle: Ausführungsanweisungen zum BMELV-Jahresabschluss 2006, http://www.bmelv.de

rung eingeschlagenen und unverkauften Kalamitätsholzes kann nach dem Forstschäden-Ausgleichsgesetz ganz oder teilweise abgesehen werden (R 34b.2 EStR 2005).

Wirtschaftsgüter des Vorratsvermögens sind grundsätzlich mit ihren Herstellungskosten zu bewerten. Ist aber der Marktpreis am Bilanzstichtag niedriger als die Herstellungskosten, so kann der niedrigere Teilwert angesetzt werden.

In der Regel sind die Herstellungskosten für selbst erzeugte Produkte nur sehr schwer herzuleiten. Es wird daher gerne die retrograde Bewertung vorgenommen. Dazu werden ausgehend vom Verkaufspreis abzüglich der Umsatzsteuer und abzüglich 15% für den Gewinnanteil sowie für die Verwaltungs- und Vertriebskosten die fiktiven Herstellungskosten geschätzt.

Die Position zugekaufte Waren (Handelsvorräte): Waren sind zugekaufte Vorräte, die ohne Be- und Verarbeitung wieder verkauft werden. Im Normalfall trifft das für landwirtschaftliche Betriebe nicht zu. Vorwiegend kommt diese Position bei Handelsbetrieben und auch Gartenbaubetrieben vor, die zur Abrundung ihres Angebotes neben den eigenen Erzeugnissen auch Fremdprodukte anbieten. Zugekaufte Waren sind mit dem Anschaffungspreis einschließlich der Anschaffungsnebenkosten zu bewerten.

Die Position geleistete Anzahlungen: Wenn der Betrieb für am Bilanzstichtag noch nicht bezogene Vorräte Vorauszahlungen an den Lieferanten geleistet hat, dann sind diese als geleistete Anzahlungen bei den Vorräten auszuweisen. Diese Vorauszahlungen sind also nicht als Forderungen zu bilanzieren, obwohl solche rechtlich und wirtschaftlich bestehen.

Normalerweise ist die tatsächlich geleistete Vorauszahlung zu aktivieren. Es kann aber auch der niedrigere Teilwert anzusetzen sein und zwar dann, wenn der Wert der zu liefernden Ware erheblich gesunken ist oder wenn das liefernde Unternehmen wegen Zahlungsschwierigkeit nicht mehr liefern wird. Bei letzterem kann auch eine Rückstellung für drohende Verluste aus schwebenden Geschäften vorgenommen werden.

Die Position Forderungen und sonstige Vermögensgegenstände: Im bilanziellen Sinn werden **betriebliche Forderungen** definiert als ein Anspruch gegenüber Dritten auf Zahlung von Geld oder auf Erbringung von Sach- oder Dienstleistungen. Der Anspruch entstand aufgrund einer vom Betrieb erbrachten Lieferung oder Leistung an den Dritten. Die Gegenleistung des Dritten steht aber am Bilanzstichtag noch aus.

So entsteht bei Landwirten mit Milchkühen jedes Jahr eine Forderung, weil die im Juni gelieferte Milch am Bilanzstichtag 30. 6. noch nicht bezahlt ist. Die Bezahlung und damit die Auflösung der Forderung erfolgt erst im Juli, also im folgenden Wirtschaftsjahr. Genauso ist in die Bilanz eine Forderung aufzunehmen, wenn im alten Wirtschaftsjahr Masttiere verkauft oder über den Maschinenring Leistungen erbracht werden, die am Bilanzstichtag noch nicht bezahlt sind. Durch die Einstellung von Forderungen in die Bilanz wird erreicht, dass die Lieferungen und Leistungen sich in dem Wirtschaftsjahr erfolgswirksam auswirken, in dem sie entstanden sind.

Bestehen Forderungen gegen verbundene Unternehmen oder gegenüber Unternehmen, mit denen ein Beteiligungsverhältnis besteht, so sind diese getrennt von den übrigen Forderungen auszuweisen. Auch die Forderungen an Gesellschafter sind gesondert auszuweisen.

Unter den **sonstigen Vermögensgegenständen** des Umlaufvermögens sind alle Vorgänge auszuweisen, die sich sonst nicht zuordnen lassen, z. B.:

- Lohn- und Gehaltsvorauszahlungen,
- Ansprüche auf Subventionen und Versicherungsleistungen,
- Ansprüche auf Steuererstattungen,
- kurzfristige Darlehen,
- noch nicht fällige, zeitanteilige Miet- und Pachtforderungen,
- Ansprüche aus Rückvergütungen, Rabatten und Gutschriften,
- Anzahlungen auf Lieferungen und Leistungen.

Die Position Wertpapiere: Die Wertpapiere sind zwischen den Anteilen an verbundenen Unternehmen, den eigenen Anteilen und den sonstigen Wertpapieren zu unterscheiden. Im Unterschied zu den Wertpapieren des Anlagevermögens sind hier nur die Wertpapiere aufzunehmen, die nur vorübergehend im Unternehmen verbleiben sollen. Die eigenen Anteile am Unternehmen sind unabhängig von der zeitlichen Besitzabsicht immer unter dem Umlaufvermögen zu bilanzieren.

Die Position Schecks, Kassenbestand, Postgiroguthaben, Guthaben bei Kreditinstituten: Auszuweisen sind hier die flüssigen Mittel wie Bargeld, Guthaben auf den Betriebskonten und Schecks. Auch Sparguthaben und Festgelder können unter dieser Position als gewillkürtes Betriebsvermögen ausgewiesen werden. Diese werden aber in der Regel nicht hier, sondern im Privatvermögen geführt.

10.6 Rechnungsabgrenzung auf der Aktiv- und Passivseite

10.6.1 Definition von Rechnungsabgrenzung

Die Position **Rechnungsabgrenzung** kommt sowohl auf der Aktiv- als auch auf der Passivseite der Bilanz vor. Rechnungsabgrenzungen sind weder Vermögensgegenstände noch Schulden. Sie werden wegen der Periodenabgrenzung von Aufwendungen und Erträgen gebildet. Das heißt, es sind Vorgänge, in denen einerseits der Erfolg und andererseits die Zahlung in verschiedenen Wirtschaftsjahren stattfinden.

Abgrenzungen von Wirtschaftsjahren sind immer dann vorzunehmen, wenn Geschäftsvorgänge mehrere Wirtschaftsjahre betreffen. Die Situation, dass die Zahlung in einem anderen Wirtschaftsjahr als der Erfolg anfällt, liegt oftmals bei Vertragsverhältnissen mit Dauerzahlungen vor, wie bei Miet-, Pacht-, Zins- und Versicherungszahlungen.

Bei den Rechnungsabgrenzungen sind sowohl auf der Aktivseite als auch auf der Passivseite grundsätzlich je zwei Varianten möglich:

- Die antizipative Rechnungsabgrenzung (lat.: anticipere, vorwegnehmen) und
- die transitorische Rechnungsabgrenzung (lat.: transire, hinübergehen).

Bei der **antizipativen Rechnungsabgrenzung** werden die Erträge oder Aufwendungen für ein abgelaufenes Wirtschaftsjahr nachträglich im folgenden Wirtschaftsjahr bezahlt. Z. B. waren im alten Wirtschaftsjahr die Pacht- oder Zinszahlungen fällig, werden aber erst im neuen Wirtschaftsjahr nachträglich bezahlt. Derartige antizipative Rechnungsabgrenzungen sind in der Bilanz nicht unter der Position Rechnungsabgrenzung auszuweisen, sondern unter den Forderungen oder Verbindlichkeiten.

Hat der Betrieb z. B. eine Fläche verpachtet, die Pachtzahlung ist noch im alten Wirtschaftsjahr fällig, wird aber bis zum Bilanzstichtag nicht bezahlt, dann liegt eine *Forderung* vor. Hat dagegen der Betrieb eine Fläche gepachtet, die fällige Pachtrate zum Bilanzstichtag noch nicht bezahlt, dann liegt eine **Verbindlichkeit** vor.

Nach § 5 Absatz 5 EStG ist die Bildung eines Rechnungsabgrenzungspostens auf die **transitorischen Posten** begrenzt. Darunter versteht man die Einnahmen oder Ausgaben, die im alten Wirtschaftsjahr bezahlt wurden, aber erst im folgenden Wirtschaftsjahr fällig sind.

Die Bildung eines Rechnungsabgrenzungspostens ist nur insoweit zulässig, als die vor dem Abschlussstichtag angefallenen Ausgaben oder Einnahmen Aufwand oder Ertrag für eine bestimmte Zeit nach dem Abschlussstichtag darstellen. Das bedeutet, dass der Vorleistung des einen Vertragsteils eine zeitbezogene Gegenleistung des Vertragspartners gegenüberstehen und der Zeitraum, auf den sich die Vorleistung des einen Vertragsteils bezieht, bestimmt sein muss. Eine bestimmte Zeit liegt nur vor, wenn die Zeit, die die abzugrenzenden Einnahmen oder Ausgaben zuzurechnen sind, festliegt und nicht nur geschätzt wird, z. B. die monatliche, viertel- oder halbjährliche Pachtvorauszahlung.

10.6.2 Aktive Rechnungsabgrenzung

Auf der Aktivseite der Bilanz sind als Rechnungsabgrenzung Ausgaben vor dem Bilanzstichtag anzusetzen, die Aufwand für eine bestimmte Zeit nach dem Bilanzstichtag sind. Mit dem Begriff der Ausgabe ist jede Minderung des Geldvermögens zu bezeichnen. Das ist die Abnahme des Bestands an Zahlungsmitteln, wie das Bargeld, Bankguthaben, Scheck und Wechsel. Das ist aber auch die Abnahme der Forderungen und die Zunahme der Verbindlichkeiten. Als **aktive Rechnungsabgrenzungsposten** sind anzusetzen:

- Disagio und Agio: Der Unterschiedsbetrag aus dem Auszahlungsbetrag und dem Rückzahlungsbetrag eines Darlehens ist als Rechnungsabgrenzungsposten aufzunehmen und in gleichen Jahresraten über die Laufzeit des Darlehens abzuschreiben. Die jährliche Abschreibungsrate ist unter den Zinsaufwendungen gegenzubuchen.
  Beispiel: Darlehensbetrag 100000 €, Auszahlungsbetrag 95000 €, das Disagio in Höhe von 5000 € ist auf die Aktivseite als Rechnungsabgrenzung aufzunehmen und bei 10 Jahren Laufzeit des Darlehens mit jährlich 500 € auszubuchen.
- Pachtvorauszahlungen: **Beispiel:** die Pachtzeit geht vom 1.4.2002 bis zum 31.3.2003. Der Pachtzins in Höhe von 24000 € ist im Voraus für das gesamte Jahr zum 1.4.2002 fällig. Der Pachtzins ist zeitanteilig auf die beiden Wirtschaftsjahre 2001/2002 und 2002/2003 aufzuteilen. Auf 2001/2002 entfallen 3/12 von 24000 € = 6000 € und auf 2002/2003 der Rest in Höhe von 18000 € (= 9/12). Diese 18000 € sind als Rechnungsabgrenzung in die Bilanz einzustellen und im neuen Wirtschaftsjahr auf die Pachtaufwendungen umzubuchen.
- Vorauszahlung der Kraftfahrzeugsteuer, von Zinsen, von Versicherungsprämien und ähnlichen Ausgaben sind wie Pachtvorauszahlungen als Rechnungsabgrenzung zu behandeln.

10.6.3 Passive Rechnungsabgrenzung

Auf der Passivseite sind als Rechnungsabgrenzung Einnahmen vor dem Bilanzstichtag anzusetzen, soweit sie Ertrag für eine bestimmte Zeit nach dem Bilanzstichtag sind. Erhält der Betrieb für mehrere Wirtschaftsjahre Vorauszahlungen, dann sind die Erträge für das jeweilige Wirtschaftsjahr exakt voneinander abzugrenzen.

Das geschieht durch die Bildung eines Rechnungsabgrenzungspostens. Dieser wird entweder im jeweiligen Wirtschaftsjahr anteilig aufgelöst. Oder er wird im neuen Jahr voll aufgelöst und am Jahresschluss für die folgenden Jahre wieder neu in die Bilanz gestellt.

Als **passive Rechnungsabgrenzungsposten** sind anzusetzen:
- Einnahmen aus der Milchaufgabevergütung dürfen über 10 Jahre hinweg als Ertrag verteilt werden. Buchführungstechnisch wird das durch die Bildung einer passiven Rechnungsabgrenzung erreicht, die dann zu jährlich gleichen Raten im Wirtschaftsjahr des Entstehens und den 9 folgenden Jahren erfolgswirksam aufgelöst wird (im Auslaufen).
- Im Voraus vereinnahmte Zinsen, Mieten, Pachten und Zuschüsse. Auch die Einmalzahlung von Zinszuschüssen für Investitionsmaßnahmen ist als passiver Rechnungsabgrenzungsposten einzustellen und zeitanteilig über die Laufzeit des Kredits erfolgswirksam aufzulösen.

10.7 Nicht durch Eigenkapital gedeckter Fehlbetrag

Ist das Eigenkapital durch Verluste aufgebraucht und ergibt sich ein Überschuss der Passivposten über die Aktivposten, so ist dieser Betrag am Schluss der Bilanz auf der Aktivseite gesondert unter der Bezeichnung **»Nicht durch Eigenkapital gedeckter Fehlbetrag«** auszuweisen (§ 268 Absatz 3 HGB).

In der Landwirtschaft wurde hierfür bislang die Bezeichnung »Unterbilanz« verwendet. Wegen der hohen Bodenwerte und wegen der Beleihungspraxis der Banken wird in der Landwirtschaft diese Position kaum bei Betrieben mit Eigentumsflächen vorkommen. Es kann aber durchaus sein, dass bei Pachtbetrieben der Eigenkapitalanteil negativ ist. Damit dann trotzdem ein Bilanzgleichgewicht besteht, ist auf der Aktivseite dieser Sonderposten »Nicht durch Eigenkapital gedeckter Fehlbetrag« auszuweisen.

10.8 Nachrangiges Kapital

Nach dem DM-Bilanzgesetz werden auf DDR-Markt lautende Verbindlichkeiten, die vor dem 1. 7. 1990 begründet wurden, im Verhältnis 2:1 auf DM umgerechnet.

Derartige Verbindlichkeiten brauchen nicht in die Eröffnungsbilanz aufgenommen zu werden, wenn eine schriftliche Erklärung des Gläubigers vorliegt, dass er
- Zahlung nicht verlangen wird, soweit die Erfüllung aus dem Jahresüberschuss möglich ist, und
- im Falle der Auflösung, Zahlungsunfähigkeit oder Überschuldung des Unternehmens hinter alle Gläubiger zurücktritt, die eine solche Erklärung nicht abgegeben haben.

Der Gesamtbetrag solcher Verbindlichkeiten ist im Anhang zur Bilanz unter den sonstigen finanziellen Verpflichtungen gesondert anzugeben, soweit sie nicht aufgrund einer Vereinbarung mit dem Unternehmen als **nachrangiges Kapital** ausgewiesen werden (§ 16 Absatz 3 DMBilG).

10.9 Sonderposten mit Rücklagenanteil

Der Staat gewährt den Steuerpflichtigen aus unterschiedlichen politischen Gründen steuerliche Erleichterungen. Damit will er z. B. bestimmte Wirtschaftszweige, Investitionsmaßnahmen oder Regionen gezielt fördern. Diese Zielvorstellungen werden unter anderem auch durch Sonderabschreibungen und durch die Übertragung von Veräußerungsgewinnen und Subventionen auf Ersatzwirtschaftsgüter erreicht.

Durch diese steuerlichen Maßnahmen wird erreicht, dass Spitzengewinne einzelner Wirtschaftsjahre durch Aufwands- und Ertragsverlagerungen in andere Wirtschaftsjahre gekappt werden. Es werden so die Gewinne etwas geglättet und es wird wegen des progressiv gestalteten Steuersatzes eine Steuerentlastung erreicht.

In der Neufassung des BML-Jahresabschlusses 1994 ist die Rücklagenbildung nicht mehr als ein Sammelposten auszuweisen, sondern sie ist aufgegliedert nach ihrer Entstehungsart darzustellen. In der neu gefassten Bilanz sind unter den »Sonderposten mit Rücklagenanteil« auch die bisher eigens ausgewiesenen Wertberichtigungen zu erfassen.

Sonderposten aufgrund des §6 b EStG: Die Erlöse aus dem Verkauf von Wirtschaftsgütern gehören zum Betriebsertrag und die Buchwerte abgehender Wirtschaftsgüter zum Betriebsaufwand. Die Differenz zwischen dem Verkaufserlös eines Wirtschaftsgutes und dem Buchwertabgang ist der Veräußerungsgewinn, der den üblichen landwirtschaftlichen Gewinn kräftig erhöhen kann.

Beispiel: Ein Landwirt verkauft ein Grundstück für 150000 €. Der Buchwert dieses Grundstückes ist 40000 €. Der Veräußerungsgewinn beträgt dann 110000 €, der in dem betreffenden Wirtschaftsjahr den üblichen Gewinn aus der Landwirtschaft erhöht. Dadurch entstehen ganz erhebliche steuerliche Belastungen.

Der Gesetzgeber erlaubt nun, dass dieser Veräußerungsgewinn auf die Herstellungs- oder Anschaffungskosten eines anderen Wirtschaftsgutes übertragen werden kann: Dieser Landwirt erstellt ein Betriebsgebäude. Der Baupreis dafür ist 300000 €. Darauf kann er die 110000 € Veräußerungsgewinn übertragen, die dann steuerfrei bleiben.

Allerdings handelt sich dieser Landwirt einen *Nachteil* ein: Er darf für dieses Gebäude die Abschreibung während der gesamten Abschreibungsdauer nicht aus den tatsächlichen Herstellungskosten von 300 00 € berechnen, sondern nur aus 190000 € (300000 € – 110000 €). Die jährliche Abschreibung beträgt dann nicht 12000 €, sondern nur 7600 €.

Durch die Übertragung des Veräußerungsgewinns ist in dem Beispiel die jährliche Abschreibung um 4400 € niedriger und der Gewinn deswegen in den folgenden Jahren um den gleichen Betrag höher. Inwieweit und in welcher Höhe sich dadurch die Einkommensteuer ändert, hängt davon ab, ob der Landwirt Steuern zahlt und wie hoch sein Einkommen ist.

Soweit Steuerpflichtige im Wirtschaftsjahr der Veräußerung den Veräußerungsgewinn noch nicht auf ein anderes Wirtschaftsjahr übertragen haben, können sie in ihrer Buchführung dafür eine **Rücklage** bilden, die den Gewinn mindert. Diese wird dann aufgelöst, wenn das Ersatzwirtschaftsgut angeschafft wurde.

Die Ersatzbeschaffung muss im Wirtschaftsjahr der Veräußerung oder spätestens in den folgenden 4 Wirtschaftsjahren durchgeführt werden. Die Frist verlängert sich bei neu angeschafften Gebäuden auf 6 Jahre, wenn mit der Herstellung vor dem Ende des 4. Wirtschaftsjahres begonnen worden ist.

Werden diese Fristen nicht eingehalten, dann ist eine Übertragung auf ein anderes Wirtschaftsgut nicht mehr möglich, und die gebildete Rücklage ist gewinnerhöhend aufzulösen. Sie ist rückwirkend für jedes Jahr ihres Bestehens mit 6% zu verzinsen.

Sonderposten aufgrund steuerlicher Sonderabschreibungen (Wertberichtigung): Sonderabschreibungen können entweder direkt oder indirekt abgeschrieben werden. Bei der indirekten Verbuchung der Sonderabschreibung wird in Höhe des Abschreibungsbetrages ein Sonderposten mit Rücklagenanteil in die Bilanz aufgenommen. Der Sonderposten ist dann wieder in normalerweise jährlich gleichen Raten gewinnerhöhend aufzulösen, wenn der steuerliche Begünstigungszeitraum vorbei ist, z. B. bei der Sonder-AfA nach § 7 g EStG nach Ablauf von 5 Jahren. Der Sonderposten ist auch dann aufzulösen, wenn das betreffende Wirtschaftsgut verkauft wird.

Im BMELV-Jahresabschluss wird verlangt, dass die Sonder-AfA als Sonderposten mit Rücklagenanteil ausgewiesen wird (Ausführungsanweisungen zum BMELV-Jahresabschluss). Damit ist der Ausweis der Buchwerte bei normaler linearer Abschreibung möglich und der betriebswirtschaftliche Gewinn kann ohne die Verzerrung durch Sonderabschreibungen ausgewiesen werden (Erläuterungen und Beispiel hierzu siehe im Abschnitt 6.7).

Sonderposten aufgrund von Investitionszuschüssen: Bei steuerpflichtigen Investitionszuschüssen besteht das Wahlrecht, sie als Ertrag zu verbuchen, sie von den Anschaffungs- oder Herstellungskosten abzusetzen, oder sie als »Sonderposten mit Rücklagenanteil« in die Bilanz aufzunehmen.

Die Verbuchung des Zuschusses im Wirtschaftsjahr des Zugangs als »sonstige betriebliche Erträge« ist am einfachsten. Von Nachteil kann aber wegen der außergewöhnlich hohen Einnahme aus dem Zuschuss der dann höhere Gewinn bzw. die höhere Einkommensteuer sein.

Auch der direkte Abzug des Investitionszuschusses von den Anschaffungs- oder Herstellungskosten ist einfach zu handhaben. Dadurch wird aber der Wert des Wirtschaftsgutes in der Bilanz zu niedrig ausgewiesen.

Der Ausweis des Investitionszuschusses als »Sonderposten mit Rücklagenanteil« ist zwar komplizierter, wird aber allgemein als am sachgerechtesten angesehen. Es wird damit erreicht, dass einerseits der tatsächliche Vermögenswert im Inventarverzeichnis bzw. in der Bilanz ausgewiesen ist. Zum andern wird der Zuschuss auf die Nutzungsdauer des Wirtschaftsgutes gleichmäßig verteilt.

Beispiel: Ein Landwirt erhält für den Bau eines Rinderstalles 50000 € Zuschuss. Die Nutzungsdauer beträgt 25 Jahre. Der Zuschuss soll als Sonderposten mit Rücklagenanteil (Wertberichtigung) passiviert werden. Er ist dann jährlich mit 2000 € aufzulösen und unter den sonstigen betrieblichen Erträgen gegenzubuchen.

Wirtschaftsjahr	Gebäude		Sonderposten		AfA		sonstige Erträge	
	S	H	S	H	S	H	S	H
2000/01	300000	12000	2000	50000	12000			2000
2001/02		12000	2000		12000			2000
2002/03		12000	2000		12000			2000

In dem Beispiel ist nach 25 Jahren der Sonderposten aufgrund eines Investitionszuschusses aufgelöst. Ebenso ist nach 25 Jahren das Gebäude abgeschrieben. Die jährliche Netto-Belastung für dieses Gebäude errechnet sich aus 12000 € AfA abzüglich der 2000 € sonstige Erträge mit 10000 €. Zum gleichen Ergebnis kommt man, wenn man den Anschaffungspreis von 300000 € um den Zuschuss von 50000 € mindert und diese 250000 € mit 4% abschreibt.

Sonstige Sonderposten: Vorgesehen ist diese Position für alle steuerfreien Rücklagen, die nicht nach § 6 b EStG (Übertragung von Veräußerungsgewinnen) gebildet wurden. Das sind z. B. die Ansparabschreibung nach § 7 g EStG, Rücklage für Ersatzbeschaffungen nach R 6.6 (EStR 2005), steuerfreie Rücklage nach § 6 d EStG, § 3 Forstschäden-Ausgleichgesetz, steuerfreie Rücklage nach § 3 ZonenRFG und die steuerfreie Rücklage nach § 6 FördergebietsG.

10.10 Rückstellungen

Rückstellungen werden zur Berücksichtigung bestimmter künftiger Ausgaben gebildet. Diese künftigen Ausgaben sind bereits dem Grunde oder der Höhe nach im abgelaufenen Wirtschaftsjahr entstanden.

Rückstellungen sind prinzipiell Verbindlichkeiten. Verbindlichkeiten sind am Bilanzstichtag bereits der Höhe und dem Grunde nach sicher bekannt. Im Unterschied dazu sind Rückstellungen entweder in ihrer Höhe oder/und in ihrer Geltendmachung durch den Gläubiger noch ungewiss. Durch die Rückstellung wird der Aufwand im abzuschließenden Wirtschaftsjahr erhöht und damit der Gewinn gemindert.

Die Rückstellung ist zu bilden, wenn konkrete Anhaltspunkte vorliegen, dass ein entsprechendes Ereignis sehr wahrscheinlich eintreten wird. Sie können bereits während des Jahres gebucht werden oder auch im Rahmen der Abschlussarbeiten am Ende des Wirtschaftsjahres. Die Auflösung erfolgt nur dann gewinnneutral, wenn die betreffende Maßnahme durchgeführt wird. Entfällt der Rückstellungsgrund ohne Durchführung der Maßnahme, dann ist die Rückstellung gewinnerhöhend aufzulösen. Die Auflösung ist nur dann erlaubt, wenn der Rückstellungsgrund entfallen ist. Der Auflösungsbetrag ist unter den sonstigen betrieblichen Erträgen zu verbuchen.

Bei den Rückstellungen lassen sich im Wesentlichen zwei Hauptgruppen unterscheiden:

- Erfassung von Verbindlichkeiten und drohenden Verlusten aus schwebenden Geschäften, die dem Grunde und der Höhe oder auch nur der Höhe nach wahrscheinlich, aber nicht sicher sind. Die Ursache muss im abgelaufenen Wirtschaftsjahr liegen und es darf noch keine Leistungsverpflichtung eingetreten sein.
- Erfassung von in der Vergangenheit eingetretenen Ursachen, die noch nicht behoben wurden und künftig zu Ausgaben führen werden. Es handelt sich hier um sog. Aufwandsrückstellungen. Steuerlich zulässig sind hier nur unterlassene Großreparaturen oder unterlassene Instandhaltungen. Sie sind in der Vergangenheit entstanden und noch nicht durchgeführt, werden aber künftig nachgeholt und verursachen Ausgaben.

Nach den handelsrechtlichen Grundsätzen ordnungsgemäßer Buchführung müssen bestimmte Rückstellungen gebildet werden. Bei anderen Rückstellungen besteht ein Wahlrecht. Soweit nach dem Handelsrecht ein Bilanzierungsgebot besteht, gilt das auch für die steuerliche Buchführung. Besteht dagegen handelsrechtlich ein Wahlrecht zur Bildung einer Rückstellung, dann darf diese steuerrechtlich nicht gebildet werden.

Nach dem Handelsrecht sind **Rückstellungen zu bilden** für (R 5.7 EStR 2005, § 249 HGB):

- Ungewisse Verbindlichkeiten und für drohende Verluste aus schwebenden Geschäften,
- im Geschäftsjahr unterlassene Aufwendungen für Instandhaltung, die im folgenden Wirtschaftsjahr innerhalb von 3 Monaten nachgeholt werden,
- im Geschäftsjahr unterlassene Abraumbeseitigung, die im folgenden Geschäftsjahr nachgeholt wird,
- für Gewährleistungen, die ohne rechtliche Verpflichtung erbracht werden.

Ein handelsrechtliches Wahlrecht zur Bildung von Rückstellungen besteht für:

- Unterlassene Aufwendungen zur Instandhaltung, die im folgenden Wirtschaftsjahr in den letzten 9 Monaten nachgeholt werden,
- ihrer Eigenart genau umschriebene, dem Geschäftsjahr oder einem früheren Geschäftsjahr zuzuordnende Aufwendungen, die am Bilanzstichtag wahrscheinlich oder sicher, aber hinsichtlich ihrer Höhe oder des Zeitpunkts ihres Eintritts unbestimmt sind.

Bei den Rückstellungen für ungewisse Verbindlichkeiten ist der Schuldbetrag der Höhe oder/und dem Grunde nach noch nicht genau bekannt. Beispiele dafür sind: Buchführungskosten, Steuerberatungskosten, noch nicht festgesetzte Gewerbesteuer, Pensionsrückstellungen, noch nicht bezahlte Überstunden, drohende Sanierung von Altlasten, Abraumbeseitigungsverpflichtungen u. a.

Mit den Rückstellungen für drohende Verluste aus schwebenden Geschäften wird ein künftiger Verlust vorweggenommen. Ein schwebendes Geschäft liegt vor, wenn der Vertrag rechtswirksam ist, aber noch nicht von beiden Seiten erfüllt wurde. Eine Rückstellung dafür ist dann vorgeschrieben, wenn die eigene Leistung höher ist als die Gegenleistung oder die Gegenleistung entfällt.

Beispiele dafür sind: Absatz- und Beschaffungsgeschäfte, langfristige Einkaufs- und Lieferverträge (wenn die Preise fixiert sind und sich die Marktverhältnisse ändern), drohende Verluste aus Pachtverträgen und aus Termingeschäften.

Rückstellungen für unterlassene Instandhaltungen sind nur für solche Maßnahmen möglich, wenn es sich um Instandhaltungen handelt, die vor dem Bilanzstichtag unterlassen wurden und im folgenden Wirtschaftsjahr nachgeholt werden sollen. Es sind nur solche Aufwendungen als Rückstellung zu passivieren, die notwendig sind, um das Wirtschaftsgut zu reparieren. Es darf sich also nicht um Herstellungsaufwendungen handeln.

Die Unterlassung der Instandhaltung ist gegenüber dem Finanzamt normalerweise nicht zu begründen. Wird die unterlassene Instandhaltung in den ersten 3 Monaten nach dem Bilanzstichtag nachgeholt, dann ist dafür eine Rückstellung in Höhe der objektiv geschätzten Aufwendungen in die Bilanz aufzunehmen.

Beispiel: Vor dem Bilanzstichtag war dringend die Reparatur des Traktorgetriebes notwendig. Diese konnte aber nicht mehr durchgeführt werden, wird aber innerhalb der 3-Monats-Frist nach dem Bilanzstichtag nachgeholt. Die geschätzten Reparaturkosten in Höhe von 10000 € wurden als Rückstellung in die Bilanz aufgenommen. Die tatsächlichen Kosten betrugen 9000 €. Nach der Reparatur werden die 9000 € auf dem Rückstellungskonto und die 1000 € auf dem Konto sonstige betriebliche Erträge gegengebucht. Abgrenzungsbuchungen am Bilanzstichtag:

S Reparaturen	H
10000	

S Rückstellungen	H
	10000

Buchungen nach der Reparatur im neuen Wirtschaftsjahr:

S Rückstellung	H
	AB 10000
10000	

S Bank	H
	9000

S sonst. Erträge	H
	1000

Die tatsächliche Zahlung im neuen Wirtschaftsjahr wird immer von der Schätzung, auch wenn sie gewissenhaft durchgeführt wurde, abweichen. Ist *weniger* zu zahlen, als zurückgestellt wurde, dann führt der Differenzbetrag im neuen Wirtschaftsjahr zu einem sonstigen betrieblichen Ertrag.

Ist *mehr* zu zahlen als zurückgestellt wurde, dann führt der Differenzbetrag im neuen Wirtschaftsjahr zu einem sonstigen betrieblichen Aufwand.

10.11 Verbindlichkeiten

Verbindlichkeiten sind alle am Bilanzstichtag der Höhe und Fälligkeit nach feststehende betriebliche Schulden. Sie sind mit dem Rückzahlungsbetrag unter Beachtung des Höchstwertprinzips zu bilanzieren. Währungsverbindlichkeiten sind daher mit dem Anschaffungswert oder mit dem höheren Tageswert (Briefkurs am Bilanzstichtag) anzusetzen.

Unter den Verbindlichkeiten gegenüber Kreditinstituten sind sämtliche Bank- und Sparkassenschulden auszuweisen. Dazu gehören alle lang- und kurzfristigen Schulden und auch die Kontokorrent- und Lombardkredite.

Erhaltene Anzahlungen auf Bestellungen sind Vorauszahlungen von Kunden an den Betrieb. Der Betrieb hat die Lieferung oder Leistung noch nicht ausgeführt.

Verbindlichkeiten aus Lieferungen und Leistungen sind alle Verbindlichkeiten, die aus Liefer-, Dienst- und Werkverträgen entstanden sind. Der Geschäftspartner hat seine Lieferung oder Leistung erbracht, die Zahlung durch den Betrieb steht aber noch aus. Die Lieferung ist erbracht, wenn der Betrieb die Verfügungsmacht über das betreffende Wirtschaftsgut erhält. Der Zeitpunkt der Rechnungslegung oder ein Eigentumsvorbehalt hat auf den Zeitpunkt der Passivierung keinen Einfluss.

Verbindlichkeiten aus der Annahme gezogener Wechsel und der Ausstellung eigener Wechsel sind in der Bilanz als selbstständiger Posten auszuweisen.

Eigens auszuweisen sind auch die Verbindlichkeiten gegenüber verbundenen Unternehmen und bei GmbH's auch die Verbindlichkeiten gegenüber Gesellschaftern.

Unter den sonstigen Verbindlichkeiten werden alle nicht eigens auszuweisenden Verbindlichkeiten zusammengefasst. Beispiele dafür sind:

- Antizipative Mieten, Zinsen und Pachten: Sie waren vor dem Bilanzstichtag fällig, wurden aber erst nach dem Bilanzstichtag bezahlt.
- Steuerschulden wie: Gewerbesteuer, Grundsteuer, Lohn- und Kirchensteuer (einbehalten aus den Löhnen an die Arbeitnehmer), Kfz-Steuer, Zahllast aus der Umsatzsteuer, betriebliche Kapitalertragssteuer und festgesetzte Steuernachzahlungen. Steuerschulden sind in der Bilanz ergänzend zu den Verbindlichkeiten auszuweisen.
- Schulden aus der sozialen Sicherheit: Diese sind, ebenso wie die Steuerschulden, ergänzend unter den Verbindlichkeiten auszuweisen. Anzusetzen sind z. B.: Noch nicht bezahlte Löhne und Gehälter, die Sozialabgaben für Arbeitskräfte und die Beiträge zur Berufsgenossenschaft.

10.12 Eigenkapital

Das **Eigenkapital** ist die Differenz aus dem Gesamtwert des Aktivvermögens abzüglich der Schulden und schuldenähnlichen Positionen auf der Passivseite. Es ist der bilanzielle Eigenanteil des Unternehmers an den auf der Aktivseite ausgewiesenen

Vermögenswerten. Der Ausweis des Eigenkapitals in der Bilanz hängt von der Rechtsform des Unternehmens ab.

Die in der Landwirtschaft übliche Form des Einzelunternehmens und auch die Personengesellschaften weisen das Eigenkapital auf der Passivseite der Bilanz entsprechend den Vorgaben im BML-Jahresabschluss wie folgt aus:

Eigenkapital am Beginn des Wirtschaftsjahres
+ Einlagen des Unternehmers oder der Gesellschafter
– Entnahmen des Unternehmers oder der Gesellschafter
+ Gewinn oder
– Verlust
+ Nicht durch Eigenkapital gedeckter Fehlbetrag
= Eigenkapital am Ende des Wirtschaftsjahres

Ergänzend zum zusammengefassten Eigenkapitalausweis in der Bilanz ist für Personengesellschaften noch die Kapitalkontenentwicklung in einer eigenen Zusammenstellung anzugeben. Damit ist die Verteilung des Eigenkapitals auf die Gesellschafter und die Entwicklung während des Wirtschaftsjahres auszuweisen.

Bei den Kapitalgesellschaften ist es vorgeschrieben, das Eigenkapital in mehreren Unterpositionen aufzugliedern und zwar:

I	Gezeichnetes Kapital
II	Kapitalrücklage
III	Gewinnrücklagen
IV	Bilanzgewinn/Bilanzverlust

Ähnlich den Kapitalgesellschaften ist auch bei den Genossenschaften das Eigenkapital zu gliedern in:

I	Geschäftsguthaben
II	Kapitalrücklage
III	Ergebnisrücklagen
IV	Bilanzgewinn/Bilanzverlust

11 Das Prinzip der doppelten Buchführung

In der Bilanz sind die Vermögens- und Kapitalwerte eines Betriebes zum Bilanzstichtag zusammengestellt. Diese Zusammenstellung ist aber nur eine Momentaufnahme.

Durch Ein- und Verkäufe, durch die Geburt von Tieren, durch die Ernte von Früchten, durch Privatentnahmen und Privateinlagen oder durch andere Vorgänge ändern sich laufend die einmal festgestellten Vermögens- und Kapitalwerte.

Es ist die Aufgabe der **laufenden Buchführung**, diese Änderungen der Bilanz *ordnungsgemäß* festzuhalten. Im Folgenden soll aufgezeigt werden, wie und in welcher Art die Geschäftsvorgänge die Bilanz verändern.

11.1 Einteilung der Geschäftsvorfälle

In der Abb. 2 sind die Geschäftsvorfälle in ihrer Auswirkung auf das Betriebsvermögen und auf das Eigenkapital zusammengestellt.

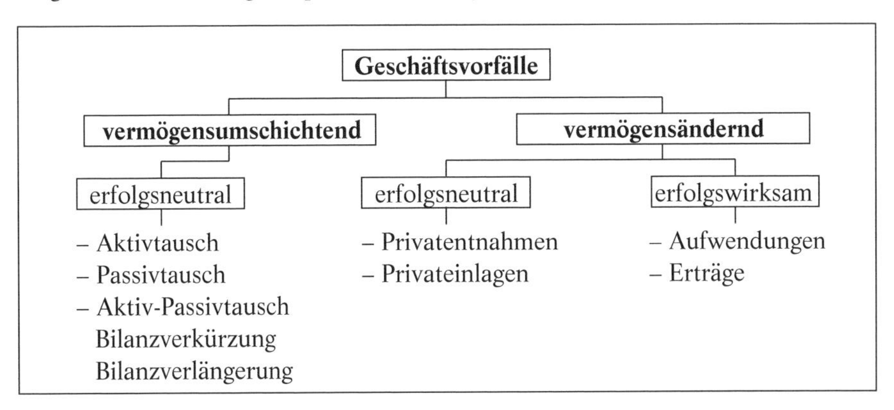

Abb. 2: Auswirkungen verschiedener Geschäftsvorfälle im Hinblick auf Vermögen und Erfolg

Vermögensumschichtende Geschäftsvorfälle sind ohne Auswirkungen auf den Gewinn. Durch sie ändern sich die Vermögenswerte auf der Aktiv- oder Passivseite oder auf der Aktiv- und Passivseite. Vermögensändernde Geschäftsvorfälle sind entweder erfolgsneutral oder erfolgswirksam. Erfolgsneutral sind alle Privatvorgänge und erfolgswirksam die betrieblichen Aufwendungen und Erträge.

Die Auswirkungen von Geschäftsvorgängen werden im Weiteren an Beispielen erläutert. Dazu zunächst eine vereinfachte Bilanz in T-Form. Auf beiden Seiten der Bilanz muss die Summe des Vermögens bzw. des Kapitals immer gleich hoch sein. Das Betriebsvermögen der Aktivseite und das Fremdkapital wird durch die Inventur festgestellt und bewertet.

Aktiva		Passiva	
Boden	1000000	Eigenkapital	1310000
Gebäude	200000	Darlehen	120000
Maschinen	180000	Verbindlichkeiten	15000
Tiervermögen	35000		
Bankkonto	30000		
Aktiva	1445000	Passiva	1445000

Das **Eigenkapital** ist aus der Summe des Betriebsvermögens abzüglich des Fremdkapitals zu errechnen. Im **Beispiel**:

Summe des Betriebsvermögens	1445000 €
– Summe des Fremdkapitals	135000 €
= Eigenkapital	1310000 €

Nach Erstellen der Bilanz geschehen die folgenden Geschäftsvorgänge, gegliedert nach ihrer Auswirkung auf das Betriebsvermögen:

Vermögensumschichtend:

a) Kauf einer Maschine für 15000 €, Zahlung über die Bank;
b) Ablösung einer kurzfristigen Verbindlichkeit in Höhe von 10000 € durch ein langfristiges Darlehen;
c) vom Darlehen werden 13000 € getilgt, Zahlung über die Bank.

Vermögensändernd, erfolgswirksam:

d) Reparaturrechnung mit 7000 €, Zahlung über die Bank;
e) Kälberkauf für 5000 € (12 Stück), Zahlung über die Bank;
f) Einnahme von 9000 € aus überbetrieblichem Maschineneinsatz, Einzahlung auf die Bank;
g) Verkauf von 12 Bullen für 16000 €, Einzahlung auf die Bank;

Vermögensändernd, erfolgsneutral:

h) Haushaltsausgaben von 3000 €, Zahlung über die Bank;
i) Kindergeld 1800 €, Einzahlung auf die Bank.

Die Geschäftsvorgänge werden im Folgenden am Beispiel der vorhergehenden Bilanz untersucht. Wegen der besseren Übersichtlichkeit wird die Bilanz in der Staffelform dargestellt. Die Geschäftsvorgänge werden in jeder Tabelle jeweils ausgehend zum Stand 1. Juli unabhängig voneinander eingetragen.

11.1.1 Vermögensumschichtende, erfolgsneutrale Geschäftsvorgänge

Aktiva	Juli	Änderungen	30. Juni
Boden	1 000 000		1 000 000
Gebäude	200 000		200 000
Maschinen	180 000	**(a)** + 15 000	195 000
Tiervermögen	35 000		35 000
Bankkonto	30 000	**(a)** – 15 000	15 000
Aktiva	1 445 000	+/– 0	1 445 000
Passiva			
Eigenkapital	1 310 000		1 310 000
Darlehen	120 000	**(b)** + 10 000	130 000
Verbindlichkeiten	15 000	**(b)** – 10 000	5 000
Passiva	1 445 000	+/– 0	1 445 000

a) **Aktivaustausch:** Durch den Kauf der Maschine nimmt das Maschinenvermögen um 15 000 € zu und in gleicher Höhe geht der Bankbestand zurück. Das Gesamtvermögen ändert sich dadurch nicht. Es erfolgt lediglich eine Umschichtung von mehreren Bilanzpositionen auf der Aktivseite.
Auch das Eigenkapital ändert sich nicht. Dadurch tritt auch keine Gewinnänderung ein. Somit ist dieser Vorgang des Aktivtausches erfolgsneutral. Dieser Maschinenkauf wirkt sich erfolgsmäßig erst durch die Abschreibung aus. Der Kauf eines Grundstücks bringt, ebenso wie der Maschinenkauf, nur eine Vermögensumschichtung. Nachdem der Grund und Boden nicht abgeschrieben wird, tritt hier auch später keine Erfolgsänderung ein.

b) **Passivtausch:** Die Umwandlung der kurzfristigen Verbindlichkeit in ein Darlehen mindert die Verbindlichkeiten um 20 000 € und das Darlehen nimmt um den gleichen Betrag zu. Es ändern sich auf der Passivseite zwei oder auch mehrere Positionen. Die Bilanzsumme, die Summe des Fremdkapitals und das Eigenkapital ändern sich dadurch nicht. Der Passivtausch ist also, genauso wie der Aktivtausch, erfolgsneutral.

c) **Aktiv-Passivtausch:** Durch die Darlehenstilgung nehmen der Bestand auf der Bank und das Fremdkapital um jeweils 13 000 € ab. Um den gleichen Betrag wird auch die Bilanzsumme niedriger, was auch als *Bilanzverkürzung* bezeichnet wird.

Aktiva	Juli	Änderungen	30. Juni
Boden	1000 000		1000 000
Gebäude	200 000		200 000
Maschinen	180 000		180 000
Tiervermögen	35 000		35 000
Bankkonto	30 000	**(c)** – 13 000	17 000
Aktiva	1445 000	– 13 000	1432 000

Passiva			
Eigenkapital	1310000		1310000
Darlehen	120000	**(c)** - 13000	107000
Verbindlichkeiten	18000		15000
Passiva	1445000	- 13000	1432000

Das Eigenkapital, das aus dem Betriebsvermögen abzüglich dem Fremdkapital berechnet wird, ändert sich nicht. Also ist auch der Aktiv-Passivtausch trotz Änderung der Bilanzsumme erfolgsneutral.

Wird ein Darlehen neu aufgenommen und der Betrag auf die Bank überwiesen, um z. B. eine Maschine zu kaufen, so liegt ebenfalls ein Aktiv-Passivtausch vor. In diesem Fall nimmt die Bilanzsumme (Betriebsvermögen) zu und man spricht von einer *Bilanzverlängerung*.

11.1.2 Vermögensändernde, erfolgswirksame Geschäftsvorgänge oder: Aufwand und Ertrag

d) Die Reparatur in Höhe von 7000 € wird über die Bank beglichen. Dadurch nimmt das Betriebsvermögen in gleicher Höhe ab. Durch die Reparaturkosten ändern sich keine weiteren Vermögenswerte und auch nicht die Schulden.
Damit wäre das Bilanzgleichgewicht nicht mehr gegeben. Der Ausgleich wird aber durch das Eigenkapital hergestellt. Nachdem das Eigenkapital aus dem Betriebsvermögen minus dem Fremdkapital berechnet wird, nimmt das Eigenkapital wegen dieses Aufwands um 7000 € ab.
Aufwendungen mindern also das Eigenkapital und sind daher erfolgswirksam. Aufwendungen sind z. B. auch die Abschreibungen. Diese mindern das Maschinen- und Gebäudevermögen und somit das Betriebsvermögen. Im gleichen Umfang geht auch das Eigenkapital zurück, damit das Bilanzgleichgewicht gewahrt bleibt.

Aktiva	Juli	Änderungen	30. Juni
Boden	1000000		1000000
Gebäude	200000		200000
Maschinen	180000		180000
Tiervermögen	35000	**(e)** + 2400	37400
Bankkonto	30000	**(d)** - 7000	0
		(e) - 5000	18000
Aktiva	1445000	- 9600	1435 400
Passiva			
Eigenkapital	1310000	**(d)** - 7000	
		(e) - 5000	
		(e) + 2400	1300 400
Darlehen	120000		120000
Verbindlichkeiten	15000		15000
Passiva	1445000	- 9600	1435 400

e) Der Kälberkauf in Höhe von 5000 € geht von der Bank ab und bringt eine Minderung des Betriebsvermögens und auch des Eigenkapitals. Aber im Unterschied zur Reparaturrechnung besteht hier auch ein Wertzugang, und zwar beim Tiervermögen. Die Höhe des Wertzugangs richtet sich grundsätzlich nach den Anschaffungskosten und wäre damit erfolgsneutral. In der Regel wird aber das Tiervermögen nach Richtsätzen bewertet, hier im Beispiel mit 200 € pro Kalb. Wegen dieses niedrigen Wertansatzes mindert der Kälberkauf das Eigenkapital.
Ähnlich dem Kälberkauf ist auch der Zukauf von Vorräten einzustufen. Dem Abgang an Finanzmitteln steht ein Zugang an Vorräten gegenüber, sodass hier zunächst nur ein erfolgsneutraler Aktivtausch vorliegt. Erst durch den Verbrauch der Vorräte entsteht ein erfolgswirksamer Aufwand.

f) Die Einnahme von 9000 € aus einem überbetrieblichen Maschineneinsatz bei einem anderen Landwirt vermehrt den Bankbestand und das Betriebsvermögen. Der Differenzbetrag aus dem Betriebsvermögen abzüglich des Fremdkapitals, das Eigenkapital, wird erhöht. Es vermehren also die Erträge das Eigenkapital und sind deswegen erfolgswirksam.

g) Der Bullenverkauf vermehrt den Bankbestand um 16 000 €. Auch das Eigenkapital nimmt zu, allerdings nicht in Höhe des Verkaufserlöses. Es nimmt durch den Bullenverkauf das Tiervermögen ab (im Beispiel um den Richtsatz von 500 €/Bulle, bei 12 verkauften Tieren also um 6000 €). Das Eigenkapital vermehrt sich so durch den Bullenverkauf um 10 000 € (16 000 – 6000 €).

Aktiva	Juli	Änderungen	30. Juni
Boden	1 000 000		1 000 000
Gebäude	200 000		200 000
Maschinen	180 000		180 000
Tiervermögen	35 000	**(g)** – 6000	29 000
Bankkonto	30 000	**(f)** + 9000	
		(g) + 16 000	55 000
Aktiva	1 445 000	+ 19 000	1 464 000
Passiva			
Eigenkapital	1 310 000	**(f)** + 9000	
		(g) + 16 000	
		(g) – 6000	1 329 000
Darlehen	120 000		120 000
Verbindlichkeiten	15 000		15 000
Passiva	1 445 000	+ 19 000	1 464 000

11.1.3 Vermögensändernde, erfolgsneutrale Geschäftsvorgänge oder: Privatentnahmen und Privateinlagen

Der Landwirt bezahlt über das Betriebskonto seiner Bank für Lebensmittel und andere Haushaltsausgaben 3000 €.

h) Die Haushaltsausgabe mindert genauso wie eine Betriebsausgabe den Bankbestand, das Betriebsvermögen und das Eigenkapital. Nach dem Einkommensteuergesetz ist es aber nicht erlaubt, dass Privatvorgänge erfolgswirksam sind und den Gewinn verändern.
Deshalb müssen bei der Gewinnermittlung nach dem Vermögensvergleich (§ 4 Absatz 1 EStG) der Eigenkapitaländerung die Privatentnahmen hinzuaddiert werden. Betroffen sind davon alle privaten Geld- und Sachentnahmen.

i) Die Privateinlage in Höhe von 1800 € wirkt sich auf das Betriebsvermögen und auf das Eigenkapital wie eine Betriebseinnahme aus. Es sind daher bei der Gewinnermittlung nach dem Vermögensvergleich die Privateinlagen von der Eigenkapitaländerung abzuziehen.

Aktiva	Juli	Änderungen	30. Juni
Boden	1000000		1000000
Gebäude	200000		200000
Maschinen	180000		180000
Tiervermögen	35000		35000
Bankkonto	30000	**(h)** − 3000	
		(i) + 1800	28000
Aktiva	2445000	− 1200	1443 800
Passiva			
Eigenkapital	1310000	**(h)** − 3000	
		(i) + 1800	1308 800
Darlehen	125000		120000
Verbindlichkeiten	15000		15000
Passiva	1445000	− 1200	1443 800

11.1.4 Die Gewinnermittlung aus der geschlossenen Bilanz

In den vorhergehenden Abschnitten 11.1.1 bis 11.1.3 wurden die Auswirkungen von Geschäftsvorgängen unabhängig voneinander auf das Vermögen und auf das Eigenkapital beschrieben. In diesem Abschnitt werden die gleichen Vorgänge (siehe S. 150) zusammengehörig in die geschlossene Bilanz eingetragen. Ausgehend von der Anfangsbilanz zum 1. Juli werden unter der Spalte »Änderungen« die Geschäftsvorfälle mit positiven oder negativen Vorzeichen eingetragen. Die Schlussbilanz ist in der Spalte »30. Juni« abzulesen. Der Gewinn wird aus der Eigenkapitaländerung zuzüglich der Privatentnahmen und abzüglich der Privateinlagen berechnet. Er beträgt 9400 €.

Aktiva	Juli	Änderungen	30. Juni
Boden	1 000 000		1 000 000
Gebäude	200 000		200 000
Maschinen	180 000	**(a)** + 15 000	195 000
Tiervermögen	35 000	**(e)** + 2 400	
		(g) − 6 000	31 400
Bankkonto	30 000	**(a)** − 15 000	
		(c) − 13 000	
		(d) − 7 000	
		(e) − 5 000	
		(f) + 9 000	
		(g) + 16 000	
		(h) − 3 000	
		(i) + 1 800	13 800
Aktiva	1 445 000	− 4 800	1 440 200
Passiva			
Eigenkapital	1 310 000	**(d)** − 7 000	
		(e) − 5 000	
		(e) + 2 400	
		(f) + 9 000	
		(g) + 16 000	
		(g) − 6 000	
		(h) − 3 000	
		(i) + 1 800	1 318 200
Darlehen	120 000	**(b)** + 10 000	
		(c) − 13 000	117 000
Verbindlichkeiten	15 000	**(b)** − 10 000	5 000
Passiva	1 445 000	− 4 800	1 440 200

Eigenkapital zum 30. 6.		1 318 200 €
− Eigenkapital am 1. 7.		1 310 000 €
= Eigenkapitaländerung	+	8 200 €
+ Privatentnahmen		3 000 €
− Privateinlagen		1 800 €
= Gewinn		9 400 €

Die Geschäftsvorgänge ändern teilweise auch das Eigenkapital. Damit sind diese erfolgswirksam. Diese betrieblichen erfolgswirksamen Vorgänge werden bei der doppelten Buchführung durch die Gewinn- und Verlustrechnung zusätzlich erfasst.

Im Beispiel sind das:

Reparaturrechnung	–	7000 €
Kälberkauf	–	5000 €
Tiervermögen (Kälber)	+	2400 €
Maschineneinsatz	+	9000 €
Bullen	+	16000 €
Tiervermögen (Bullen)	–	6000 €
= Gewinn	=	9400 €

Die hier gezeigte Gewinnableitung nach der Staffelform und unter Verwendung von Vorzeichen ist in der Buchführung so nicht vorgesehen. Es ist vielmehr die Kontenform ohne Verwendung von Vorzeichen mit den beiden Seiten »Soll« und »Haben« üblich.

11.2 Auflösung der Bilanz in Konten

11.2.1 Allgemeine Darstellung und der Kontenrahmen

Das Prinzip der doppelten Buchführung ist nichts anderes, als eine geordnete Fortschreibung der Bilanz von der Anfangsbilanz bis hin zur Schlussbilanz.

Eine Buchführung in der Art, dass die Bilanz mit jedem Vorgang neu erstellt wird, ist jedoch technisch nicht möglich. Es wird daher die Bilanz systematisch in ihre Bestandteile aufgelöst. Durch die Zerlegung entstehen die **Konten** und in die wird während des Jahres gebucht. Der Begriff Konto kommt aus dem Italienischen il conto und bedeutet Rechnung.

Die **Auflösung der Bilanz** erfolgt nach einem festen Schema (Abb. 3, Seite 157). Im ersten Schritt der Bilanzauflösung entstehen zunächst die *Kontenklassen*, die mit den Nummern 0–9 verschlüsselt werden. Die Kontenklassen sind weiter in die *Kontengruppen* untergliedert. Die Zuordnung der Kontengruppen zu den Kontenklassen ist wie folgt:

Kontoklasse		Kontogruppe (KG)
Sachvermögen:	0	KG 01–09
Finanzkonten:	1	KG 10–19
Privatkonten:	2	KG 20–29
Aufwandskonten:	3–5	KG 30–59
Ertragskonten:	6–9	KG 60–97
		KG 98–99

Die vollständige Aufgliederung der Kontengruppen enthält der **Kontengruppenplan** der Tabelle 34.

Der Kontengruppenplan ist der unter Federführung des Bundesministeriums herausgegebene **Kontenrahmen** für alle landwirtschaftlichen Betriebe. Im Einzel-

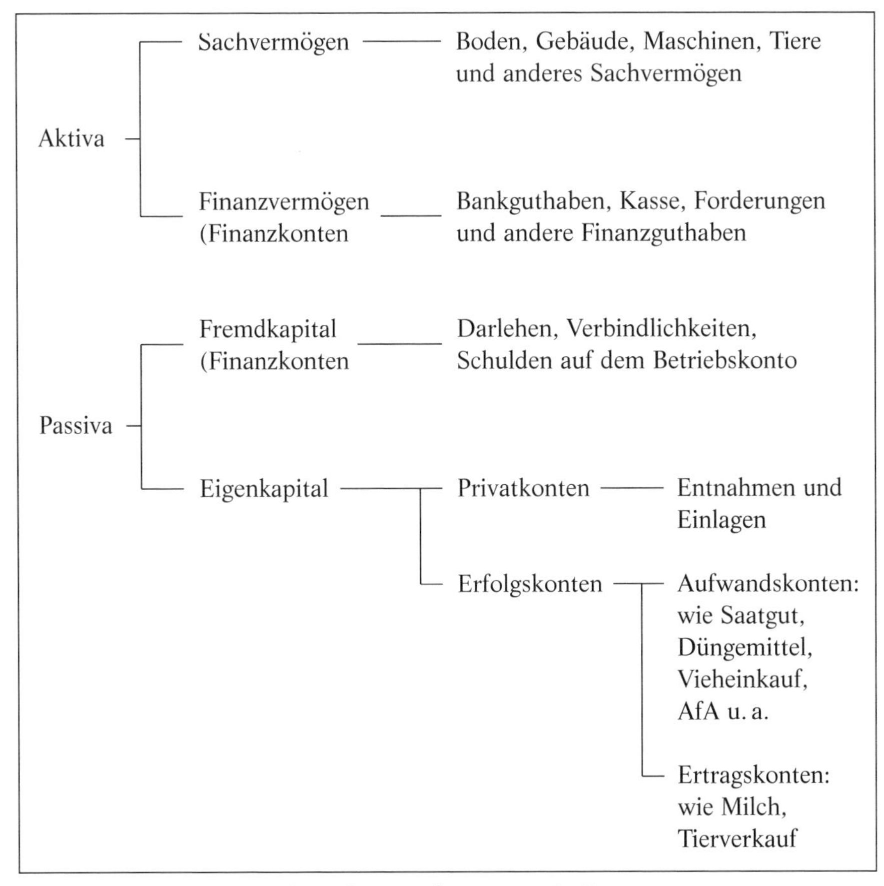

Abb. 3: Die Auflösung der Bilanz in ihre Bestandteile

fall werden nicht alle Kontengruppen gebraucht. Andererseits kann es auch notwendig sein, die Kontengruppen weiter zu untergliedern. Die weitere Untergliederung hin zum Kontenplan geschieht bei der Handbuchführung durch eine weitere Nummer, die von der Kontengruppe durch einen Schrägstrich getrennt werden kann, z. B.:

Kontenklasse	6:	Ertrag
Kontengruppe	60:	Getreide, Körnermais
Konto	60/1:	Weizen

Der Kontenrahmen ist eine nach Wirtschaftsbereichen ausgerichtete brancheneinheitliche Vorgabe zur Kontenorganisation. Er beinhaltet die Zugehörigkeit zu den Bestands- oder Erfolgskonten, die hierarchische Ordnung, die Kontengliederung, die Kontenbezeichnung und die Kontennummern.

Mit dem *brancheneinheitlichen Kontenrahmen* werden die Buchführungsergebnisse zwischen den Betrieben statistisch vergleichbar. Es wird damit we-

Tabelle 34: Bundeseinheitlicher Kontengruppenplan für land- und forstwirtschaftliche Betriebe (HLBS, Heft 80, 1980)

Sachvermögen:
01 Grund und Boden
02 Gebäude, bauliche Anlagen
03 Grundverbesserungen
04 Dauerkulturen
05 Betr.-Vorr., Masch. und Gerät
06 Sonstiges Anlagevermögen
07 Vieh
08 Vorräte
09 Feldinventar

Finanzkonten:
10 Beteiligung, Wertpapiere
11 Sonstige Finanzanlagen
12 Tilgungsfonds
13 Langfristige Finanzkonten
14 Mittelfristige Finanzkonten
15 Kontokorrentkonten
16 Wechsel
17 Postscheck, Banken
18 Kassen
19 Rechn.-Abg., Wertb., Rückst.

Privatkonten:
20 Entnahmen für Lebenshaltung
21 Außergewöhnl. Entnahmen
22 Entnahmen für Altenteil
23 Private Versicherungen
24 Private Steuern
25 Bildung von Privatvermögen
26 Entnahme f. nichtlw. Eink.
27 Einlagen aus nichtlw. Eink.
28 Einl. aus Privatvermögen
29 Sonstige Einlagen

Aufwandskonten:
30 Saat- und Pflanzgut
31 Düngemittel
32 Pflanzenschutz
33 Sonst. Spezialaufw., Bod.pr.
34 Viehzukäufe, Bruteier
35 Futtermittel
36 Sonst. Spezialaufw. Viehh.
37 Sonstiger Spezialaufwand
38 Spezialaufw. in spez. Betrieb
39 Handelsware, Zuk. f. Dienstl.

40 Personalaufwand
41 Lohnarbeit, Maschinenmiete
42 Treib- und Schmierstoffe
43 Aufw. Betr. vorr. Maschinen
44 Aufwand Pkw
45 Aufw. Gebäude, baul. Anlagen
46 Betriebsversicherungen
47 Betriebssteuern
48 Strom, Heizstoffe, Wasser
49 Sonstiger Betriebsaufwand
50 Aufw. Forst, Jagd, Fischen
51 Aufw. sonst. Nebenbetriebe
52 Pachtaufwand
53 Mietaufwand
54 Zinsaufwand
55 Vorsteuer
56 Zeitraumfremder Aufwand
57 Bereichsfremder Aufwand

Ertragskonten:
60 Getreide, Körnermais
61 Hülsen-, Ölfrüchte, Faserpfl.
62 Kartoffeln
63 Zuckerrüben
64 Feldgemüse
65 Sonst. Marktfrüchte Ackerbau
66 Feldinventar
67 Dauerkulturen
68 Gärtnerische Erzeugnisse
69 Futterbau

70 Weinbau
71 Gemüse
72 Schnittblumen
73 Topfpflanzen
74 Baumschulen
75 Obst
76 Sonstige Erträge Gartenbau
77 Warenverkauf
78 Friedhofsgärtnerei
79 Garten- und Landschaftsbau

80 Rindvieh
81 Milch
82 Schweine
84 Geflügel, Eier
85 Pferde
86 Sonst. tierische Erzeugnisse
87 Ertr. Lohnarbeit, Masch.-Miete
88 Mietwert der Wohnung
89 Allgemeiner Betriebsertrag

90 Erträge Forst, Jagd, Fische
91 Erträge sonst. Nebenbetriebe
92 Pachterträge
93 Mieterträge
94 Zinserträge
95 Mehrwertsteuer
96 Zeitraumfremder Ertrag
97 Bereichsfremder Ertrag
98 Anlagen-Zugang
99 Anlagen-Abgang

gen des gleichen Aufbaues auch die Durchschaubarkeit und Übersichtlichkeit der Buchführungen einer Branche für Außenstehende leichter möglich.

Für den **BML-Jahresabschluss** von 1994 wurde kein einheitlicher Kontenplan entwickelt. Es sind alle Kontenpläne geeignet, die jedem Code der Bilanz und der GuV sowie des Anhangs mindestens ein Konto zugeordnet haben. Den Buchstellen ist es freigestellt, eigene – auch branchenübergreifende – Kontenrahmen zu verwenden.

Der Kontenrahmen ist eine Kontengliederung für eine bestimmte Branche, aber noch nicht auf den speziellen Betrieb abgestimmt. Die *Feinabstimmung auf den Betrieb* wird als **Kontenplan** bezeichnet. Dieser unterscheidet sich vom Kontenrahmen durch die Einschränkung oder Erweiterung auf die vom Einzelbetrieb gebrauchten Konten. Der Kontenplan ist vielfach von den Buchstellen und von den Programmierern von Buchführungsprogrammen vorgegeben und braucht kaum noch einzelbetrieblich angepasst zu werden. Verwendet werden Kontenpläne mit drei- bis sechsstelligen Kontennummern.

Die vorgegebenen Kontenpläne sind entweder nach dem Kontenplanverfahren oder auf dem Textschlüsselverfahren aufgebaut. Eine gewisse Verbreitung hat immer noch das Textschlüsselverfahren mit dem dreistelligen Einheitscode des Bundesprogramms. Die gehen vom Geschäftsvorgang aus. Jede Schlüsselzahl, die einen Geschäftsvorfall kennzeichnet, ist mit einer Kontengruppe verbunden. Die Schlüsselzahl selbst ist also noch kein wirkliches Konto, sie wird es erst durch die Zuordnung zu einer Kontengruppe. Recht einfach ist der dreistellige Einheitscode des Bundesprogramms. Die Nummerierung beginnt hier mit dem Code 10 und geht bis zur Codenummer 999. Die EDV-Codes werden als Konto bezeichnet.

Tabelle 35: Beispiele für Kontonummern bei Hand- bzw. EDV-Buchführung

Text	Handbuchführung	EDV-Buchführung	Kontogruppe (aus Tabelle 34)	
			Ertrag	Aufwand
Kasse	1	70	18	18
A-Bank	2	61	17	17
Darlehen	9	15	13	13
Haushalt	20/2	590	20	20
Lebensversicherung	25/3	514	25	25
Maschinenreparatur	43/1	488	43	43
Zinsen	54	561	54	54
Winterweizen	60/1	601	60	30
Wintergerste	60/4	604	60	30
Milchkühe	80	818	80	34
Mastbullen	80/2	813	80	34
Mastschweine	82/2	853	82	34
Forst	90/2	900	90	50

Beispielsweise ist das EDV-Konto 241 der Traktor und ist der Kontogruppe (KG) 43 zugeordnet. Die KG 43 umfasst die Aufwendungen für Betriebsvorrichtungen, Maschinen und Geräte. Werden z. B. unter dem Konto 241 die Schlepperreparaturen am PC verbucht, so werden diese gemeinsam mit anderen Maschinenreparaturen unter der KG 43 ausgewiesen. In der Tabelle 35 ist ein Auszug aus dem Codekatalog für die Handbuchführung und für die PC-Buchführung mit dem dreistelligen Code wiedergegeben.

Das Kontenplanverfahren mit einem vierstelligen Konto löst den dreistelligen Textschlüssel immer mehr ab. Beim Kontenplanverfahren werden auch zunächst Kontenklassen von 0–9 definiert. Die Zuordnung der Kontenklassen zu den Bestandteilen der Bilanz (vgl. Abb 3) ist z.B.:

Klasse 0: Anlagevermögen und langfristiges Kapital
Klasse 1: Umlaufvermögen
Klasse 2: Eigenkapital einschließlich der Entnahmen und Einlagen, Sonderposten
Klasse 3: Rückstellungen und Verbindlichkeiten
Klasse 4: betriebliche Erträge
Klasse 5: betriebliche Aufwendungen (Wareneingänge)
Klasse 6: betriebliche Aufwendungen (Kosten)
Klasse 7: weitere Erträge und Aufwendungen (z.B. Zinsen, außerordentliche Erträge und Aufwendungen)
Klasse 8: Tierbestände und andere Bestände
Klasse 9: Feldinventar

Die Kontenklassen werden systematisch zum Konto erweitert. Z.B. ist die Kontonummer für das Milchlieferrecht 0105, für den Boden im Sinne von § 55 Absatz 1 EStG 0205 oder für den Weizenertrag 4601.

11.2.2 Auflösung der Bilanz an einem Beispiel

Der Bilanz werden die Positionen und die Bestände für die einzelnen Konten entnommen. Die Kontenbezeichnungen stimmen hierbei mit den Bezeichnungen in der Bilanz überein. Die aus der Bilanz übernommenen Beträge bilden den Anfangsbestand (AB) des Kontos. Beim Eigenkapitalkonto verwendet man stattdessen den Begriff Vortrag.

Durch die *Bilanzauflösung* darf das Bilanzgleichgewicht nicht gestört werden. Es müssen daher die Bestände der Bilanz von der Aktivseite auf die Sollseite des Kontos übertragen werden. Die Bilanzbestände der Passivseite kommen auf die Habenseite des Kontos.

Weiterhin gilt auch der Grundsatz, dass zu jeder Buchung eine *Gegenbuchung* erfolgen muss. Damit dieses Doppikprinzip eingehalten wird, werden die Einzelkonten gegen das Eröffnungsbilanzkonto (EBK) gebucht. Das Eröffnungsbilanzkonto ist also ein Zwischenkonto oder Hilfskonto, um die Eröffnungssalden der Bestandskonten gegenzubuchen. Das EBK gibt dadurch die Bestände der Eröffnungsbilanz seitenvertauscht wieder.

Die Übertragung der Bilanzbestände auf die Konten und die Gegenbuchung im EBK wird als Eröffnungsbuchung bezeichnet. Soweit Positionen in der Eröffnungsbilanz noch nicht vorhanden sind, können bei Bedarf beliebig viele Konten während des Jahres eingerichtet werden. Diese Konten weisen dann keinen AB aus.

In der Buchführungspraxis werden die Bestände der Bilanz in die Bestandskonten übertragen. Dagegen wird auf die Gegenbuchung im EBK oftmals verzichtet. Diese Vorgehensweise verstößt nicht gegen die Grundsätze ordnungsmäßiger Buchführung. Es ist auch üblich, auf die Einrichtung von Bestandskonten zu verzichten, soweit bei einer Position keine Änderungen zu erwarten sind. Ein typisches Beispiel hierfür ist die Position Grund und Boden.

Für unser einfaches **Beispiel** sieht die Bilanzauflösung folgendermaßen aus:

Aktiva		Passiva	
Boden	1 000 000	Eigenkapital	1 310 000
Gebäude	200 000	Darlehen	120 000
Maschinen	180 000	Verbindlichkeiten	15 000
Tiervermögen	35 000		
Bankkonto	30 000		
Aktiva	1 445 000	Passiva	1 445 000

↓ ↓

S	Boden	H
AB	1 000 000	

S	Eigenkapital	H
	AB	1 310 000 (Vortrag)

S	Gebäude	H
AB	200 000	

S	Darlehen	H
		120 000

S	Maschinen	H
AB	180 000	

S	Verbindlichkeiten	H
		15 000

S	Tiervermögen	H
AB	35 000	

S	Bank	H
AB	30000	

S	**Eröffnungsbilanzkonto**	**H**
1 310 000		1 000 000
120 000		200 000
150 000		180 000
		35 000
		30 000
1 445 000		1 445 000

11.3 Buchung auf Konten und der Kontenabschluss

11.3.1 Allgemeine Darstellung

Bei den betrieblichen Konten werden Bestandskonten und Erfolgskonten unterschieden. Für den Bereich der Entnahmen und Einlagen kommen noch die Privatkonten dazu.

Die **Bestandskonten** entstehen unmittelbar aus der Eröffnungsbilanz und werden am Schluss des Wirtschaftsjahres an das Schlussbilanzkonto bzw. an die Schlussbilanz abgeschlossen. Sie gliedern sich in die aktiven und in die passiven Bestandskonten (Abb. 4).

Aktiva	Bilanz	**Passiva**
Bestände der Aktivseite | aktive Bestandeskonten		Bestände der Passivseite | passive Bestandeskonten

Abb. 4: Aufteilung einer Bilanz in aktive und passive Bestandskonten

Das Eigenkapital wird, um den betrieblichen Erfolg genauer verfolgen zu können, in die **Privatkonten** und in die betrieblichen **Erfolgskonten** gegliedert. Die Erfolgskonten sind also Unterkonten des Eigenkapitals, die an die Gewinn- und Verlustrechnung abgeschlossen werden. Sie vermitteln einen Einblick in die Ursachen des Betriebserfolgs.

In die Konten werden während des Jahres die Geschäftsvorfälle verbucht. Das Konto hat, ebenso wie die Bilanz, zwei Seiten, die mit Soll und Haben bezeichnet werden. Wegen der Form der Darstellung spricht man auch vom T-Konto.

Soll (S)	Konto	Haben (H)
linke Seite		rechte Seite

Das Konto ist eine zweiseitige Rechnung. Es fasst auf jeder seiner beiden Seiten die sachlich zusammengehörenden Geschäftsvorgänge zusammen. In der Buchführungspraxis verwendet man nicht die einzelnen T-Konten, sondern setzt diese zu Reihen zusammen. Ein solches Konto besitzt eine Datums- und Textspalte und mind. zwei Betragsspalten (Abb. 5).

Datum	Text	Betrag	
		Soll	Haben

Abb. 5: Beispiel zusammengesetzter T-Konten

11.3.2 Buchung auf Bestandskonten, Kontenabschluss und Schlussbilanzkonto

Es werden im Folgenden die gleichen Geschäftsvorgänge wie bei der geschlossenen Bilanz (Seite 150 und 155) verbucht.

S	Boden		H
AB	1000000	EB	1000000
	1000000		1000000

S	Gebäude		H
AB	200000	EB	200000
	200000		200000

S	Maschinen		H
AB	180000		
(a)	15000	EB	195000
	195000		195000

S	Tiervermögen		H
AB	35000		
(e)	2400	**(g)**	6000
		EB	31400
	37400		37400

S	Bank		H
AB	30000		
		(a)	15000
		(c)	13000
		(d)	7000
(f)	9000	**(e)**	5000
(g)	16000		
(i)	1800	**(h)**	3000
		EB	13800
	56800		56800

S	Eigenkapital		H
		AB	1310000
(d)	7000		
(e)	5000	**(e)**	2400
		(f)	9000
(g)	6000	**(g)**	16000
(h)	3000	**(i)**	1800
EB	1318200		
	1339200		1339 200

S	Verbindlichkeiten		H
		AB	15000
(b)	10000		
EB	5000		
	15000		15000

S	Darlehen		H
		AB	120000
(c)	13000	**(b)**	10000
EB	117000		
	130000		130000

Für das **Verbuchen der Geschäftsvorfälle** in den **Bestandeskonten** können folgende Regeln abgeleitet werden:

1. Die Anfangsbestände (AB) werden auf die Seite des Kontos übertragen, auf der der Anfangsbestand in der Bilanz steht. So ist der Anfangsbestand der Bank ein Guthaben von 30000 €. Der Betrag steht in der Bilanz unter Aktiva auf der linken Seite und wird daher auch im Konto auf der linken Seite unter Soll aufgeführt.
2. Geschäftsvorgänge, die den Anfangsbestand erhöhen, werden auf der Seite gebucht, auf der der AB steht. So erhöht der Bullenverkauf das Bankguthaben und wird daher beim Konto Bank im Soll verbucht. Auch das Eigenkapital wird vermehrt, sodass die Gegenbuchung beim Konto Bullen im Haben erfolgt.

3. Geschäftsvorgänge, die den AB mindern, werden auf der dem AB gegenüberliegenden Seite verbucht. So mindern die Reparaturen den Bankbestand und werden daher beim Konto Bank im Haben verbucht. Beim Konto Eigenkapital wird wegen dieses Aufwandes das Eigenkapital weniger und gehört daher auf die Soll-Seite.
4. Keine Buchung ohne Gegenbuchung! Diese Forderung ergibt sich, da jeder Vorgang die Bilanz an mindestens zwei Positionen ändert und auch bei der aufgelösten Bilanz das Bilanzgleichgewicht erhalten bleiben muss. Das Verbuchen in den Konten entspricht einer ständigen Bilanzfortschreibung.
5. Die Gegenbuchung hat immer auf der entgegengesetzten Seite der Erstbuchung zu erfolgen. Vom Ablauf des Verbuchens sollte zuerst das Konto mit der Soll-Buchung verbucht werden und erst danach das Konto mit der Haben-Buchung. Es ist bei jeder Buchung immer genau darauf zu achten, dass die Beträge der Soll-Buchungen gleich den Habenbuchungen sind.

Aus dem Grundsatz, dass jeder Geschäftsvorfall zweimal verbucht werden muss, ist der Begriff der »doppelten Buchführung« hergeleitet.

Zum Abschluss des Wirtschaftsjahres sind die fortgeschriebenen Konten abzuschließen und über das **Schlussbilanzkonto** wieder zu einer Bilanz zusammenzufassen. Dazu sind die Kontenendbestände rechnerisch zu ermitteln. So errechnet sich z. B. für das Bankkonto folgender Endbestand:

Anfangsbestand (AB)	30 000 €
Einnahmen	+ 26 800 €
Ausgaben	– 43 000 €
Endbestand (EB)	= 13 800 €

In der gezeigten Art werden in der Buchführung die Endbestände der Konten nicht ausgewiesen. Der Kontenabschluss erfolgt vielmehr durch das **Saldieren**. Dazu wird der Unterschiedsbetrag, der Saldo, zwischen der Sollseite und der Habenseite festgestellt. Die Vorgehensweise ist dabei wie folgt:

1. Die betragsmäßig größere Seite wird zuerst addiert und die Summe unter beide Kontenseiten geschrieben.
2. Es wird dann der Saldo zwischen den beiden Kontenseiten errechnet und als Endbestand auf die kleinere Kontenseite geschrieben.

Korrekt wird das Bankkonto daher wie folgt abgeschlossen:

S	Bank		H
AB	30 000		15 000
	9 000		13 000
	16 000		7 000
	1 800		5 000
			3 000
		EB	13 800
	56 800		56 800

Summe größere Seite
– Summe kleinere Seite
= Saldo = Endbestand (EB)

In der Regel ist die Kontenseite mit dem Anfangsbestand und den Zugängen die größere Seite. Deshalb gilt: Bei den aktiven Bestandskonten ist die Sollseite die größere Seite. Bei den passiven Bestandskonten ist die Habenseite die größere Seite.

Daraus ergibt sich, dass bei den Aktivkonten der Saldo (Endbestand) auf der Habenseite steht, aber als **Sollsaldo** bezeichnet wird. Bei den Passivkonten steht der Saldo (Endbestand) auf der Sollseite und wird als **Habensaldo** bezeichnet.

Soll	Aktivkonto Haben
Anfangsbestand	Abgänge
	Saldo
Zugänge	(Endbestand)
Summe	Summe

Soll	Passivkonto Haben
Abgänge	Anfangsbestand
Saldo	
(Endbestand)	Zugänge
Summe	Summe

Es ist nicht immer so, dass ein Konto ein Aktiv- oder ein Passivkonto bleibt. Eine derartige Ausnahme sind die Bankkonten. Das Bankguthaben steht im Beispiel auf der Aktivseite und durch die Kontenauflösung entsteht ein aktives Bestandskonto. Durch die Auszahlungen ist es durchaus üblich, dass das Bankkonto Schulden ausweist und so ein passives Bestandskonto entsteht. Bankschulden dürfen nicht auf der Aktivseite, sondern müssen auf der Passivseite der Bilanz ausgewiesen werden.

Das **Schlussbilanzkonto** (SBK): Das SBK nimmt die Endbestände (Salden) der einzelnen Bestandskonten auf. Die Schlussbilanz ist eine Abschrift des Schlussbilanzkontos.

Soll		Schlussbilanzkonto	Haben
Boden	1000000	Eigenkapitel	1318200
Gebäude	200000	Darlehen	117000
Maschinen	195000	Verbindlichkeiten	5000
Tiervermögen	31400		
Bank	13800		
	1440200		1440200

11.3.3 Buchung auf Erfolgskonten, Kontenabschluss und Gewinn- und Verlustkonto (GuV-Konto)

Das Eigenkapital wird nur durch die erfolgswirksamen Vorgänge geändert. Erfolgswirksam sind die Erträge und Aufwendungen des Betriebes sowie die Privateinlagen und die Privatentnahmen. Um diese Vorgänge detailliert und überschaubar nachvollziehen zu können, wird das Eigenkapital in Unterkonten gegliedert.

Zu unterscheiden ist dabei:

- das Gewinn- und Verlustkonto (GuV-Konto) und
- das Privatkonto.

In das **Gewinn- und Verlustkonto** und in das **Privatkonto** können alle erfolgswirksamen Geschäftsvorgänge eines Wirtschaftsjahres verbucht werden. Am Ende des Jahres werden die Salden der beiden Unterkonten über das Eigenkapitalkonto abgeschlossen.

Nachdem das GuV-Konto ein Unterkonto des Eigenkapitalkontos ist, gelten für die Verbuchung der Geschäftsvorfälle die gleichen Regeln wie für das Eigenkapitalkonto als passives Bestandskonto.

Als Bezeichnungen werden beim GuV-Konto verwendet:
- für Minderungen oder Abgänge = Aufwendungen,
- für Mehrungen oder Zugänge = Erträge.

Soll	GuV-Konto	Haben
Aufwendungen		Erträge

Würden alle erfolgswirksamen Geschäftsvorgänge über das GuV-Konto abgewickelt, so wäre das genauso unübersichtlich wie bei einem Verbuchen im Eigenkapitalkonto. Die Buchführung würde dann z. B. keine Informationen über die Höhe der Dünger- oder Pflanzenschutzaufwendungen liefern.

Daher wird das GuV-Konto weiter in die **Erfolgskonten** unterteilt. Dabei wird zunächst in die Aufwands- und in die Ertragskonten unterschieden. Diese werden dann weiter in die einzelnen Ertrags- und Aufwandsarten wie Saatgutaufwand, Düngeraufwand und Milchertrag gegliedert. In diese Einzelkonten wird während des Jahres gebucht.

Für die Verbuchung in den Einzelkonten gelten die gleichen Regeln wie beim Eigenkapitalkonto. Im Unterschied zu den Bestandskonten besteht bei den GuV-Konten kein Anfangsbestand, weil die Salden aus den Erträgen und Aufwendungen an das Eigenkapitalkonto abgegeben werden und beim Eigenkapitalkonto besteht der Anfangsbestand.

Soll	Aufwandskonten	Haben
Aufwendungen		

Soll	Ertragskonten	Haben
		Erträge

Die Verbuchung der Geschäftsvorgänge in den Erfolgskonten ist für unser **Beispiel** von Seite 150 wie folgt (vergleiche auch das Eigenkapitalkonto von Seite 163).

Soll	Reparaturen		Haben
(d)	7000	Saldo	7000
	7000		7000

Soll	Bank		Haben
AB		**(d)**	7000
(f)	9000	**(e)**	5000
(g)	16000	Saldo	
Summe		Summe	

Soll	Kälberkauf		Haben
(e)	5000	Saldo	5000
	5000		5000

Soll	Maschineneinnahme		Haben
Saldo	9000	**(f)**	9000
	9000		9000

Soll	Bullenverkauf		Haben
Saldo	16000	(g)	16000
	16000		16000

Soll	Bestandsmehrung		Haben
Saldo	2400	(e)	2400
	2400		2400

Soll	Tierbestand		Haben
AB	35000	(g)	6000
(e)	2400	Saldo	31400
	37400		37400

Soll	Bestandsminderung		Haben
(g)	6000	Saldo	6000
	6000		6000

Hinsichtlich der **Verbuchung** und des **Kontenabschlusses** sind an Regeln zu beachten:

1. Die Erfolgskonten sind Unterkonten des Eigenkapitalkontos. Es wird also nicht im Eigenkapitalkonto selbst, sondern im passenden Unterkonto gebucht. Das Eigenkapital steht in der Bilanz auf der rechten Seite. Die Erträge vermehren das Eigenkapital und müssen daher auf der rechten Kontoseite, das heißt im Haben, verbucht werden. Umgekehrt mindern die Aufwendungen das Eigenkapital und sind daher auf der Sollseite des Kontos zu verbuchen. Die Gegenbuchung ist im zutreffenden Bestandskonto.
2. Beim Kontenabschluss ist zuerst die größere Seite zu addieren. Die Summe ist unter beide Kontenseiten zu schreiben. Bei Aufwandskonten ist die Sollseite die größere Kontenseite und bei Ertragskonten ist es die Habenseite.
   Das Bankkonto wird im Beispiel noch nicht abgeschlossen, da nicht alle bankwirksamen Vorgänge verbucht wurden. Es fehlen der Maschinenkauf, die Tilgung und der Privatbereich, da diese Vorgänge nicht erfolgswirksam sind.
3. Der Saldo zwischen der größeren und der kleineren Seite wird zum Ausgleich auf die kleinere Seite geschrieben. Im Unterschied zu den Bestandeskonten wird der Differenzbetrag als Saldo bezeichnet.
4. Die Bestandsveränderungen, im Beispiel das Tiervermögen, werden in der praktischen Buchführung erst mit den Jahresabschlussarbeiten nachgebucht.

Der Abschluss über das Gewinn- und Verlustkonto (GuV-Konto): Die Salden der Aufwands- und Ertragskonten werden nicht direkt über die Bilanz, sondern über ein besonderes Sammelkonto abgeschlossen. Dafür wird die Bezeichnung Gewinn- und Verlust-Konto (GuV-Konto) verwendet.

Nachdem es ein Unterkonto des Eigenkapitalkontos ist, kommen die Salden der Aufwandskonten auf die Sollseite des GuV-Kontos und die Salden der Ertragskonten auf die Habenseite. Es wird dann die Summe der größeren Seite auf beide Seiten gesetzt. Der Saldo zwischen den beiden Seiten kommt auf die kleinere Seite. Damit steht der Gewinn auf der Sollseite und der Verlust auf der Habenseite.

In unserem Beispiel:

Soll	GuV-Konto		Haben
Saldo Reparaturen	7000	Saldo Maschineneinnahme	9000
Saldo Kälberkauf	5000	Saldo Bullenverkauf	16000
Saldo Bestandsminderung	6000	Saldo Bestandsmehrung	16000
Saldo (Gewinn)	9400	Saldo (Verlust)	–
	27400		27400

Der Saldo des GuV-Kontos wird über das Eigenkapitalkonto abgeschlossen. Damit endet dann die Zergliederung des Eigenkapitals in Unterkonten.

Soll	Eigenkapital		Haben
		AB (Vortrag)	1310000
Privatentnahmen		Privateinlagen	
(Verlust)		Gewinn	9400
EB			
Summe		Summe	

11.3.4 Buchung auf Privatkonten und Kontenabschluss

Bei den Einzelunternehmen, wie sie in der Landwirtschaft und auch im Handwerk üblich sind, ist die Verbindung zwischen dem privaten und dem betrieblichen Bereich recht eng. Beispiele für die Verknüpfung des Privatbereichs mit dem Betrieb sind:

- Über die Kasse (Geldbörse) und das betriebliche Bankkonto werden verschiedene Privatausgaben beglichen,
- es gehen Zahlungen ein, die mit dem Betrieb nicht zusammenhängen, z. B. das Kindergeld,
- aus dem Betrieb werden Gegenstände für den privaten Bereich entnommen, z. B. Schlachttiere oder Milch,
- zwischen dem Betriebskonto und der privaten Geldanlage erfolgen laufend Geldumbuchungen, z. B. die vorübergehende Anlage von momentan liquiden Mitteln als Festgeld oder auf dem Sparbuch,
- die private Mitbenutzung von Gegenständen, z. B. den Pkw.

Diese privaten Vorgänge ändern genauso wie Betriebsaufwendungen das Eigenkapital. Wir können sie daher auch gemeinsam mit den Betriebsaufwendungen und Betriebserträgen über das Eigenkapitalkonto abwickeln. Das sieht dann so aus:

Soll	Eigenkapital		Haben
Privatentnahmen	3000	AB (Vortrag)	1310000
Verlust	–	Gewinn	9400
EB	1318200	Privateinlagen	1800
	1321200		1321200

Der Endbestand (EB) des Eigenkapitalkontos wird an die Schlussbilanz übertragen.

Die Privataufwendungen dürfen aber nicht den Gewinn des Betriebes beeinflussen und müssen daher gesondert verbucht werden. Teilweise werden die Privatentnahmen und die Privateinlagen auf einem einzigen Privatkonto geführt, z. B.:

S	Privatkonto		H
(h) Haushalt	3 000	**(i)** Kindergeld	1 800
	–	Saldo	1 200
	3 000		3 000

S	Bank		H
AB	–		
(i)	1 800	**(h)**	3 000

Zumindest sollten aber wegen des Grundsatzes der eindeutigen Kontoführung mindestens zwei Privatkonten geführt werden, und zwar je ein Konto für die Entnahmen und für die Einlagen.

S	Privatentnahmen		H
(h)	3 000	Saldo	3 000
	3 000		3 000

S	Privateinlagen		H
Saldo	1 800	**(i)**	1 800
	1 800		1 800

In der Praxis werden in der Regel mehrere Privatkonten geführt, um auch für den Privatbereich die Aufwendungen exakter überprüfen zu können.

Die **Verbuchung in den Privatkonten** erfolgt nach den gleichen Grundsätzen wie bei den Erfolgskonten, da beide Kontengruppen Unterkonten des Eigenkapitals sind. Auch der Abschluss der Privatkonten am Ende des Wirtschaftsjahres erfolgt nach den üblichen Grundsätzen. Zuerst wird die größere Kontenseite auf beide Seiten geschrieben. Die größere Kontenseite ist bei den Entnahmen die Sollseite und bei den Einlagen die Habenseite. Dann wird der Saldo mit dieser Bezeichnung auf die kleinere Kontenseite eingetragen. Die Salden werden über das Eigenkapitalkonto abgeschlossen.

11.3.5 Jahresabschluss

Zum Ende des Jahres werden die Bestandskonten wieder in der Bilanz zusammengefasst und der Gewinn errechnet. Der Gewinn wird entsprechend dem Doppikprinzip über die Vermögensänderung und die Gewinn- und Verlustrechnung ermittelt.

Tritt eine Gewinnabweichung zwischen den beiden Gewinnberechnungen auf, dann ist die Buchführung fehlerhaft. In unserem **Beispiel** sieht die **Schlussbilanz** wie folgt aus:

Aktiva	Schlussbilanz		Passiva
Boden	1 000 000	Eigenkapital	1 318 200
Gebäude	200 000	Darlehen	117 000
Maschinen	195 000	Verbindlichkeiten	5 000
Tiervermögen	31 400		
Bank	13 800		
	1 440 200		1 440 200

Nach dem Vermögensvergleich, das heißt aufgrund der Änderung des Eigenkapitals, ist in unserem Beispiel der Gewinn:

Eigenkapital zum Ende des Wirtschaftsjahres		1318200 €
Eigenkapital zum Beginn des Wirtschaftsjahres	–	1310000 €
Eigenkapitaländerung	=	8200 €
Privatentnahmen	+	3000 €
Privateinlagen	–	1800 €
Gewinn	=	9400 €

Der Gewinn über die GuV-Rechnung wurde bereits im Abschnitt 11.3.3 hergeleitet und beträgt ebenfalls 9400 € (siehe Seite 168).

11.4 Besondere Buchungsfragen

11.4.1 Buchung von Personalkosten

Bei der Lohn- und Gehaltszahlung ist zwischen dem Bruttolohn und dem Nettolohn zu unterscheiden.

Der **Bruttolohn** besteht aus den Geldzahlungen und oftmals auch aus Naturalleistungen, aus der Unterkunft und der Verpflegung. Es werden vom Bruttolohn die Lohnsteuer, die Kirchensteuer und die Sozialversicherungsbeiträge abgezogen, um den **Nettolohn** zu bekommen.

An Sozialversicherungsbeiträgen hat der Arbeitgeber noch zusätzlich den Arbeitgeberanteil zu erbringen, der in der Regel genauso hoch wie der Arbeitnehmeranteil ist. Die einbehaltenen Steuern hat der Arbeitgeber an das Finanzamt abzuführen, die Sozialversicherungsbeiträge an die Krankenkasse und den Nettolohn an den Arbeitnehmer.

Die noch nicht abgeführten Lohnabzugsbeträge sind in eigenen Konten zu sammeln. Erfolgt die Abführung der Abzugsbeiträge nicht mehr im laufenden, sondern erst im folgenden Wirtschaftsjahr, so sind die Steuern und die Sozialversicherungsbeiträge in der Bilanz unter sonstigen Verbindlichkeiten auf der Passivseite eigens auszuweisen.

Lohn- und Gehaltsvorauszahlungen sind in der Bilanz beim Umlaufvermögen als Forderungen und sonstige Vermögensgegenstände auszuweisen.

Beispiel:	**(a)**	Bruttolohn	3340 €
	(b)	Lohnsteuer	250 €
	(c)	Kirchensteuer	18 €
	(d)	Sozialversicherung	570 €
	(e)	Nettolohn	2502 €

Zusätzlich beträgt der Arbeitgeberanteil zu den Sozialversicherungen 580 €.

S	Lohnaufwand		H
(a)	3 340		

S	Bank		H
		(e)	2 502

S	AG-Anteil		H
(AG)	580		

S	abzuführende Steuer		H
		(b)	250
		(c)	18

S	abzuführende Sozialversicherung		H
		(d)	570
		(AG)	580

Erfolgt die Überweisung an den Sozialversicherungsträger bzw. an das Finanzamt, dann ist die Verbuchung:

S	abzuführende Sozialversicherung		H
	570	**(d)**	570
	580	(AG)	580

S	Bank		H
			570
			580
			268

S	abzuführende Steuer		H
	288	**(b)**	250
		(c)	18

11.4.2 Buchung von Wechseln

Beim Wechsel ist zu unterscheiden zwischen:

- **Besitzwechsel:** Der Landwirt erhält den Wechsel von einem Kunden. Der Besitzwechsel ist eine Art von Forderung und wird im Konto Besitzwechsel verbucht. In der Bilanz sind sie unter Forderungen aus Lieferungen und Leistungen auszuweisen.
- **Schuldwechsel:** Der Landwirt gibt einen Wechsel an den Lieferanten einer Ware. Es ist eine Art von Verbindlichkeit, die im Konto Schuldwechsel zu verbuchen ist. In der Bilanz erscheinen sie unter den Verbindlichkeiten.

Beispiel: Ein Landwirt kauft Dünger für 10 000 € und gibt seinem Lieferanten einen Schuldwechsel.

Verbuchung des Schuldwechsels

S	Düngeraufwand		H
	10 000		

S	Schuldwechsel		H
			10 000

Einlösen des Schuldwechsels nach Kontoeröffnung

S	Schuldwechsel		H
	10 000		10 000

S	Bank		H
			10 000

12 Organisation der doppelten Buchführung

12.1 Bestandteile einer Buchführung

12.1.1 Grundbuch

Als erstes werden im **Grundbuch** die Geschäftsvorfälle in zeitlicher Reihenfolge aufgenommen. Die Grundbücher haben in der Praxis auch die Bezeichnung Journal, Tagebuch oder Geld- und Kassenbericht. Im Grundbuch hat der Geschäftsvorfall, das Datum, die Belegnummer, der Betrag und die Kontierung zu stehen.

Die zeitgerechte Erfassung der Geschäftsvorfälle verlangt keine tägliche Aufzeichnung. Es muss aber ein *zeitlicher Zusammenhang* zwischen den Vorgängen und ihrer buchmäßigen Erfassung bestehen.

Es ist durchaus üblich, dass nur periodenweise verbucht wird. Nach R5.2 EStR 2005 ist es nicht zu beanstanden, wenn die Vorgänge eines Monats bis zum Ablauf des folgenden Monats erfasst werden. Es müssen aber dann organisatorische Vorkehrungen getroffen werden, dass die Unterlagen bis zu ihrer grundbuchmäßigen Erfassung nicht verloren gehen. So sind z. B. dann die Rechnungen zu nummerieren und abzuheften.

Die Kasseneinnahmen und Kassenausgaben sollen täglich festgehalten werden. Das heißt aber nicht, dass sie auch täglich zu verbuchen sind. Zumindest sollten aber die Kassenbelege zeitnah und geordnet abgelegt werden.

Die Grundbücher gibt es gebunden in Buchform oder als lose Blätter. Als Grundbuch wird auch die geordnete Sammlung der Kontoauszüge von Banken oder anderen ständigen Geschäftspartnern und auch eine geordnete Belegablage anerkannt.

Auf den Kontoauszügen sind dann die Geschäftsvorfälle, die Kontonummer und die Belegnummer auszuweisen. Werden die Belege als Grundbuchersatz verwendet, so ist darauf die Beleg- und die Kontonummer zu vermerken. Bei Sammelbuchungen sind die Beträge auf die einzelnen Geschäftsvorfälle aufzuteilen.

Datum	Buchungstext	Konto	Belegnr.	SOLL	HABEN
3.12.	Milchgeld	81	A 45	19 361,56	
3.12.	Filterwatte	36	A 45		154,20
3.12.	Butter	20/2	A 45		25,11
3.12.	Beitrag LKK	23	A 45		3 360,00
3.12.	Verst. 1 Färse	80/3	A 45	1 980,25	

Abb. 6: Die Verbuchung im Grundbuch der A-Bank.

Kontoauszug A-Bank		Kontonummer 15843	Auszug/Jahr 45	Blatt-Nr 1
Valuta		**Alter Kontostand**		**2866,46 H**
17.11.	Milchgeld 1)			19182,25 H
18.11.	LKK Landshut, Beitrag *Konto 23*			3360,00 S
2.12.	Gutschrift *Versteigerung Färse 80/3*			1980,25 H
Herrn und Frau		**Neuer Kontostand**		**20668,96**
	1) 19361,56 – Konto 81 *154,20 – Konto 36* *25,11 – Konto 20/2*			

Abb. 7: Aufbereitung eines Kontoauszuges als Grundbuch: Jeder Geschäftsvorgang wird mit der Nummer des zugehörigen Buchungskontos versehen. Als Belegnummer wird hier die Nummer des Kontoauszuges der A-Bank genommen. Auf die zugehörige Rechnung wird ebenfalls diese Nummer geschrieben und in dem Ordner der A-Bank abgelegt.

Vom Grundbuch werden dann die Geschäftsvorgänge in die entsprechenden Finanz- und Sachkonten des Hauptbuches übertragen. Die Abb. 6 und 7 zeigen die Verbuchung in einem Formular und die Aufbereitung eines Kontoauszugs der Bank als Grundbuchersatz.

12.1.2 Hauptbuch

Das **Hauptbuch** entsteht durch die Auflösung der Bilanz in die Konten. Es ist die eigentliche doppelte Buchführung. Die Geschäftsvorgänge werden hier nach Konten zugeordnet jeweils doppelt verbucht. Aus dem Abschluss der Konten des Hauptbuches ergibt sich die Schlussbilanz sowie die Gewinn- und Verlustrechnung.

Auch das Hauptbuch gibt es in verschiedenen Aufmachungen, unter anderem als Mehrspaltenbogen, als Kontenringbuch oder als lose Kontenkarten, die in Karteikästen abgelegt werden.

Im Hauptbuch muss für jeden Geschäftsvorfall erkennbar sein:

- Buchungstext,
- Datum,
- Belegnummer,
- Gegenkonto,
- Betrag,
- Hinweis auf die Grundbuchseite.

12.1.3 Nebenbücher

Die **Nebenbücher** ergänzen die Aufschreibungen im Hauptbuch. Sie liefern genauere Informationen als das Hauptbuch, es werden damit Ableitungen für die Hauptbuchführung vorgenommen und es erfolgt eine Kontrolle des Geschäftsverkehrs und der Vermögensänderungen.

Beispiele für Nebenbuchhaltungen sind das Anlagen-, Vieh- und Vorräteverzeichnis, die Lohn- und Gehaltsbuchhaltung, das Anbauverzeichnis, die Aufzeichnung des Warenausgangs und die Aufzeichnung der privaten Sachentnahmen.

Die Lagerbuchhaltung kommt in der Landwirtschaft als Naturalbericht in vereinfachter Form vor. Das Kontokorrentbuch ist für land- und forstwirtschaftliche Betriebe in der Regel nicht notwendig.

Anlagenverzeichnis – Darin werden für jedes Wirtschaftsgut des Anlagevermögens die Bezeichnung, die Inventarnummer, der Tag der Anschaffung, die Anschaffungs- oder Herstellungskosten, die Abschreibungsmethode und der Abschreibungssatz, der Buchwert am Bilanzstichtag und der Tag des Abgangs festgehalten. Das Anlagenverzeichnis hat seinen Ursprung in der Erstellung der ersten Bilanz und wird dann laufend fortgeschrieben.

Aus dem Anlagenverzeichnis heraus wird in der praktischen Buchhaltung die Abschreibung und der Buchwert des Anlagevermögens errechnet. Geordnet nach Vermögensgruppen wird im Rahmen der Erstellung des Jahresabschlusses die Abschreibung in die Gewinn- und Verlustrechnung und der Buchwert direkt in das Schlussbilanzkonto bzw. in die Bilanz übertragen. Im neu gefassten BML-Jahresabschluss werden die Vermögensgruppen in den Anlagenspiegel übernommen.

In dem Fall ist das Anlagenverzeichnis prinzipiell auch ein Bestands- und ein Erfolgskonto. Der Unterschied zu einem tatsächlichen Konto ist, dass die T-Form nicht vorliegt und es wird nicht saldiert, sondern mit Vorzeichen gearbeitet. Konten, in denen sowohl Bestands- als auch Aufwandsbuchungen vorgenommen werden, sind »gemischte Konten«.

Viehbericht – Er erfasst die Veränderungen des Viehbestandes und ist für betriebswirtschaftliche Auswertungen sinnvoll. Der Viehbericht kann monatlich, vierteljährlich oder auch nur jährlich erstellt werden.

»Zu- und abversetzt« drückt die Viehbewegungen zwischen den verschiedenen Altersklassen aus. So werden von den Ferkeln 40 Stück abversetzt, die bei den Läufern als zuversetzt eingetragen werden. Von den Läufern werden 35 Tiere abversetzt. Davon kommen 7 Stück zu den Mastschweinen und 28 Stück zu den Jungsauen. Von den Jungsauen gehen 40 Stück ab, die den Zuchtsauen zuversetzt werden.

Ein Viehbericht in der gezeigten Ausführlichkeit ist bei der *steuerlichen Buchführung* nicht erforderlich. Steuerlich genügt es, wenn der Viehbestand nach Tierarten und Altersklassen gegliedert am Ende des Wirtschaftsjahres festgehalten wird. Der rechnerische Endbestand ist mit dem tatsächlichen Viehbestand abzustimmen, zu bewerten und über das Inventarverzeichnis in die Bilanz zu übernehmen.

Beispiel eines Viehberichts:

	Ferkel	Läufer	Mastschweine	Jungsauen	Zuchtsauen	Eber
Anfangsbestand	400	20	10	30	80	2
geboren	1600					
Zukauf						2
zuversetzt		40	7	28	40	
Verkauf	1700		10		35	1
Haushalt			2			
verendet	9	1	1	–	1	
abversetzt	40	35		40		
Endbestand	251	24	4	18	84	3

Für *betriebswirtschaftliche Auswertungen* ist dagegen ein monatlicher Viehbericht in der gezeigten Ausführlichkeit sinnvoll. So kann damit der Durchschnittsbestand an Sauen, die Zahl der Ferkel und die Ferkel/Sau recht genau errechnet werden. In Verbindung mit dem Naturalbericht sind dann auch Berechnungen zum Futterverbrauch/Tier möglich.

Naturalbericht – In der steuerlichen Buchführung genügt es, den Bestand an Vorräten zum Ende des Wirtschaftsjahres festzuhalten. Ein ausführlicher Naturalbericht ist ähnlich dem Viehbericht aufgebaut und kann monatlich, vierteljährlich oder jährlich erstellt werden.

Die Zuteilung der Verbrauchszahlen an einzelne Betriebszweige ist nur bei der Kostenstellenrechnung bzw. der Deckungsbeitragsrechnung notwendig. Die Aufteilung der Verbrauchsmengen ist aber in der Praxis nur selten, da sie sehr zeitaufwendig und schwer zu verwirklichen ist.

Beispiel eines Naturalberichts:

		Weizen dt	Gerste dt	Eiweiß-konzentrat dt	Soja dt	Diesel l
Anfangsbestand		100	0	20	0	300
Ernte		1000	650			
Zukauf				60	100	8000
Verkauf		400				
Verbrauch:	Mastschweine	10	10	3	5	
	Zuchtsauen	300	475	75	90	
	sonstiger	310	150	2	4	8100
Endbestand		80	15	0	1	200

Anbauverzeichnis – Land- und Forstwirte haben neben der jährlichen Bestandsaufnahme ein Anbauverzeichnis zu führen. Damit ist nachzuweisen, mit welchen Fruchtarten die selbst bewirtschafteten Flächen im abgelaufenen Wirtschaftsjahr bestellt waren. In das Anbauverzeichnis sind alle dem Betrieb dienenden Flächen, also auch die Pachtflächen, aufzunehmen.

In der Forstwirtschaft sind die Flächen nach Holzarten unter Angabe der Altersklassen auszuweisen. Das Anbauverzeichnis müssen auch Gartenbaubetriebe, Saatzuchtbetriebe, Baumschulen u. ä. Betriebe führen.

Gesonderte Aufzeichnung des Warenausgangs – Gewerbliche Unternehmen müssen den Wareneingang und den Warenausgang an andere gewerbliche Unternehmer gesondert aufzeichnen. In der Land- und Forstwirtschaft braucht der Wareneingang nicht gesondert ausgewiesen zu werden.

Dagegen haben auch Landwirte den Warenausgang eigens aufzuzeichnen, der erkennbar zur gewerblichen Weiterverarbeitung bestimmt ist. Diese Vorschrift soll eine bessere Überprüfung der Käufer land- und forstwirtschaftlicher Produkte ermöglichen. Aufzuschreiben sind:

- Der Tag des Warenausgangs oder das Datum der Rechnung,
- Name und Anschrift des Abnehmers,
- die handelsübliche Bezeichnung der Ware,
- der Preis der Ware,
- ein Hinweis auf den Beleg.

Soweit aus der Finanzbuchführung selbst die geforderten Aufzeichnungen hervorgehen, kann auf die gesonderte Aufzeichnung des Warenausgangs verzichtet werden (§ 144 AO).

Lohn- und Gehaltsbuchhaltung – Die Lohnbuchhaltung ist ein von der Finanzbuchhaltung unabhängiger Zweig des Rechnungswesens. Sie hat folgende Aufgaben zu erfüllen:

- Für jeden Arbeitnehmer den Brutto- und Nettoverdienst ermitteln und für ihn die Unterlagen erstellen,
- für das Finanzamt die Nachweise erarbeiten,
- für die Sozialversicherungsträger die Nachweise erarbeiten,
- zur Verbuchung in der Finanzbuchführung entsprechende Belege liefern.

Der Arbeitnehmer erhält von seiner Gemeinde eine Lohnsteuerkarte. Diese hat er seinem Arbeitgeber vorzulegen. Zur Berechnung der Lohn- und Kirchensteuer braucht der Arbeitgeber die Lohnsteuertabelle. Daraus liest der Arbeitgeber unter Berücksichtigung der Eintragungen auf der Lohnsteuerkarte, die Höhe der Lohn- und Kirchensteuer ab.

Zum Bruttolohn des Arbeitnehmers gehören der Lohn, Überstundenzuschläge, Urlaubsgeld, Arbeitgeberanteil zu den vermögenswirksamen Leistungen, Sachbezüge, Unterkunft und Verpflegung. Freie Kost und Wohnung sind nach den amtlichen Sachbezugswerten anzusetzen.

Für Lohn- und Gehaltsvorschüsse hat der Arbeitnehmer noch nicht die Arbeitsleistung erbracht. Sie sind daher in einem eigenen Konto zu erfassen und gehören in der Bilanz zu den sonstigen Forderungen. Einen Überblick zur Organisation der Lohnbuchhaltung gibt die Tabelle 36.

Tabelle 36: Organisation der Lohnbuchhaltung im Überblick

Berechnung des Brutto- und Nettolohns für jeden Arbeitnehmer (AN):	Bruttolohn – Lohn- und Kirchensteuer – Sozialversicherungsbeiträge = Nettoverdienst
für die Lohn- und Gehaltsabrechnung sind für jeden AN an Bearbeitungsvorgängen notwendig:	Lohnkonto für jeden Arbeitnehmer, Lohnabrechnung für jeden AN, Überweisung der Beträge an den AN, an das Finanzamt und an die Krankenkasse, Entgeltnachweis für die Versicherung, Lohnsteuerbescheinigung
Nachweise für die Finanzbuchführung:	Summe der jeweiligen Beträge für alle AN im Lohnbuch bilden, z. B. für Bruttolohn, Nettolohn, Lohn- und Kirchensteuer, Sozialversicherungsbeitrag des Arbeitnehmers und des AG; Lohnbuch ist der Buchungsbeleg für die Finanzbuchführung
Arbeiten für die Behörden:	Lohnsteueranmeldung beim Finanzamt und Überweisung der Steuer, Beitragsnachweis zur Sozialversicherung und Überweisung der Beiträge

Lagerbuch – Die Material- und Lagerbuchhaltung ist in größeren Handels- und Industriebetrieben sehr ausgeprägt. Damit können laufend die Lagerbestände überwacht und es kann frühzeitig disponiert werden. Sie ist im Zusammenhang mit der Inventur auch zur Prüfung der Korrektheit der Lagerverwaltung zu sehen und es können damit Unkorrektheiten erkannt werden.

In der Landwirtschaft entspricht der monatliche Naturalbericht einer vereinfachten Lagerbuchhaltung.

Kontokorrentbuch – Man bezeichnet es auch als Geschäftsfreundebuch oder als Kunden- und Lieferantenbuch. In der kaufmännischen Buchführung ist es üblich, dass jeder Warenausgang sofort in dem Konto Forderung aufgeschrieben und bei dem entsprechenden Erfolgskonto gegengebucht wird. Bezahlt der Abnehmer die gelieferte Ware, dann wird der Betrag auf dem Bankkonto als Einnahme verbucht und unter dem Konto Forderung gegengebucht.

Genauso ist es beim Einkauf von Waren. Erhält der Kaufmann die Waren, so wird die Schuld zunächst beim entsprechenden Aufwandskonto verbucht und bei den Verbindlichkeiten gegengebucht. Wird die Rechnung beglichen, dann wird der Betrag auf dem Konto Verbindlichkeiten ausgebucht und bei der Bank gegengebucht.

Die Verbuchung aller Forderungen und Verbindlichkeiten auf je einem Konto genügt in der Regel nicht, weil

- das Konto bei vielen Verkäufen und Einkäufen unübersichtlich wird,
- die Kontrolle über den Kontostand des einzelnen Kunden fehlt und es ist damit nicht ohne weiteres ersichtlich ist, ob der Kunde bezahlt hat oder nicht,
- es aus der Buchführung nicht ersichtlich ist, ob der Kaufmann seine Verbindlichkeiten bereits bezahlt hat oder ob eventuell eine Doppelbezahlung erfolgte,
- eine Zusammenstellung über die Lieferungen fehlt, die ein Kunde erhalten hat.

Damit die genannten Nachteile nicht vorkommen, wird eine Kontokorrentbuchhaltung eingerichtet. Dazu erhält jeder Kunde und Lieferant ein Personenkonto. In diesen Konten werden alle Lieferanten und Zahlungen nach Personen bzw. nach Geschäftspartnern getrennt aufgenommen. Dadurch wird der Kaufmann ständig über den Stand der Forderungen und Schulden gegenüber seinen Geschäftspartnern auf dem laufenden gehalten.

Lieferantenkonten haben die Bezeichnungen Kreditoren-, Gläubiger- oder Liefererkonten, die Kundenkonten nennt man Debitorenkonten.

Die Konten werden täglich, monatlich, vierteljährlich oder jährlich abgeschlossen und die Salden an die Konten Verbindlichkeiten oder Forderungen im Hauptbuch abgegeben. Die Summe aller Verbindlichkeiten des Kontokorrentbuches ist gleich dem Konto Verbindlichkeiten im Hauptbuch. Das gilt auch für die Forderungen: Die Summe der Forderungen im Hauptbuch ist gleich den Konten Forderungen im Kontokorrentbuch.

Wenn keine Personenkonten auf eigenen Blättern oder Karteikarten geführt werden, dann kann das Kontokorrentbuch auch aus einer geordneten Ablage der nicht ausgeglichenen Ein- und Ausgangsrechnungen bestehen. Man spricht hier von einer Offenen-Posten-Buchhaltung.

12.2 Buchführungsverfahren

Der Landwirt hat die Wahl zwischen drei Buchführungsverfahren: der Handbuchführung, der außerbetrieblichen Buchführung in Zusammenarbeit mit Buchführungsgesellschaften und Steuerberatern sowie dem eigenen Computer mit einem Buchführungsprogramm.

12.2.1 Handbuchführung

Die Handbuchführung hat in der Praxis kaum noch Bedeutung. Mit ihr lassen sich allerdings die strengen systematischen Regeln und Zusammenhänge zwischen den Buchungen und dem Ergebnis besser erkennen als mit der Buchführung außer Haus oder mit der EDV.

Darin liegen auch die Vorteile der Handbuchführung. Das sind: die genaue Kenntnis der Datenherkunft, die Auswertungen sind nachvollziehbar, der Praktiker erlebt selbst die Zusammenhänge zwischen den Buchungsvorgängen und den Ergebnissen des Jahresabschlusses. Die Nachteile sind, dass die laufenden Aufschreibungen, die Fehlerkontrollen und die Zusammenstellung des Jahresabschlusses sehr zeitraubend sind.

Die konventionellen Buchführungsformen bzw. die Handverfahren lassen sich nach der Gestaltung der Bücher und der Verbuchungstechnik unterscheiden. Grundsätzlich gibt es die Übertragungsbuchführung und die Durchschreibebuchführung.

Übertragungsbuchführung – Der Inhalt des Beleges wird in das Grundbuch eingetragen. Im Grundbuch sind das Datum, der Buchungstext, der Betrag, die Konto- und die Belegnummer einzuschreiben. Vom Grundbuch wird dann der Vorgang in das Hauptbuch übertragen. Das Grundbuch ist nicht notwendig, wenn die Kontoauszüge der Bank mit der Kontonummer und dem Belegtext ergänzt werden. Bei der Übertragungsbuchführung haben sich unterschiedliche Techniken herausgebildet.

Die Methoden unterscheiden sich im Wesentlichen durch die Anzahl der notwendigen Grundbücher und durch die Art der Übertragung ins Hauptbuch. Die Übertragungsbuchführung hat (mit Ausnahme des amerikanischen Journals) den großen Nachteil, dass wegen der Übertragungen sehr viel Schreibarbeit anfällt und die Fehlerquellen groß sind. Sie hat daher keine besondere Bedeutung mehr.

Für die Landwirtschaft gibt es vereinfachte Übertragungsbuchführungen. die aber kaum noch angewandt werden. Ein Beispiel dafür ist die Hofbelegbuchführung. Als Grundbuch werden hier die Kontoauszüge der Bank aufbereitet. Monatlich überträgt man dann die Summen der einzelnen Konten auf das Hauptbuch.

Am einfachsten und verständlichsten ist bei der Übertragungsbuchführung das *amerikanische Journal*. Die Funktion von Grundbuch und Hauptbuch sind auf einem Formular vereint. Dadurch geht der Schreibaufwand zurück. Bei wenigen Konten ist es ein übersichtliches und leicht erlernbares Buchführungssystem. Mit zunehmender Kontenzahl nimmt dann die Breite des Papierbogens zu und damit geht die Übersichtlichkeit verloren. Nachdem in der Landwirtschaft eine große Kontenvielfalt besteht, ist das amerikanische Journal für Agrarbetriebe weniger geeignet.

Beispiel zum amerikanischen Journal: Einkauf von Düngemitteln für 4000 €, Bezahlung über die Bank.

Bel.	Tag	Vorgang	Betrag	Kasse		Bank		Düngemittel		weitere
Nr.			DM	S	H	S	H	S	H	Konten
AB										
1	7. 8.	Düngerkauf	4000				4000	4000		

Im amerikanischen Journal wird zunächst als Grundbuchung die Belegnummer, der Tag, der Vorgang und der Betrag eingeschrieben. Dann erfolgt die Buchung mit Gegenbuchung im Hauptbuch. Im Hauptbuch sind zumindest an Konten notwendig: Kasse, Bank, Forderungen, Verbindlichkeiten und dann noch die verschiedenen Ertrags-, Aufwands- und Privatkonten. Betriebe mit der Regelbesteuerung der Umsatzsteuer brauchen zusätzlich noch die Konten Vorsteuer und Umsatzsteuer.

Durchschreibebuchführung – Im Unterschied zur Übertragungsbuchführung wird hier in einem Arbeitsgang mit entsprechend präparierten Formularen die Buchung auf das Grundbuch, das Hauptbuch und eventuell auch auf die Nebenbücher eingetragen. Damit das Durchschreibeverfahren möglich ist, sind hier keine oder nur teilweise gebundene Bücher möglich. In der Regel sind lose Kontenblätter üblich, die in Ringordnern oder Karteikästen abgelegt werden. Ein Beispiel für die Durchschreibebuchführung ist in der Landwirtschaft die Hofbuchführung.

12.2.2 Buchführung außer Haus

Da die Buchführung sehr arbeitsaufwendig und wenig beliebt ist, übertragen viele Betriebe die Buchhaltung auf spezialisierte Buchstellen und auf Steuerberater. Der Landwirt sammelt die Belege und erfasst die Natural- und Viehbewegungen. Die Belege werden durch ihn oder die Buchstelle chronologisch geordnet und beschriftet. Die Verbuchung der Geschäftsvorfälle, die Fertigung des Jahresabschlusses und anderer Ergebnislisten übernimmt die Buchstelle.

Für diesen Service fallen Kosten an. Deren Höhe richtet sich nach den vom Landwirt geleisteten Vorarbeiten, der Zahl der Buchungen und nach den Beratungsleistungen.

Die Vorteile der Zusammenarbeit mit einer Buchstelle oder dem Steuerberater sind die Spezialkenntnisse der Betreuer in der Buchführung und bei den Steuerfragen. Die Buchstelle oder der Steuerberater übernimmt die Verantwortung für die ordnungsgemäße Erstellung des Jahresabschlusses. Ein weiterer Vorteil ist, dass die Buchstellen Vergleichskennzahlen ähnlich gelagerter Betriebe zur wirtschaftlichen Einordnung des eigenen Betriebes liefern.

Von Nachteil ist, dass der Landwirt nicht mehr den Zusammenhang zwischen den Geschäftsvorfällen und deren Auswirkungen auf das Betriebsergebnis unmittelbar selbst aus dem Buchführungszusammenhang erkennt. Als Folge davon werden die Buchführungsabschlüsse zwangsläufig zur Steuerabwicklung, aber wenig zu betriebswirtschaftlichen Entscheidungen herangezogen.

12.2.3 EDV-Buchführung

Der wesentliche Unterschied zwischen der Buchführung mit EDV und der Handbuchführung ist, dass Formblätter, Schreibstifte und Taschenrechner durch Tastatur und Bildschirm ersetzt werden. Damit aber die Elektronik eines Computers arbeiten kann, braucht sie Befehle, wie sie arbeiten soll. Diese Arbeitsbefehle geben Programme, die »Software«. Zur Abwicklung der Buchführung wird dementsprechend ein Buchführungsprogramm gebraucht, damit die Gerätetechnik die über die Tastatur eingetippten Geschäftsvorfälle annimmt, speichert, verrechnet und die Ergebnisse ausdruckt.

Der Landwirt kann genauso wie jeder andere Unternehmer seine Buchführung selbst erstellen. Voraussetzung der Anerkennung ist, dass das Buchführungssystem den Grundsätzen ordnungsgemäßer Buchführung entspricht.

Bei der Buchführung mit dem eigenen PC sind im Wesentlichen zwei Organisationen möglich. Es ist da zum einen die eigenständige Lösung und zum anderen die Verbundlösung in Zusammenarbeit mit einer Buchführungsgesellschaft.

Bei der eigenständigen Lösung erwirbt der Landwirt ein Programm, mit dem alle Buchführungsarbeiten von der Eröffnungsbilanz über die laufende Geld- und Naturalbuchführung bis hin zum Jahresabschluss unabhängig von einer Buchstelle oder einem Steuerberater durchgezogen wird.

Die eigenständige Lösung ist für Landwirte mit der Neigung zum Umgang mit der EDV, in der Buchhaltung und in Steuerfragen geeignet.

In der Verbundlösung arbeitet der Landwirt mit einer Buchstelle oder einem Steuerberater zusammen. Dazu wird ein Betreuungsvertrag abgeschlossen, in den die hofeigene PC-Buchführung eingeschlossen ist. Das Buchführungsprogramm wird in Abstimmung mit der Buchstelle oder dem Steuerberater gekauft oder gemietet.

Verbundlösungen können Landwirten empfohlen werden, die sich den Umgang mit dem Computer zutrauen, die Vorteile der selbst gefertigten Buchführung nutzen wollen, aber Bedenken vor der letztendlichen Buchführungsverantwortung und vor steuerlichen Entscheidungen haben.

Bei der PC-Buchführung tippt der Anwender die Geschäftsvorfälle ein. Das Programm verarbeitet die Eingaben und erstellt das Journal, den Geld- und Naturalbericht, den Jahresabschluss und andere Ergebnislisten.

13 Ablauf der Hand-Buchführung an einem einfachen Beispiel

Der Zusammenhang der doppelten Buchführung soll an einem sehr vereinfachten Beispiel aufgezeigt werden. Dargestellt wird damit die Inventur, die Zusammenstellung der Inventarverzeichnisse in der Bilanz, die Geldbuchführung, der Vieh- und Naturalbericht und der Jahresabschluss. Im Beispiel wird die Umsatzsteuer pauschaliert, weshalb die beiden Konten Vorsteuer und Umsatzsteuer (Mehrwertsteuer) nicht aufgeführt sind.

Lediglich die Vorsteuer auf Investitionen ist im Beispiel zu erfassen, da diese nicht aktiviert und abgeschrieben werden darf, sondern beim pauschalisierenden Betrieb im Jahr des Anfalls eine Betriebsausgabe ist. Beim optierenden Betrieb ist sie ein durchlaufender Posten, der mit dem Finanzamt zu verrechnen ist.

13.1 Inventur und Inventarverzeichnisse

Inventar Boden (in Euro)

Inv. Nr.	Flur Nr.	Bezeichnung	Nutzung	Fläche ha	EMZ	Buchwert 1. 7. 2001	Buchwert 1. 7. 2002
1	431	Maxham 4	Hof	0,7989	–	40903	40903
2	474	Hoffeld	Acker	15,00	90000	368130	368130
3	501	Mitterfeld	Acker	20,00	130000	531744	531744
4	501	Leiten	Wald	5,0126	–	51129	51129
		Summe		40,81		991906	991906

Die Bezeichnung, die Größe und die Ertragsmesszahl ist dem Liegenschaftskataster zu entnehmen. Alle Flächen waren bereits vor 1970 im Eigentum des Betriebes. Während des WJ vom 1. 7. 2001 bis 30. 6. 2002 sind keine Flächenänderungen.

Inventar Gebäude

Inv. Nr.	Bezeichnung	Anschaffung			AfA		Buchwert 1. 7. 2001		Buchwert 1. 7. 2002
		Datum	DM	Euro	%	Euro	DM	Euro	Euro
5	Schweinestall	1. 4. 89	300000	153388	2	3068	226495	115805	112737
6	Getreidelager	8. 9. 87	80000	40903	4	1636	35730	18268	16632
7	Maschinenhalle	6. 9. 91	100000	51129	4	2045	60661	31015	28970
	Summe		480000	245420		6749	322886	165088	158339

Inventar bauliche Anlagen

Inv. Nr.	Bezeichnung	Anschaffung			AfA		Buchwert 1. 7. 2001		1. 7. 2002
		Datum	DM	Euro	%	Euro	DM	Euro	Euro
8	Güllelager	1. 4. 89	30000	15339	5	767	11625	5943	5176
	Summe		30000	15339		767	11625	5943	5176

Inventar Betriebsvorrichtungen und Maschinen

Inv. Nr.	Bezeichnung	Anschaffung			AfA		Buchwert 1. 7. 2001		+ Zugang – Abgang	Buchwert 1. 7. 2002
		Datum	DM	Euro	%	Euro	DM	Euro	Euro	Euro
9	Traktor	1. 9. 89	75000	38347	12	0	1	1	– 1	
10	Kipper	6. 4. 94	23000	11760	8	941	9198	4703		3762
11	Güllefass	3. 9. 89	11000	5624	10	0	1	1		1
12	Pflug	2. 7. 98	25000	12782	10	1278	17500	8948		7670
13	Saatbettkomb.	2. 9. 92	15000	7669	10	765	11498	766		1
14	Aufstallung	1.4. 89	50000	25565	10	0	1	1		1
15	PKW	16. 3. 96	35000	17895	20	0	1	1		1
	Traktor neu			65000	12,5	8125			+65000	56875
	Summe		234000	119642		11109		14421	+64999	68311

Inventar Tierhaltung (Gruppenbewertung, Wertansätze der Finanzverwaltung in €)

Tiergruppe	€/Tier	Bestand 1. 7. 2001		Bestand 1. 7. 2002		+ Mehrung – Minderung
		Stück	€	Stück	€	
Ferkel	30	400	12000	320	9600	– 2400
Läufer	50	30	1500	20	1000	– 500
Mastschweine	80	10	800	2	160	– 640
Jungsauen	200	30	6000	40	8000	+ 2000
Zuchtsauen	180	80	14400	83	14940	+ 540
Eber	305	2	610	2	610	0
Summe			35310		34310	– 1000

Die Bewertung der Vorräte erfolgt bei den zugekauften Vorräten nach dem gewogenen Durchschnittspreis ohne Vorsteuer, bei den eigen erzeugten Vorräten nach dem Verkaufspreis ohne Mehrwertsteuer abzüglich 15 % Gewinn- und Verkaufsunkostenanteil.

Beispiel Weizen: möglicher Nettopreis 10,35 €/dt abzüglich 15 % Gewinnanteil ergibt 9,00 €/dt

Inventar Vorräte (Gruppenbewertung)

Vorrat	Bestand 1. 7. 2001			Bestand 1. 7. 2002			+ Mehrung
	€/dt	dt	€	€/dt	dt	€	– Minderung
Weizen	9,00	100	900	8,50	140	1190	+ 290
W.Gerste	0	0	0	8,50	40	340	+ 340
eigen erzeugte Futtermittel insgesamt							+ 630
Eiweißkonzentrat	35,00	20	700	36,00	20	720	+ 20
Soja	0	0	0	23,00	5	115	+ 115
Zugekaufte Futtermittel insgesamt							+ 135
Diesel (in 100 l)	65,00	3	195	70,00	6	420	+ 225
Summe			1795			2785	+ 990

Inventar Finanzkonten (in Euro)

	Wert am 1. 7. 2001	1. 7. 2002
Forderungen	10000	13500
Verbindlichkeiten	3000	2500
Betriebskonto Bank	– 6000	–1598
Kasse	200	500
Darlehen	100000	90000
Darlehen Traktorkauf		50000

Die Forderung zum 1. 7. 2001 entstand wegen des Verkaufs von Ferkeln im Juni 2001, die zum Bilanzstichtag noch nicht bezahlt waren.

Gegen Ende des Wirtschaftsjahres 2000/2001 wurde ein Schlepper repariert. Die Reparaturrechung war am Bilanzstichtag noch nicht bezahlt. Der Betrag von 3000 € gehört daher als Verbindlichkeit auf die Passivseite der Bilanz. Das betriebliche Bankkonto ist mit 6000 € im Minus und ist daher auf der Passivseite auszuweisen.

13.2 Eröffnungsbilanz

Ausgehend von der Inventur und den Inventarverzeichnissen wird die Eröffnungsbilanz erstellt. Bei der Übertragung in die Eröffnungsbilanz wird, wie es in der Praxis auch meistens der Fall ist, zur Vereinfachung auf die Wiedergabe des Eröffnungsbilanzkontos verzichtet.

In der Eröffnungsbilanz werden für dieses Übungsbeispiel Klemens die Vermögenswerte in einfacher Form auf der Aktivseite zusammengestellt. Auf der Passivseite stehen die Schulden und das Eigenkapital. Das EK ist die Differenz von1 224 663 € abzüglich der drei Positionen Verbindlichkeiten, Bankschulden und Darlehen.

Die Eröffnungsbilanz sieht in der T-Form wie folgt aus:

Aktiva	Eröffnungsbilanz zum 1. 7. 2001		Passiva
Boden	991906	Eigenkapital	1115663
Wirtschaftsgebäude	165088	Verbindlichkeiten	3000
bauliche Anlagen	5943	Bank	6000
Maschinen	14421	Darlehen	100000
Tiervermögen	35310		
Vorräte	1795		
Forderungen	10000		
Kasse	200		
Aktiva	1224663	Passiva	1224 663

13.3 Verbuchung in den Bestands-, Erfolgs- und Privatkonten

Die Geschäftsvorgänge dieses Beispiels, genannt Klemens Bruno und Christine, werden zur Verdeutlichung der Zusammenhänge im amerikanischen Journal der Abb. 8 (Seite 186) verbucht. Von den Bestandskonten sollen nur die Finanzkonten aus der Bilanz in das amerikanische Journal übertragen werden.

Die Fortschreibung der übrigen Bilanzbestände geschieht zum Jahresabschluss mithilfe der Inventare. Aus Platzgründen sind bei den Ertragskonten nur die Habenseiten und bei den Aufwandskonten nur die Sollseiten ausgewiesen.

Die Geschäftsvorfälle sind:

8. 7. 2001	Soja 100 dt, 2460 €, Bank
19. 7. 2001	Ferkelverkauf vom 22. 6. 2001, 10000 €, Bank
31. 7. 2001	Rechnung vom 14. 6. 2001, 3000 €, Bank
9. 8. 2001	Sauenverkauf 10 Stück, 1100 €, Bank
12. 8. 2001	Barabhebung, 3000 €
5. 9. 2001	Tilgung des Darlehens, 10000 €, Bank
5. 9. 2001	Zinsaufwand, 7000 €
8. 9. 2001	Tanken Pkw, 900 €, Barzahlung
15. 9. 2001	Haushaltsausgaben, 700 €, Barzahlung
4. 10. 2001	Ferkelverkauf 250 Stück, 16500 €, Bank
15. 10. 2001	Verkauf Alttraktor, Buchwert 1 €, Verkaufserlös brutto 10000 €, Bank
15. 10. 2001	Kauf eines Traktors, netto 65000 €, Vorsteuer 10400 €, Bank, AfA 12% linear
10. 11. 2001	Sauenfutter 650 dt, 16000 €, Bank
2. 12. 2001	Darlehensaufnahme, 50000 €, Auszahlung auf das Bankkonto
7. 12. 2001	Ferkelverkauf 450 Stück, 29300 €, Bank
15. 12. 2001	Tierarzt, 4000 €, Bank
15. 2. 2002	Sauenverkauf 25 Stück, 2600 €, Bank

Text	Betrag	Kontonummer 1		2		7		8		9		20		31	35/36	44	42/48	54	56/2	60	82	96	98
		S Kasse	H	S Bank	H	S Forderung	H	S Verbindl.	H	S Darlehen	H	S Privat	H	S	S	S	S	S	S	H			
Anfangsbestand		200			6000	10000			3000		100000												
Soja	2460				2460										2460								
Forderung	10000			10000			10000																
Verbindlichkeit	3000				3000			3000															
Sauenverkauf	1100			1100																	1100		
Barabhebung	3000	3000			3000																		
Tilgung	10000				10000					10000													
Zinsaufwand	7000				7000													7000					
Tanken PKW	900		900													900							
Haushalt	700		700									700											
Ferkelverkauf	16500			16500																	16500		
Schlepperverk.	10000			10000																		10000	
Schlepperkauf	75400				75400														10400				65000
Sauenfutter	16000				16000										16000								
Darlehensaufn.	50000			50000							50000												
Ferkelverkauf	29300			29300																	29300		
Tierarzt	4000				4000										4000								
Sauenverkauf	2600			2600																	2600		
Autoreparatur	500		500													500							
Kleidung	600		600									600											
Weizenverkauf	2100			2100																2100			
NPK-Dünger	5100				5100									5100									
Strom	4500				4500												4500						
Krankenkasse	2500				2500							2500											
Kindergeld	462			462									462										
Dieselkauf	4900				4900												4900						
Ferkelverkauf	40200			40200																	40200		
Festgeldanlage	20000				20000							20000											
Ferkelverkauf	13500					13500															13500		
Eiweißkonzentr.	2500								2500						2500								
EB/Saldo			500	1598			13500	2500		140000			23338	H 5100	H 20960	H 1400	H 4900	H 7000	H 10400	S 2100	S 103200	S 10000	H 65000
												S 462	H23800		H 4000		H 4500						
Summe		3200	3200	163860	163860	23500	23500	5500	5500	150000	150000	23800	23800	5100	24960	1400	9400	7000	10400	2100	103200	10000	65000
Umsatz		3000	2700	162262	157860	13500	10000	3000	2500	10000	50000	23800	462	5100	24960	1400	9400	7000	10400	2100	103200	10000	65000

Abb. 8: Die Verbuchung des Beispiels Klemens im amerikanischen Journal

Erläuterung der Kontonummern: 31 Düngemittel, 35 Futtermittel, 36 Sonstiger Spezialaufwand Tierhaltung, 42 Diesel, 44 Ausgaben PKW, 48 Strom, Heizstoffe, Wasser, 54 Zinsaufwand, 56/2 Vorsteuern auf Investitionen (zeitraumfremder Aufwand), 60 Getreide, 82 Schweineverkauf, 96 Zeitraumfremder Ertrag, 98 Anlagenzugang.
In den Erfolgskonten werden nur Einnahmen und Ausgaben verbucht. Daher ist es möglich, nur die Soll- bzw. die Habenseiten auszuweisen. Die Erfolgsnummern 35 und 36 sowie 42 und 48 werden aus Platzgründen jeweils in einer Spalte zusammengefasst. Die Salden werden allerdings am Tabellenende getrennt ausgewiesen.

26. 2. 2002 Autoreparatur, 500 €, Barzahlung
28. 2. 2002 Kauf von Kleidung, 600 €, Barzahlung
1. 3. 2002 Verkauf Winterweizen 200 dt, 2100 €, Bank
12. 3. 2002 Kauf NPK-Dünger 300 dt, 5100 €, Bank
14. 3. 2002 Stromgeld, 4500 €, Bank
19. 3. 2002 Landwirtschaftliche Krankenkasse, 2500 €, Bank
24. 3. 2002 Kindergeld, 462 €, Bank
10. 4. 2002 Dieselkauf 7000 l, 4900 €, Bank
25. 5. 2002 Ferkelverkauf 600 Stück, 40 200 €, Bank
26. 5. 2002 Festgeldanlage, 20 000 €, Bank
30. 6. 2002 Ferkelverkauf 200 Stück, 13 500 €, am 30. 6. noch nicht bezahlt (Forderung)
30. 6. 2002 Eiweißkonzentrat 60 dt, 2500 €, am 30. 6. noch nicht bezahlt

13.4 Vorbereitende Jahresabschlussbuchungen

Bevor die Bilanz sowie die Gewinn- und Verlustrechnung entstehen kann, sind Abschlussbuchungen (Nachbuchungen, Korrekturbuchungen) vorzunehmen. Es fehlen also noch die Buchungen, die den Abschluss vorbereiten (vorbereitende Abschlussbuchungen) und die zum Abschluss führen (eigentliche Abschlussbuchungen).
Vorbereitende Jahresabschlussbuchungen sind:

- Buchung der Abschreibungen,
- Abschluss der Privatkonten,
- Umbuchung privatanteiliger Kosten, z. B. PKW, Strom,
- Buchung der Sachentnahmen
- Abschluss der Inventarlisten und Abstimmung mit der Inventur, insbesondere auch der Vieh- und Vorräteberichte,
- Bildung von Abgrenzungsposten und von Rückstellungen,
- Die Betriebe, die bei der Umsatzsteuer die Regelbesteuerung gewählt haben, haben das Vorsteuerkonto über das Umsatzsteuerkonto abzuschließen.

Die eigentlichen Abschlussbuchungen sind:

- Abschluss der Ertrags- und Aufwandskonten
- Abschluss der Aktiv- und Passivkonten

Treten bei den vorbereitenden Abschlussarbeiten zwischen den Bestandsfortschreibungen und der Inventur Differenzen auf, so ist das Ergebnis der Inventur maßgeblich. Die buchmäßigen Bestände sind dann anhand der tatsächlichen Bestände zu korrigieren. Fehlbestände sind bis zur Klärung der Ursachen auf einem Bestandsdifferenzkonto zu führen.
An Abschlussbuchungen für das Beispiel Klemens werden mit den T-Konten die Verbuchung der Abschreibungen, die privaten Sachentnahmen und der Abschluss von Inventarlisten als T-Konten aufgezeigt. Im folgenden erfolgt die Verbuchung

der Nachbuchungswerte durch eine Salden-Fortschreibung betroffener Konten. Es wäre auch denkbar, die Salden der Konten des Hauptbuches und die Salden der Nachbuchungswerte direkt über die GuV abzuschließen.

a) Die Nachbuchung der AfA, der Kauf und Verkauf eines Traktors:
   Abschreibungen: Gebäude 6749 €, bauliche Anlagen 767 €, Maschinen 11 109 €
   Buchwertabgang von 1 € durch den Verkauf des Traktors

S	Gebäude		H
AB	165 088		
			6 749
		SB	158 339
	165 088		165 088

S	bauliche Anlagen		H
AB	5943		
			767
		EB	5176
	5943		5943

S	Maschinen		H
AB	14 421		
	65 000		11 109
			1
		EB	68 311
	79 421		79 421

S	AfA		H
	6 749		
	767		
	11 109	GuV	18 625
	18 625		18 625

S	zeitraumfr. Aufwand		H
Traktorverk.	1		
		GuV	1
	1		1

Erläuterungen zu den Nachbuchungen am Beispiel Maschinen:
Es wird das Konto Maschinen durch den Eintrag des Anfangsbestandes (AB) eröffnet. Der Zukaufspreis des neuen Traktors von 65 000 € wird im Soll gebucht; die Haben-Buchung erfolgte bereits in der Abbildung 8 beim Abschluss des Kontos 98. Die Abschreibung von 11 109 € wurde in dem Inventarverzeichnis Maschinen berechnet. Sie wird auf der Habenseite des Maschinenkontos und im Soll des Erfolgskontos AfA gebucht. Der verkaufte Traktor hatte den Buchwert von 1 €, der auf der Habenseite des Maschinenkontos und auf der Sollseite des Kontos zeitraumfremder Aufwand gebucht wird. Der Kontenabschluss beim Bestandskonto Maschinen zeigt einen Endbestand von 68 311 €, der im Schlussbilanzkonto bzw. in der Schlussbilanz im Soll bzw. im Aktiva abschließend gebucht wird. Die Endbestände der beiden Konten AfA und zeitraumfremder Aufwand werden im GuV-Konto gegengebucht.

b) Die Nachbuchung privater Sachentnahmen:
   Vom PKW ist 1 % des Listenpreises pro Monat auf privat umzubuchen. Der Listenpreis beträgt 18 500 €
   18 500 € × 1 % = 185 €/Monat × 12 Monate = 2220 €
   Tatsächlicher Aufwand
   (Tanken 900 €, Reparatur 500 €, der PKW ist bereits abgeschrieben) 1400 €

Der Gesamtaufwand für den PKW ist mit 1400 € niedriger als der Umbuchungsbetrag nach der 1 %-Methode. Dadurch würde wegen der privaten Mitbenutzung des PKW ein Gewinn von 820 € entstehen (2220 € – 1400 €). In diesem Fall ist es erlaubt, den Privatanteil auf die tatsächlichen PKW-Aufwendungen zu begrenzen.

Die weiteren Sachentnahmen sind der Strom (geschätzter Privatanteil 1300 €), Brennholz (5 Ster × 44 € = 220 €) und zwei Schlachtschweine (bewertet nach erzielbarem Verkaufspreis mit 200 €). Die Summe aller Sachentnahmen ergibt den Betrag von 3120 €.

Die Verbuchung der Sachentnahmen über T-Konten:

S	PKW		H
Kto 44	1400		
		Privat	1400
GuV	0	GuV	0
	1400		1400

S	Strom		H
Kto 48	4500		
		Privat	1300
		Saldo	3200
	4500		4500

S	Forstertrag		H
			0
		Privat	220
GuV	220		
	220		220

S	Schweineertrag		H
		Kto82	103 200
		Privat	200
GuV	103 400		
			103 400

S	Privatentnahmen		H
	1400		
	1300		
	220		
	200	EK-Konto	3120
	3120		3120

In der gezeigten Art der Verbuchung mindern die Sachentnahmen die Aufwendungen und erhöhen die Erträge. Die Salden der betrieblichen Erfolgskonten werden über die GuV-Rechnung und das Konto Privatentnahmen über das Eigenkapitalkonto abgeschlossen.

Es ist aber auch denkbar, die durch Sachentnahmen betroffenen Konten des Hauptbuches (siehe Abbildung 8) unverändert in der GuV-Rechnung gegenzubuchen und die Sachentnahmen im GuV-Konto als Erträge aufzunehmen.

c) Die Nachbuchung der Bestandesänderungen:
Die Endbestände an Vieh und Vorräten enthalten die Inventarlisten auf Seite 183 f. Die Konto-Anfängsbestände sind die Abschluss-Salden aus dem Hauptbuch. Aus Platzgründen wurden im Hauptbuch die Konten 35 und 36 (Futtermittel und Tierarzt) sowie die Konten 42 und 48 (Diesel, Strom) in einer Spalte zusammengefasst; an der Stelle werden sie getrennt fortgeschrieben.

S	Getreideertrag		H
		Konto60	2100
		Mehrung	630
GuV	2730		
	2730		2730

S	Futtermittel		H
Konto35	20 960		
		Mehrung	135
		GuV	20 825
	20 960		20 960

S	Diesel		H
Konto42	4900		
		Mehrung	225
		GuV	4675
	4900		4900

S	Vorräte		H
AB	1795		
	630		
	135		
	225	SB	2785
	2785		2785

S	Schweineertrag		H
			103 200
		Privat	200
Minderung	1 000		
Saldo	102 400		
	103 400		103 400

S	Tierbestand		H
AB	35 310		
			1 000
		SB	34 310
	35 310		35 310

Im Beispiel werden die Bestandsänderungen ausgehend von den betroffenen Konten des Hauptbuches und unter Berücksichtigung der erfolgten Sachentnahmen fortgeführt. Zum Beispiel beträgt beim Schweineverkauf (Konto 82) der Saldo auf der Sollseite 103 200 €. Unter den privaten Nachbuchungen wurden bereits 200 € nachgebucht. Weiterhin ist die Bestandsminderung von 1000 € nachzutragen. Der Saldo von 102 400 € wird schließlich in der GuV auf der Habenseite gegengebucht.

13.5 Hauptabschlussübersicht

Die Hauptabschlussübersicht hat auch die Bezeichnungen Abschlussübersicht, Betriebsübersicht oder Abschlusstabelle. Sie gehört nicht direkt zur Buchführung, sondern steht außerhalb des Systems der doppelten Buchführung. Mit ihr wird ein Probeabschluss erstellt, um bereits vor dem endgültigen Abschluss der Konten Fehler zu erkennen und zu bereinigen.

In die Abschlusstabelle kommen die Summen und Salden der einzelnen Konten. Nach weiteren vorbereitenden Abschlussbuchungen werden die beiden Abschlussrechenwerke Bilanz und GuV-Rechnung erstellt.

Die **Hauptabschlussübersicht** hat bei der Buchführung land- und forstwirtschaftlicher Betriebe eine untergeordnete Bedeutung.

In den Zeilen der Abschlussübersicht stehen die einzelnen Konten. Zuerst kommen nach Möglichkeit die Bestandskonten und dann die Erfolgskonten. Im vollen Umfang besteht die Hauptabschlussübersicht aus 8 Spalten (Abb. 9, Seite 191). Die Entwicklung der Spalten lässt sich in den nachstehenden drei Stufen darstellen:

- Die Entwicklung der Saldenbilanz I,
- die Entwicklung der Saldenbilanz II,
- die Entwicklung der Schlussbilanz sowie der Gewinn- und Verlustrechnung.

Entwicklung der Saldenbilanz I – In die erste Spalte der Abschlussübersicht (Abb. 9) kommen die Bestände der Aktiv- und Passivseite der Eröffnungsbilanz. Die Spalte Umsatzbilanz nimmt die Soll- und Habenumsätze der einzelnen Konten auf. Dazu sind die Konten nicht abzuschließen, sondern nur deren Umsätze ohne

	Anfangsbilanz		Umsatzbilanz		Summenbilanz		Saldenbilanz I		Umbuchungen		Saldenbilanz II		Schlußbilanz		GUV-Rechnung	
	S	H	S	H	S	H	S	H	S	H	S	H	S			
Boden	991906				991906	0	991906				991906		991906			
Gebäude	165088				165088	0	165088			6749	158339					
bauliche Anlagen	5943				5943	0	5943			767	5176		5176			
Maschinen	14421				14421	0	14421		65000	11110	68311		68311			
Tiervermögen	35310				35310	0	35310			1000	34310		34310			
Vorräte	1795				1795	0	1795		990		2785					
Forderungen	10000		13500	10000	23500	10000	13500				13500		13500			
Bank		6000	162262	157860	162262	163860		1598				1598		1598		
Kasse	200		3000	2700	3200	2700	500				500					
Eigenkapital		1115663			0	1115663		1115663	26920	462		1089205		1089205		
Verbindlichkeiten		3000	3000	2500	3000	5500		2500				2500		2500		
Darlehen		100000	10000	50000	10000	150000		140000				140000		140000		
Einlagen (20)				462	0	462		462	462							
Entnahmen (20)			23800		23800	0	23800			23800						
Sachentnahmen					0	0			3120	3120						
Düngemittel			5100		5100	0	5100				5100				5100	
Viehaufw (35, 36)			24960		24960	0	24960			135	24825				2	
Diesel			4900		4900	0	4900			225	4675				4675	
PKW			1400		1400	0	1400			1400						
Strom			4500		4500	0	4500			1300	3200				3200	
Zinsaufwand			7000		7000	0	7000				7000				7000	
Vorsteuern (56/2)			10400		10400	0	10400				10400				1	
zeitr.fr.Aufwand					0	0			1		1					
Getreideertrag				2100	0	2100		2100		630		2730				2730
Schweineverk.				103200	0	103200		103200	1000	200		102400				
Forstertrag					0	0				220		220				220
zeitr.fr.Ertrag (96)				10000	0	10000		10000				10000				
Maschinenzugang			65000		65000	0	65000			65000						
AfA					0	0			18625		18625				18625	
	1224663	1224663	338822	338822	1563485	1563485	1375523	1375523	116118	116118	1348653	1348653	1274827	1		
													Gewinn	41524	41524	
													1274827	1274827	115350	115350

Abb. 9: Die Hauptabschlussübersicht am Beispiel Klemens

die Anfangsbestände zu addieren und in die Abschlussübersicht zu übertragen. Die Umsätze der einzelnen Konten sind für unser Beispiel in der letzten Zeile der Abb. 8 vermerkt.

Bei der Übertragung der Umsätze gilt: Die Sollumsätze der Konten kommen auf die Sollseite der Abschlussübersicht und die Habenumsätze der Konten auf die Habenseite der Abschlussübersicht. Nachdem bei der Verbuchung der Geschäftsvorfälle in den Konten immer das Prinzip der Buchung und Gegenbuchung gilt, müssen die Sollsummen der Sollseite und der Habenseite gleich sein. Sind die beiden Seiten nicht gleich, dann bestehen Buchungs- oder Übertragungsfehler, die zu finden und zu korrigieren sind.

Auf die beiden ersten Spalten Eröffnungsbilanz und Umsatzbilanz wird oftmals verzichtet. Es beginnt dann die Abschlussübersicht mit der Summenbilanz.

Die Quersumme aus Eröffnungsbilanz und Umsatzbilanz ergibt die Spalte Summenbilanz. Zu addieren sind zeilenweise jeweils die Aktivseite der EB mit der Sollseite der Umsatzbilanz bzw. die Passivseite mit der Habenseite. Auch hier muss die Summe aller Sollbeträge gleich der Summe alle Habenbeträge sein.

Die Spalte Saldenbilanz I ist aus der Differenz zwischen der Soll- und Habenseite der Summenbilanz zu bilden. Durch die Differenzbildung entsteht ein Saldo. Dieser ist in der Saldenbilanz I auf die Seite zu übertragen, die in der Summenbilanz den größeren Betrag aufweist. Daher wird diese Spalte auch als Überschussbilanz benannt. Es besteht hier also ein Unterschied zum Kontenabschluss, bei dem der Saldo immer auf der kleineren Seite steht. Auch in der Saldenbilanz muss die Sollseite gleich der Habenseite sein.

Entwicklung der Saldenbilanz II – Die Beträge der Saldenbilanz I beinhalten – genauso wie die einzelnen Konten – nur die laufenden Geschäftsvorfälle. Zwischen der Saldenbilanz I und der Saldenbilanz II ist die Spalte Umbuchungen. In dieser werden die Ergebnisse der vorbereitenden Abschlussarbeiten erfasst. Diese Buchungen sind auch gegenzubuchen. War die Buchung im Soll, so hat die Gegenbuchung im Haben zu erfolgen und umgekehrt. Beide Buchungen erfolgen in der Doppelspalte Umbuchungen. Die Abschreibungen, die Abgänge und die Bestandsminderungen können aus den Inventaren entnommen werden. Im Beispiel der Abb. 9 sind die Abschreibungen:

für Gebäude	6749 €
für bauliche Anlagen	767 €
für Maschinen und Pkw	11109 €
Buchwertabgang	1 €
insgesamt	18626 €

In der Umbuchungsspalte werden diese Beträge in den Bestandskonten im Haben und in dem Erfolgskonto AfA im Soll erfasst. Der Maschinenzugang von 65000 €

kommt bei dem Bestandskonto in der Sollspalte und wird in dem Konto Maschinenzugang gegengebucht. Auch der Buchwertabgang der veräußerten Maschine in Höhe von 1 € ist zu erfassen. Er steht im Maschinenkonto gemeinsam mit der AfA auf der Habenseite und wird unter dem zeitraumfremden Aufwand gegengebucht. Die Abschreibung braucht nicht in einer eigenen Zeile erfasst zu werden. Sie kann auch in den Zeilen zum Gebäude- und Maschinenaufwand in der Umbuchungsspalte jeweils anteilig ausgewiesen werden.

Die Privatentnahmen bestehen aus den Ausgaben von 23800 €. In der Umbuchungsspalte kommen noch die Sachentnahmen und die anteiligen Privatnutzungen hinzu und zwar:

PKW Privatanteil	1400 €
Strom Privatanteil pauschaliert	1300 €
Schlachtung von 2 Mastschweinen	200 €
Brennholz	220 €
Privatverbrauch insgesamt	3120 €

Diese 3120 € werden wegen der besseren Nachvollziehbarkeit als eigene Zeile Sachentnahmen im Soll der Umbuchungsspalte erfasst. Sie sind dann gemeinsam mit den Geldausgaben von 23800 € auf das Eigenkapital umzubuchen. Der Umbuchungswert beträgt 26920 € und wird in der Zeile Eigenkapital auf die Sollseite geschrieben. Die Gegenbuchung ist in den Zeilen Entnahmen und Sachentnahmen. Die Privateinlagen stehen auf der Habenseite. Zum Eigenkapital umgebucht werden sie über die Habenseite.

Die Saldenbilanz I wird durch die Umbuchungen teilweise verändert. Deshalb sind alle Werte der Saldenbilanz I unter Berücksichtigung der Umbuchungen in die Saldenbilanz II zu übernehmen. Auch hier muss die Sollseite gleich der Habenseite sein.

Entwicklung der Schlussbilanz und der GuV-Rechnung – Nach der Saldenbilanz II bleibt nur noch der Übertrag in die Spalte Schlussbilanz und in die GuV-Rechnung über. Die Beträge der Bestandskonten gehören zur Schlussbilanz und die der Erfolgskonten zur GuV-Rechnung. Nach der Übertragung der Werte sind die Spalten zu summieren.

Dabei fällt eine *Abweichung* zwischen den Soll- und den Habenseiten auf. Diese Differenz ist der Gewinn oder der Verlust und muss sowohl bei der Schlussbilanz als auch bei der GuV-Rechnung gleich groß sein. Bei einer Abweichung ist die Buchführung oder der Abschluss fehlerhaft und muss korrigiert werden.

In der Hauptabschlussübersicht entspricht die GuV-Rechnung dem GuV-Konto. Es wird daher der Gewinn als Saldo zwischen der größeren und der kleineren Seite ermittelt. In unserem Beispiel Klemens ist die Habenseite (Ertragsseite) die größere Seite. Es liegt also ein Gewinn vor, der auf der Sollseite auszuweisen ist. Ist umgekehrt die Sollseite (Aufwandsseite) die größere Seite, so liegt ein Verlust vor, der auf der Habenseite steht.

Die Spalte Schlussbilanz entspricht dem Schlussbilanzkonto. Auch hier gilt, dass der Differenzbetrag auf der kleineren Seite auszuweisen ist. Im Beispiel der Abb. 9 ist die Habenseite die kleinere Seite, daher steht der Gewinn auf dieser Seite.

13.6 Der Jahresabschluss

Nachdem die Hauptabschlussübersicht fehlerfrei abgeschlossen ist, kann der eigentliche Jahresabschluss erfolgen. Dazu sind die einzelnen Konten (siehe Abb. 8) durch Saldieren abzuschließen. Die Salden der Bestandskonten sind auf das Schlussbilanzkonto bzw. in die Schlussbilanz und die der Erfolgskonten in das GuV-Konto zu übertragen.

Als erstes wird das GuV-Konto erstellt, im Beispiel in der T-Form. Die Gewinnableitung nach der Staffelform wird mit der EDV-Buchführung im Kapitel 14 gezeigt.

Soll	**Gewinn- und**	**Verlustkonto**	Haben
Düngemittel (31)	5 100	Getreideverkauf (60)	2 730
Futtermittel (35)	20 825	Schweineverkauf (82)	102 400
Tierarzt (36)	4 000	Zeitraumfremder Ertrag (96)	10 000
Diesel (42)	4 675	Forstertrag (Entnahme)	220
Strom (48)	3 200		
Zinsaufwand (54)	7 000		
Vorsteuer (56/2)	10 400		
Zeitraumfremde Aufwendungen	1		
Abschreibungen	18 625		
Saldo (Gewinn)	41 524		
	115 350		115 350

Der Saldo der GuV-Rechnung ist der Gewinn. Dieser wird im Eigenkapitalkonto gegengebucht. Auf der Soll-Seite des GuV-Kontos stehen die Aufwendungen und auf der Haben-Seite die Erträge.

Soll	Eigenka	pitalkonto	Haben
		AB (Vortrag)	1 115 663
Privatausgaben	23 800	Gewinn	41 524
Sachentnahmen	3 120	Privateinlagen	462
EB (Saldo)	1 130 729		
	1 157 649		1 157 649

Die Schlussbilanz des Beispielbetriebes Klemens als T-Konto

Aktiva	Schlussbilanz		Passiva
Boden	991906	Eigenkapital	1132327
Wirtschaftsgebäude	158339	Darlehen	140000
Bauliche Anlagen	5176	Bankkonto	1598
Maschinen	68311	Verbindlichkeiten	2500
Tiervermögen	34310		
Vorräte	2785		
Forderungen	13500		
Kasse	500		
	1274827		1274827

14 Buchführung mit EDV an einem einfachen Beispiel

14.1 Allgemeines

Das verwendete EDV-Buchführungsprogramm hat unter anderem folgende Leistungen:

- Das Programm wird in der Version für DOS und WINDOWS angeboten. In den folgenden Abbildungen wird die Eingabe unter DOS gezeigt.
- Der Betrieb kann umsatzsteuerlich entweder als optierender oder als pauschalierender Betrieb bearbeitet werden. Bei der Einstellung als optierender Betrieb wird die Umsatzsteuerabrechnung geliefert.
- Das Programm liefert den Jahresabschluss nach den Vorschriften des BMELV.
- Als Ergebnislisten liefert das Programm neben dem Jahresabschluss das Grundbuch, die Kontenschreibung und den Geldbericht.
- Soweit die Aufwands- und Ertragszahlen den Betriebszweigen entsprechend zugeordnet werden, erstellt das Programm auch eine Kostenstellenrechnung. Das Ergebnis davon sind die Deckungsbeiträge.

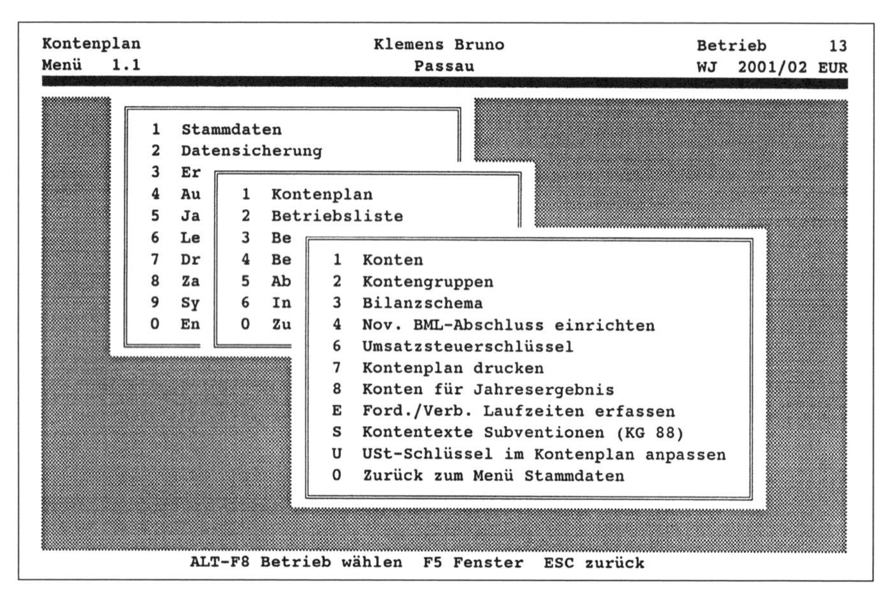

Abb. 10: Der Aufruf der Stammdatenverwaltung

Nach dem Einschalten des PC und dem Aufruf des Buchführungsprogramms leuchtet am Bildschirm das Hauptmenü auf.

Die Ziffer 1 ruft aus dem Hauptmenü die Stammdatenverwaltung auf. Hier werden Eingaben vorgegeben, die nicht laufend zu verändern sind (siehe Abb. 10).

Unser Betrieb Klemens soll mit der Nummer 13 als umsatzsteuerlich pauschalierender Betrieb angelegt werden. Zu den normalerweise nicht laufend zu verändernden Voreinstellungen gehören die Beschriftung des Kontenplans und das Ausfüllen der Bewertungsdateien. Verschiedene Kontenpläne, die steuerlichen Bewertungssätze der Finanzverwaltung und die betriebswirtschaftlichen Bewertungssätze des BMELV gehören zum Lieferumfang des Programms.

Diese Vorgaben kann jeder Nutzer nach den eigenen Vorstellungen abändern. An Kontenplänen stehen zwei Versionen nach dem Textschlüsselmodus und drei Versionen nach dem Kontenplanmodus zur Auswahl. Im Beispiel wird wegen der einfachen Handhabung der dreistellige Textschlüsselmodus verwendet.

14.2 Eröffnungsbilanz

Die Grundlage der Eröffnungsbilanz mit EDV ist genauso wie bei der Handbuchführung die Inventur und die Bewertung nach den steuerlichen Vorschriften. Sie ist unter dem Hauptmenüpunkt »Erfassungsprogramme« anzulegen. Dazu wird ein spezielles Bildschirmformular aufgerufen (Abb. 11).

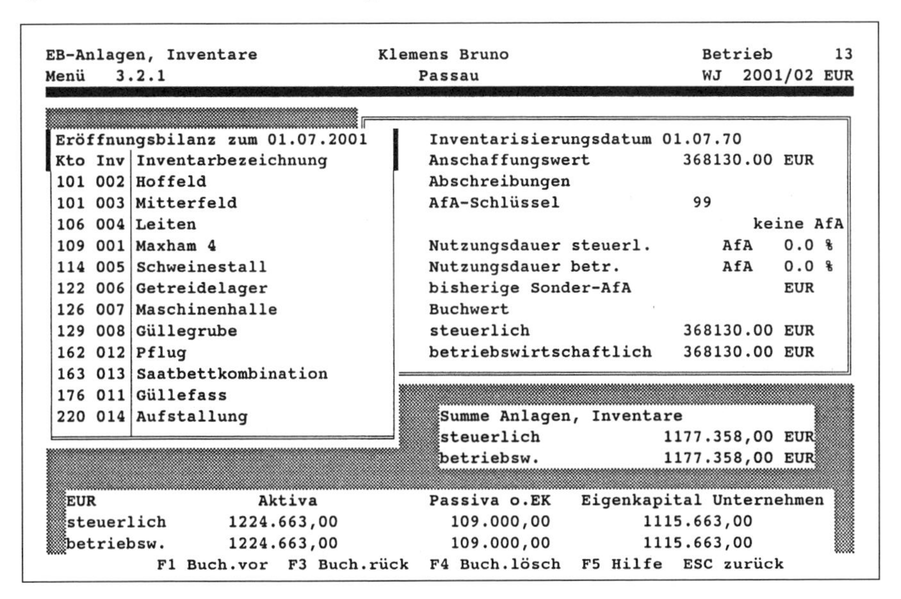

Abb. 11: Bildschirmformular zur Aufstellung der Eröffnungsbilanz

Die Eingaben erfolgen in der Bildschirmmaske. Im Beispiel wurde unter Kontierung die Kontonummer 126 eingetragen., Das Programm greift dann auf den Kontenplan zu und holt von dort eine standardisierte Inventarbezeichnung. Diese Bezeichnung ist zu allgemein und wurde daher in Abb. 11 in »Maschinenhalle« abgeändert.

Das Programm fragt dann nach der Inventarnummer, dem Anschaffungsdatum und dem Anschaffungswert. Bei den Abschreibungen wird üblicherweise von der linearen AfA ausgegangen. Als lineare AfA können für die steuerliche und betriebswirtschaftliche Buchführung unterschiedliche Sätze angegeben werden.

Das Programm erlaubt darüber hinaus auch die Sonderabschreibungen und die degressiven Abschreibungen. Die Buchwerte errechnet das Programm selbst aus dem Anschaffungsdatum, dem Anschaffungswert und dem AfA-Satz. Es berücksichtigt hierbei die steuerrechtlichen Vorschriften.

Die abgeschlossenen Eingaben werden dann im linken Teil der Bildschirmmaske angezeigt. Zur Information und zur Kontrolle weist der Bildschirm laufend den Stand des steuerlichen und betriebswirtschaftlichen Eigenkapitals aus.

14.3 Laufende Geldbuchführung

Genauso wie bei der Handbuchführung kann auch bei EDV von den als Grundbuch aufbereiteten Kontoauszügen der Bank jeder Geschäftsvorgang übernommen

```
Buchungsprotokoll                  Klemens Bruno                     Betrieb     13
Menü   3.4.7                          Passau                         WJ  2001/02 EUR

30    Buchungssätze
lfd.|Fk| Buchungstext      |Betrag          |Kto  Kst  Kg|Belg|Datum|USt| Stück,Gewicht
   1|61|Sojaschrot        |      2.460,00- |361       35|   1|08.07|   |        100,00
   2|61|Verschiedene Fo   |10.000,00       |048       15|   2|19.07|   |
   3|61|Versch. Verbind   |      3.000,00- |049       15|   3|31.07|   |
   4|61|Zuchtsauen        | 1.100,00       |856       82|   4|09.08|   |     10,0
   5|61|Kasse             |      1.000,00- |070       18|   5|12.08|   |
   6|61|Darlehen          |     10.000,00- |015       13|   6|05.09|   |
   7|61|Zinsen für Darl   |      7.000,00- |561       54|   7|05.09|   |
   8|70|PKW               |        900,00- |282       44|   8|08.09|   |

Finanzkonto                                        Zwischensaldo:
061      Bank                                      Neuer Saldo:          1.598,00-

        BETRAG EUR          KONTIERUNG                                AfA  stl   betr   Inv
Soll(Einn.) Haben(Ausg.)    Kto Kst KG    Beleg   Datum      USt.  Sl   %     %      Nr.
     .         75400.00     999 241 98    R 11    15.10.01    16         12.0  12.0  016
           147469.58 DM
Buchungstext
Traktor Firma 100 KW        Anlagen-Zugang

             F1 Eingabe  F2 Rücksetzen  F5 Hilfe  ESC zurück
```

Abb. 12: Bildschirmformular zur laufenden Geldbuchführung

werden. Es ist vom Arbeitsaufwand aus vorteilhaft, im Monatsrhythmus die Geschäftsvorgänge in den PC zu übertragen. Das heißt: Zunächst sind alle Überweisungen der A-Bank einzutippen, dann die der B-Bank und zum Schluss die Barzahlungen aus der Kasse.

Die Zahlen werden wieder in ein Bildschirmformular eingegeben. Verwendet wird im folgenden der dreistellige Textschlüssel. In der unteren Hälfte der Bildschirmmaske sind die Eingabefelder, im oberen Teil werden die Buchungen zur Kontrolle wiedergegeben. Die Eingabe beginnt mit der Auswahl des Finanzkontos (Abb. 12).

Im Beispiel ist im Eingabefeld das Finanzkonto mit dem EDV-Code 061 »Bank« ausgewählt. Von der Bank werden brutto 75400 € für den Kauf eines Traktors an den Verkäufer überwiesen. Der Zugang oder auch der Abgang an dauerhaften Wirtschaftsgütern hat die EDV-Kontonummer 999. Zusätzlich zur Nummer 999 ist noch die EDV-Kontonummer 241 »Traktor« unter die Rubrik Kostenstelle einzutragen.

Der EDV-Kontonummer ist in Verbindung mit der Habenbuchung automatisch die Kontogruppe 98 »Anlagenzugang« zugeordnet. Die Belegnummer für den Vorgang ist R11. Dieses vorneweg gestellte »R« drückt eine Kurzbezeichnung der betroffenen Bank aus und soll in den Ergebnislisten lediglich die Suche nach Geschäftsvorgängen erleichtern.

Die Umsatzsteuer ist bei dem Zugang von zu bilanzierenden Wirtschaftsgütern immer anzugeben. Das Programm teilt den Bruttobetrag selbst in den Netto- und den Umsatzsteuerbetrag auf. Den Nettobetrag überträgt es in die Inventarlisten und die Umsatzsteuer verbucht es als außerordentlichen Betriebsaufwand. Für die lineare AfA schlägt das Programm 12,5% vor, die von Hand auf 12% abgeändert wurden.

Für die betriebswirtschaftliche Buchführung wird im Beispiel der steuerliche AfA-Satz beibehalten. Statt der linearen AfA kann auch die degressive AfA gewählt werden. Sonderabschreibungen sind nicht hier bei der Verbuchung des Vorgangs, sondern unter den Abschlussbuchungen zum Jahresabschluss anzugeben.

14.4 Natural- und Viehbericht

Für die Mengenbuchführung sieht das Programm sehr exakte Erfassungen vor. Sie können monatlich oder jährlich nach dem Schema der beiliegenden Abb. 13 in den PC eingetippt werden.

Zunächst verlangt das Programm die Monatsauswahl. In der Abb. 13 wurde der Monat 5. 2002 gewählt. Mit der Kontonummer 851 erkennt das Programm die Ferkel. Es holt von den Eingaben der Eröffnungsbilanz und den Eingaben der vorhergehenden Monate den Anfangsbestand zum 1. 6. 2002. Aus den Ferkelbewegungen wird dann der Ferkelbestand zum Monatsende berechnet, der mit dem tatsächlichen Tierbestand übereinstimmen muss.

```
Vieh buchen                          Klemens Bruno                  Betrieb      13
Menü   3.3.1                           Passau                       WJ  2001/02 EUR

                                                                     Monat  Jahr
V I E H                                                               06     2

KONTO    851    Ferkel bis 25 kg                Alter Bestand          200.0

ZUGANG                  Stück       Kto         ABGANG              Stück        Kto

Geburt, Produktion    1640.0        ---         Verkauf             1500.0       ---
Zukauf                     .        ---         Haushalt                 .       593
Zuversetzt                 .        ---         Verendet                 .       ---
.................          .                    Abversetzt            20.0       ---
                                                .................        .

Summe Zugang          1640.0                    Summe Abgang        1520.0

                                                Neuer Bestand        320.0

     F1 Buch.vor   F3 Buch.rück   F4 Buch.lösch   F5 Hilfe   ESC zurück
```

Abb. 13: Bildschirmformular zum Viehbericht

14.5 Vorbereitung des Jahresabschlusses

Vor der Erstellung des Jahresabschlusses sind noch verschiedene Umbuchungen vorzunehmen. Diese Umbuchungen lässt das Programm unter »Abschlussbuchungen und Strukturdaten« zu (Abb. 14).

Die Abschlussbuchungen werden am Beispiel der Privatentnahmen gezeigt. Die Privatanteile können entweder in Prozent oder in Euro-Beträgen eingetragen werden. Der Pkw ist ein betriebliches Wirtschaftsgut. Alle Ausgaben und auch die Abschreibungen dafür werden als Betriebsaufwendungen geführt. Da aber der Pkw auch privat genutzt wird, ist ein Teil seiner Aufwendungen auf den Privatbereich umzubuchen (Abb. 15).

Im Beispiel kommen von den Pkw-Aufwendungen einschließlich der AfA 1400 € auf den Privatbereich. Von den Stromkosten entfallen 1300 € auf den Privathaushalt. Für den Privathaushalt wurden 2 Schweine mit einem Wert von 200 € und Brennholz im Wert von 220 € entnommen.

14.6 Jahresabschluss und Ergebnislisten

An Ergebnissen liefert die Buchführung mit EDV grundsätzlich nichts anderes als die mit Hand. Der Unterschied zwischen den beiden Buchführungsmöglichkeiten ist aber, dass nach Abschluss aller Eingaben die EDV zur Berechnung nur wenige Augenblicke braucht.

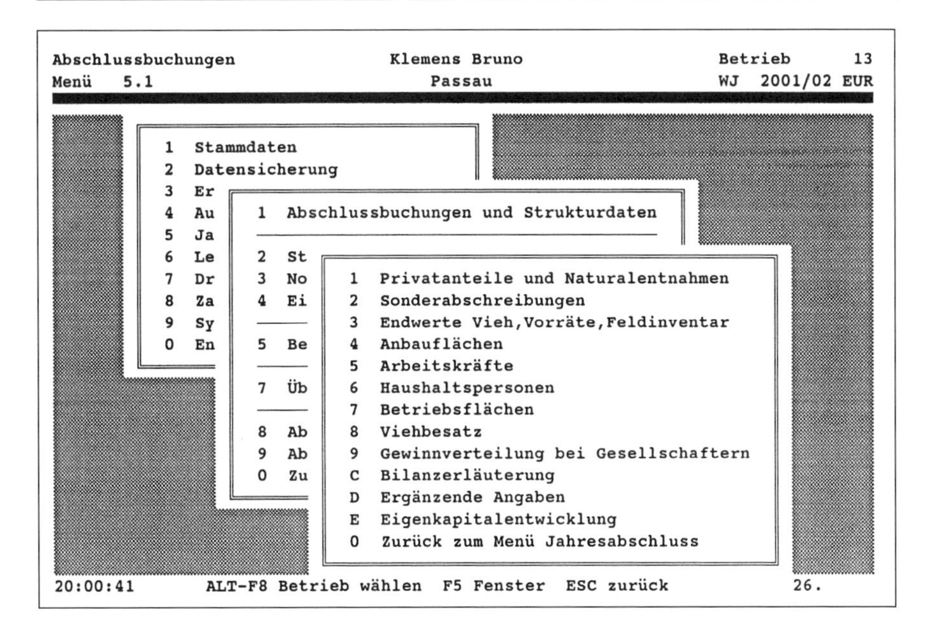

Abb. 14: Auswahlmenü zur Vorbereitung des EDV-Jahresabschlusses

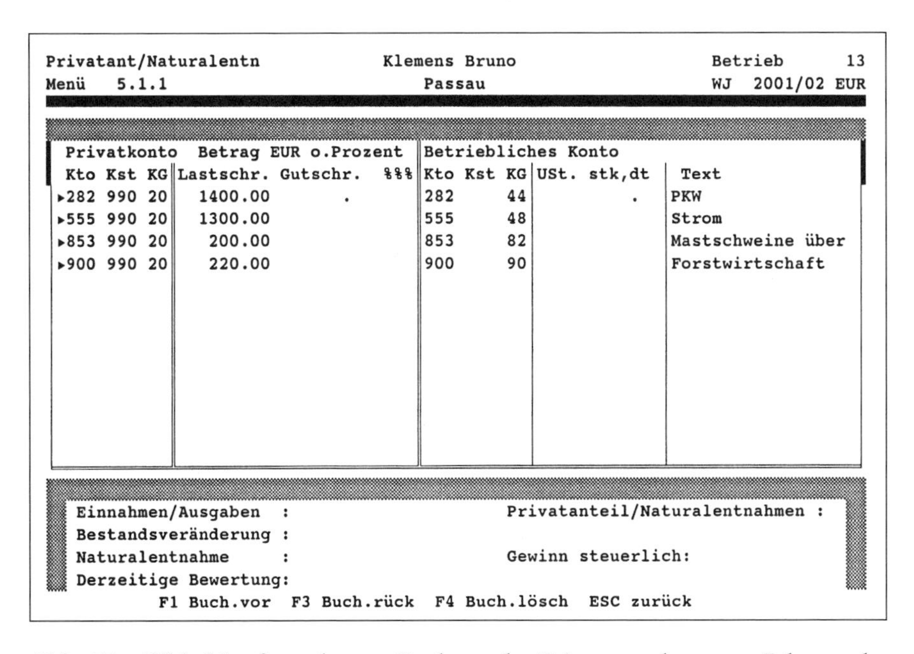

Abb. 15: Bildschirmformular zur Buchung der Privatentnahmen am Jahresende

An Ergebnissen liefert die EDV das Grundbuch, die Kontenschreibung, den Geldbericht, den Natural- und Viehbericht sowie den steuerlichen und betriebswirtschaftlichen Jahresabschluss.

Das Grundbuch oder Journal listet alle Geschäftsvorgänge in der Reihenfolge der Verbuchung auf. Die Kontenschreibung protokolliert alle Geschäftsvorgänge und sortiert sie nach Kontengruppen.

Die Kontenschreibung kann für jeden Monat bis hin zu einem Jahr erstellt werden. Sie erleichtert damit zum einen die Überprüfung der Buchführung auf Richtigkeit und Vollständigkeit, zum anderen liefert sie ökonomisch interessante Aussagen, z. B. über die Entwicklung von Preisen je gekaufte oder verkaufte Einheit. Einen Einblick in die Inhalte und Aussagen der Kontenschreibung soll die Wiedergabe für die Kontengruppe 82 »Schweineverkauf« vermitteln (Abb. 16, Seite 203).

Der Geldbericht ist die weitergehende Zusammenfassung der Kontenschreibung. Er unterscheidet sich von der Kontenschreibung dadurch, dass die EDV-Konten nicht mehr einzeln, sondern zu einem Betrag zusammengefasst ausgewiesen werden. Zum Geldbericht vergleiche die Abb. 16 (unterer Teil) für das Konto 82 »Schweineverkauf«.

Zum Geldbericht gehört noch ein Liquiditätsbericht, in dem alle Einnahmen und Ausgaben aufsummiert und gegenübergestellt werden. Damit sind dann Liquiditätsaussagen über den abgelaufenen Zeitraum möglich.

In den Jahresabschluss werden die Summen aus der Kontenschreibung bzw. dem Geldbericht übertragen.

Der Jahresabschluss besteht aus der Bilanz sowie aus der Gewinn- und Verlustrechnung. Zusätzliche Bestandteile des Jahresabschlusses sind z. B. der Betriebsspiegel, der Anlagenspiegel, das Anbauverzeichnis, die Inventarverzeichnisse, Angaben zu den Erträgen und Leistungen der pflanzlichen und tierischen Produktion sowie eine Aufgliederung der Entnahmen und Einlagen.

Der Jahresabschluss kann wahlweise nach den steuerlichen Vorschriften, nach den derzeitigen Vorgaben des BMELV oder nach den früher gültigen Vorschriften des BMELV erstellt werden. In den folgenden Punkten werden die steuerlichen Jahresabschlüsse beschrieben. Die Gliederungstiefe und damit das Erscheinungsbild der Abschlüsse kann den eigenen Vorstellungen angepasst werden.

14.6.1 Gewinn- und Verlustrechnung (GuV-Rechnung)

Der EDV-Ausdruck zur GuV-Rechnung ist mit der Abb. 17 (Seite 204) wiedergegeben. In den Zeilen sind nach Positionen gegliedert die Erträge aufgelistet. In den Spalten kann die Gewinnentwicklung, ausgehend von den Einnahmen bzw. Ausgaben, nachvollzogen werden. Das Schema der vorliegenden GuV-Rechnung entspricht dem BMELV-Abschluss. Im Unterschied zum klassischen T-Konto mit den Soll- und Habenbuchungen, werden hier in der Staffelform von den Erträgen die Aufwendungen abgezogen.

Kontenschreibung
Klemens Bruno · Passau

Erfolgskonten — Zeitraum 01.07.2001 bis 30.06.2002
Buchungen aus Bu.Nr. 1 bis 30

Kto KG	Buchungstext	Kst	Ausgaben(-) Einnahmen	Kontostand (alt) Kontostand (neu)	Stück Gewicht	EUR/EH	Buch. -nr	Beleg	Geg. -kto	Datum	St. satz
82	Schweine			0,00							
	Ferkel bis 25 kg		16.500,00		250,00 st	66,00	10	10	061	04.10.01	
	Ferkel bis 25 kg		29.300,00		450,00 st	65,11	14	13	061	07.12.01	
	Ferkel bis 25 kg		40.200,00		600,00 st	67,00	25	24	061	25.05.02	
	Ferkel bis 25 kg		13.500,00		200,00 st	67,50	27	26	048	30.06.02	
851	**Ferkel bis 25 kg**		**99.500,00**		**1500,00 st**	**66,33**					
	Zuchtsauen		1.100,00		10,00 st	110,00	4	4	061	09.08.01	
	Zuchtsauen		2.600,00		25,00 st	104,00	16	15	061	15.02.02	
856	**Zuchtsauen**		**3.700,00**		**35,00 st**	**105,71**					
82	**Schweine**		**103.200,00**	103.200,00							

Geldbericht 01.07.2001 bis 30.06.2002
Klemens Bruno · Passau

Erfolgskonten

Kto KG	Buchungstext	Soll Vorjahr EUR	Haben Vorjahr EUR	Soll (Ausg.) EUR	Haben (Einn.) EUR	Stück	Gewicht dt	Durchschnittspreis EUR/stk	Durchschnittspreis EUR/dt
851	Ferkel bis 25 kg				99.500,00	1.500,0		66,33	
856	Zuchtsauen				3.700,00	35,0		105,71	
82	Schweine				103.200,00				
	Viehhaltung				103.200,00				

Abb. 16: Die Kontenschreibung und der Geldbericht am Beispiel der Kontengruppe 82 »Schweineverkauf«

Hinsichtlich der Ergebnisse wird die GuV-Rechnung in Blöcke gegliedert und zwar

betriebliche Erträge
– betriebliche Aufwendungen = + Betriebsergebnis

Finanzerträge
– Finanzaufwendungen = + Finanzergebnis
= Ergebnis der gewöhnlichen Geschäftstätigkeit

außerordentliche Erträge
– außerordentliche Aufwendungen = + außerordentliches Ergebnis

Steuern bezahlt
– Steuererstattung = + Steuerergebnis
= Gewinn/Verlust bzw. Jahresüberschuss/Jahresfehlbetrag

In den Zeilen stehen an erster Position, gegliedert nach pflanzlicher und tierischer Produktion, die Umsatzerlöse. In der pflanzlichen Produktion wurde Weizen um 2100 € verkauft, der Lagervorrat nahm gegenüber dem Vorjahr um 630 € zu, so dass sich ein Ertrag von 2730 € ergibt. In der Tierproduktion wurden Ferkel und Sauen um 103 200 € verkauft, der Wert des Tierbestandes nahm gegenüber dem Beginn des Wirtschaftsjahres um 1000 € ab und es wurden Schweine im Wert von 200 € für den privaten Haushalt verbraucht. Als Ertrag verbleiben dann noch 102 400 €. Die 220 € entsprechen dem Wert des Brennholzes für den privaten Bereich.

Unter der Position »Sonstige betriebliche Erträge« stehen der Umbuchungsbetrag für die private Benutzung des PKW und der Verkaufserlös abzüglich des Buch-

Jahresabschluss zum 30.06.2002
Klemens Bruno · Passau

1. Gewinn- und Verlustrechnung

Text	Code	Einnahme / Ausgabe EUR	Bestandsände- rung / Abschr. EUR	Naturalentn. Privatanteil EUR	Ertrag/Aufwand Geschäftsjahr EUR	Ertrag/Aufwand Vorjahr EUR
1. Umsatzerlöse						
a) Landw. Pflanzenproduktion	2099	2.100,00	630,00		2.730,00	
b) Tierproduktion						
Tierproduktion	2199	103.200,00	1.000,00-	200,00	102.400,00	
c) Forstwirtschaft und Jagd	2309			220,00	220,00	
Umsatzerlöse	2339	105.300,00	370,00-	420,00	105.350,00	
2. Sonstige betriebliche Erträge						
a) Sonstiger Betriebsertrag	2459			1.400,00	1.400,00	
b) Zeitraumfremde Erträge	2497	10.000,00	1,00-		9.999,00	
Sonstige betriebliche Erträge	2498	10.000,00	1,00-	1.400,00	11.399,00	
3. Materialaufwand						
a) Pflanzenproduktion	2599	5.100,00-			5.100,00-	
b) Tierproduktion	2729	24.960,00-	135,00		24.825,00-	
c) Sonstiger Materialaufwand	2785	9.400,00-	225,00	1.300,00	7.875,00-	
Materialaufwand	2789	39.460,00-	360,00	1.300,00	37.800,00-	
4. Abschreibungen	2809		18.625,00-		18.625,00-	
5. Sonstige betriebliche Aufwendungen						
a) Unterhaltung	2829	1.400,00-			1.400,00-	
b) Zeitraumfremde Aufwendungen	2896	10.400,00-			10.400,00-	
Sonstige betriebliche Aufwendungen	2897	11.800,00-			11.800,00-	
Betriebsergebnis	2899	64.040,00	18.636,00-	3.120,00	48.524,00	
6. Zinsen und ähnliche Aufwendungen	2914	7.000,00-			7.000,00-	
Finanzergebnis	2918	7.000,00-			7.000,00-	
7. Ergebnis der gewöhnlichen Geschäftstätigkeit	2919	57.040,00	18.636,00-	3.120,00	41.524,00	
8. Gewinn	**2959**	**57.040,00**	**18.636,00-**	**3.120,00**	**41.524,00**	

Abb. 17: Die Gewinn- und Verlustrechnung mit EDV des Beispielbetriebes Klemens

wertes für den Altschlepper. Die Position Abschreibungen kann in die planmäßigen und außerplanmäßigen Abschreibungen gegliedert sein. Im Beispiel wurde nur die lineare (planmäßige) AfA angesetzt und keine Sonderabschreibung.

Unter den »Sonstigen betrieblichen Aufwendungen« sind die Reparatur- und Benzinausgaben für den PKW, die unter dem »Sonstigen Betriebsertrag« ebenfalls stehen und dadurch gewinnneutral sind. Dass der PKW in dem Beispiel den Gewinn nicht beeinflusst, ist die Folge der Umbuchung des PKW-Aufwandes auf den Privatbereich.

In dem vorliegenden Beispiel kommen in dem Sinne keine außerordentlichen Erträge oder Aufwendungen vor. Es sind daher das »Ergebnis der gewöhnlichen Geschäftstätigkeit« und der Gewinn gleich hoch.

Der Begriff Gewinn wird bei Einzelunternehmen und Personengesellschaften und der Begriff Jahresüberschuss bei Kapitalgesellschaften verwendet. Vom Gewinn ist noch nicht der Lohnanspruch für die nicht entlohnten Arbeitskräfte (Familienarbeitskräfte) abgezogen. Im Unterschied dazu beschäftigen Kapitalgesellschaften ausschließlich entlohnte Arbeitskräfte, deren Lohn als Betriebsaufwand den Jahresüberschuss mindert.

14.6.2 Schlussbilanz

Die Schlussbilanz wird aus der Anfangsbilanz, den Bestandskonten, den Inventaren und den Umbuchungen am Jahresende entwickelt. Die Bilanz sollte zumindest den Vorjahresbestand und den Bestand des betroffenen Wirtschaftsjahres ausweisen. Im Beispiel sind noch zusätzlich die Veränderungen vom Beginn und zum Ende des Wirtschaftsjahres ausgewiesen. Das Programm erlaubt es auch durch entsprechende Einstellungen, die Abschreibungen sowie die Zu- und Abgänge in weiteren Spalten in der Bilanz auszuweisen.

Zur tieferen Analyse der Bilanz sind die Erläuterungen zur Bilanz wichtig. Diese beinhalten zum Beispiel den Anlagenspiegel, die Bewertung der Tiere und Vorräte, den Forderungen- und Verbindlichkeitenspiegel und die Inventarverzeichnisse.

Im Passiva ist die Entwicklung des Eigenkapitals vom Ende des Vorjahrs (= Beginn des betroffenen WJ) zum Ende des WJ aufgezeigt. Im Beispiel hat sich das Eigenkapital um 15 066 € vermehrt. Auch der Stand und die Entwicklung der Verbindlichkeiten ist ausgewiesen; die Schulden nehmen um 35 098 € zu.

Die Entwicklung der Verbindlichkeiten gegenüber Kreditinstituten ist:

Darlehen zum Beginn des WJ:	100 000 €
+ neues Darlehen:	50 000 €
– Tilgung	10 000 €
+ Schulden auf dem Betriebskonto	1 598 €
Stand der Bankschulden	141 598 €

Jahresabschluss zum 30.06.2002
Klemens Bruno · Passau

1. Bilanz

Aktiva

in EUR 1	Code	Geschäftsjahr 2		Vorjahr 3	Veränderung 4
A. Anlagevermögen					
I. Sachanlagen					
1. Grundstücke, grundstücksgleiche Rechte und Bauten einschließlich der Bauten auf fremden Grundstücken					
Boden im Sinne von § 55 Abs. 1 EStG	1020	991.906,00		991.906,00	
Bauliche Anlagen	1023	5.176,00		5.943,00	767,00-
Wirtschaftsgebäude	1025	158.339,00		165.088,00	6.749,00-
	1029	**1.155.421,00**		**1.162.937,00**	**7.516,00-**
2. Technische Anlagen und Maschinen					
Betriebsvorrichtungen	1030	1,00		1,00	
Maschinen und Geräte	1031	68.309,00		14.419,00	53.890,00
	1039	**68.310,00**		**14.420,00**	**53.890,00**
3. Andere Anlagen, Betriebs- und Geschäftsausstattung					
PKW	1040	1,00		1,00	
	1049	**1,00**		**1,00**	
Sachanlagen	**1079**		**1.223.732,00**	**1.177.358,00**	**46.374,00**
Anlagevermögen	**1089**		**1.223.732,00**	**1.177.358,00**	**46.374,00**
B. Tiervermögen					
I. Schweine	1092	34.310,00		35.310,00	1.000,00-
Tiervermögen	**1099**		**34.310,00**	**35.310,00**	**1.000,00-**
C. Umlaufvermögen					
I. Vorräte					
1. Roh-, Hilfs- und Betriebsstoffe	1109	1.255,00		895,00	360,00
2. Selbsterzeugte fertige Erzeugnisse	1120	1.530,00		900,00	630,00
	1149		**2.785,00**	**1.795,00**	**990,00**
II. Forderungen und sonstige Vermögensgegenstände					
1. Forderungen aus Lieferungen und Leistungen	1150	13.500,00		10.000,00	3.500,00
	1159		**13.500,00**	**10.000,00**	**3.500,00**
III. Schecks, Kassenbestand, Guthaben bei Kreditinstituten	1179		500,00	200,00	300,00
Umlaufvermögen	**1189**		**16.785,00**	**11.995,00**	**4.790,00**
AKTIVA	**1229**		**1.274.827,00**	**1.224.663,00**	**50.164,00**

Abb. 18: Die steuerliche Bilanz mit EDV des Beispielbetriebes KLEMENS

Jahresabschluss zum 30.06.2002
Klemens Bruno · Passau

Passiva

in EUR 1	Code	Geschäftsjahr 2	Vorjahr 3	Veränderung 4
A. Eigenkapital				
1. Anfangskapital	1449	1.115.663,00	1.115.663,00	
2. Einlagen	1459	462,00		462,00
3. Entnahmen	1469	26.920,00-		26.920,00-
4. Gewinn	1479	41.524,00		41.524,00
Eigenkapital	**1499**	**1.130.729,00**	**1.115.663,00**	**15.066,00**
B. Verbindlichkeiten				
1. Verbindlichkeiten gegenüber Kreditinstituten	1540	141.598,00	106.000,00	35.598,00
2. Verbindlichkeiten aus Lieferungen und Leistungen	1545	2.500,00	3.000,00	500,00-
	1559	**144.098,00**	**109.000,00**	**35.098,00**
PASSIVA	**1568**	**1.274.827,00**	**1.224.663,00**	**50.164,00**

15 Steuerlicher Buchführungsabschluss und Einkommensteuer

15.1 Der Beispielbetrieb Portner und der steuerliche Jahresabschluss

Die Familie Portner bewirtschaftet einen Marktfruchtbaubetrieb mit Bullenmast. Der Betrieb bewirtschaftet insgesamt eine Fläche von 94,25 ha, die sich wie folgt zusammensetzt:

In ha	Eigentum	Zupacht	Bewirtschaftet
Ackerland	39,26	42,74	82,00
Grünland		2,50	2,50
Landwirtschaftliche Nutzfläche	39,26	45,24	84,50
Wald	9,11		9,11
Wege-, Hof- und Gebäudefläche	0,64		0,64
Betriebsfläche	49,01	45,24	94,25

Auf der Ackerfläche werden Silomais, Winterweizen, Winterraps und Körnermais angebaut. Das gepachtete Grünland mußte im Zusammenhang mit der Zupacht einer Ackerfläche übernommen werden. Der Betrieb gab 1991 die Milchkühe ab und hat sich auf Bullenmast spezialisiert. Zur steuerlichen Buchführung wurde der Betrieb 1983 vom Finanzamt wegen des Überschreitens der Wirtschaftswertgrenze aufgefordert. Zusätzlich mußte der Betrieb Portner wegen einer Förderung nach dem einzelbetrieblichen Förderungsprogramm bis zum Wirtschaftsjahr 1999/2000 der Landwirtschaftsverwaltung jährlich einen Buchführungsabschluss vorlegen.

Die steuerliche Bilanz und die GuV-Rechnung des Betriebes Portner zeigen die Abb 19 und 20. An Besonderheiten sind bei diesem Jahresabschluss anzumerken:

- Der Betrieb existiert. Es wurden aber aus Datenschutzgründen und aus pädagogischen Gründen einige Änderungen vorgenommen.
- Die Bewertung des stehenden Holzes ist im Abschnitt 10.2.9 (Seite 127 f) beschrieben. Der ausgewiesene Buchwert setzt sich aus dem 1948 bereits vorhandenen Wald und aus einem Zukauf nach 1948 zusammen. Der Wert des Aufwuchses betrug zum Buchführungsbeginn im Wirtschaftsjahr 1983/84 insgesamt 105 185 DM. Davon durften bis einschließlich 1998/99 jährlich 3% aus der Bilanz ausgetragen (»abgeschrieben«) werden. Ab dem Wirtschaftsjahr 1999/00 ist das nicht mehr zulässig. In der Bilanz bleibt daher künftig der Buchwert für das Wirtschaftsjahr 1998/99 stehen, der ab 2001/02 auf Euro umzurechnen ist.

Jahresabschluss zum 30.06.2002
Portner Felix · Irrling

1. Bilanz
Aktiva

in EUR 1	Code	Geschäftsjahr 2		Vorjahr 3	Veränderung 4
A. Anlagevermögen					
I. Sachanlagen					
1. Grundstücke, grundstücksgleiche Rechte und Bauten einschließlich der Bauten auf fremden Grundstücken					
Boden im Sinne von § 55 Abs. 1 EStG	1020	1.048.650,00		1.048.650,00	
Bauliche Anlagen	1023	18.732,00		21.585,00	2.853,00-
Wirtschaftsgebäude	1025	37.458,00		41.236,00	3.778,00-
	1029	**1.104.840,00**		**1.111.471,00**	**6.631,00-**
2. Technische Anlagen und Maschinen					
Betriebsvorrichtungen	1030	13.771,00		15.906,00	2.135,00-
Maschinen und Geräte	1031	14.619,00		20.215,00	5.596,00-
	1039	**28.390,00**		**36.121,00**	**7.731,00-**
3. Andere Anlagen, Betriebs- und Geschäftsausstattung					
PKW	1040	4.090,00		8.180,00	4.090,00-
Büroeinrichtung	1046	1.341,00		1.733,00	392,00-
Geringwertige Wirtschaftsgüter	1048	3,00		3,00	
	1049	**5.434,00**		**9.916,00**	**4.482,00-**
4. Stehendes Holz	1069	34.127,00		34.127,00	
5. Geleistete Anzahlungen und Anlagen im Bau	1078	33.820,22			33.820,22
Sachanlagen	**1079**		**1.206.611,22**	**1.191.635,00**	**14.976,22**
II. Finanzanlagen					
1. Beteiligungen	1082	5.385,00		5.385,00	
	1088		**5.385,00**	**5.385,00**	
Anlagevermögen	**1089**		**1.211.996,22**	**1.197.020,00**	**14.976,22**
B. Tiervermögen					
I. Rinder	1091	57.965,00		58.915,00	950,00-
Tiervermögen	**1099**		**57.965,00**	**58.915,00**	**950,00-**
C. Umlaufvermögen					
I. Vorräte					
1. Roh-, Hilfs- und Betriebsstoffe	1109	1.663,00		1.303,50	359,50
	1149		**1.663,00**	**1.303,50**	**359,50**
II. Forderungen und sonstige Vermögensgegenstände					
1. Forderungen aus Lieferungen und Leistungen	1150			813,02	813,02-
	1159			**813,02**	**813,02-**
III. Schecks, Kassenbestand, Guthaben bei Kreditinstituten	1179		1.566,26	237,31	1.328,95
Umlaufvermögen	**1189**		**3.229,26**	**2.353,83**	**875,43**
D. Rechnungsabgrenzungsposten	1199		138,05	167,19	29,14-
AKTIVA	**1229**		**1.273.328,53**	**1.258.456,02**	**14.872,51**

Abb. 19: Die steuerliche Bilanz des Beispielbetriebes PORTNERS

Jahresabschluss zum 30.06.2002

Portner Felix · Irrling

Passiva

in EUR 1	Code	Geschäftsjahr 2	Vorjahr 3	Veränderung 4
A. Eigenkapital				
1. Anfangskapital	1449	1.168.938,66	1.168.938,66	
2. Einlagen	1459	60.044,00		60.044,00
3. Entnahmen	1469	58.947,70-		58.947,70-
4. Gewinn	1479	9.453,00		9.453,00
Eigenkapital	**1499**	**1.179.487,96**	**1.168.938,66**	**10.549,30**
B. Sonderposten mit Rücklageanteil				
1. Sonstige Sonderposten	1528	28.736,95	5.769,93	22.967,02
	1529	**28.736,95**	**5.769,93**	**22.967,02**
C. Verbindlichkeiten				
1. Verbindlichkeiten gegenüber Kreditinstituten	1540	65.103,62	69.376,89	4.273,27-
2. Verbindlichkeiten aus Lieferungen und Leistungen	1545		10.706,11	10.706,11-
	1559	**65.103,62**	**80.083,00**	**14.979,38-**
D. Rechnungsabgrenzungsposten	1567		3.664,43	3.664,43-
PASSIVA	**1568**	**1.273.328,53**	**1.258.456,02**	**14.872,51**

Abb. 19: Die steuerliche Bilanz des Beispielbetriebes Portners

- Als Rechnungsabgrenzungsposten auf der Aktivseite ist ein Disagio ausgewiesen. Dieser Posten wurde im Zusammenhang mit der Aufnahme eines Darlehens gebildet. Der ursprüngliche Betrag ist über die Laufzeit des zugehörigen Darlehens jährlich mit 29,14 € (57 DM) aufzulösen.. In der GuV-Rechnung erscheint der gleich Betrag unter Zinsaufwendungen.
- Der Tierbestand wurde je Stück mit folgenden Herstellungskosten bewertet: Kälber bis 0,5 Jahre 200 €, Jungrinder 0,5–1 Jahr 335 €, Jungrinder 1–1,5 Jahre 500 €.
- Die Rechnungsabgrenzung auf der Passivseite wurde im Zusammenhang mit der Aufgabe des Milchkontingents im Jahr 1991/92 gebildet. Der Auszahlungsbetrag von 111 673,50 DM durfte über die Dauer von 10 Jahren gewinnerhöhend aufgelöst werden. Der Auflösungsbetrag erscheint auch in der GuV-Rechnung als »Zeitraumfremder Ertrag« unter den »Sonstigen betrieblichen Erträgen«. Die Ausbuchung dieses Rechnungsabgrenzungsposten erfolgt in dem WJ letztmals.
- Wegen höherer Richtsätze in der Tierbewertung entstand auch bei Portner ein Gewinnzuwachs (vgl. Abschnitt 10.4.2 (Seite 133). dieser betrug 59 320 DM. Davon wurde eine Rücklage von 53 388 DM in die Bilanz (Passiva) aufgenommen, die jährlich mit mindestens 5932 DM (ab 2001/02 mit 3032,98 €) auszubuchen ist.

15.2 Die Besteuerung

Der Gewinn wird in der Land- und Forstwirtschaft auf das WJ bezogen festgestellt. Im Unterschied dazu richtet sich die Einkommensteuer nach dem Gewinn (= Einkünfte) im Kalenderjahr. Wegen der Abweichung zwischen dem landwirtschaftlichen Buchführungsjahr und dem Besteuerungszeitraum ist vorgeschrieben, den Gewinn des betroffenen Kalenderjahres zeitanteilig aus zwei WJ zusammenzusetzen.

Jahresabschluss zum 30.06.2002

Portner Felix · Irrling

1. Gewinn- und Verlustrechnung

in EUR 1		Code	Ertrag / Aufwand Geschäftsjahr 2		Ertrag / Aufwand Vorjahr 3
1.	Umsatzerlöse				
	a) Landw. Pflanzenproduktion	2099	38.055,74		
	b) Tierproduktion				
	Tierproduktion	2199	155.855,96		
	c) Forstwirtschaft und Jagd	2309	5.351,93		
	d) Handel, Dienstleistungen und Nebenbetriebe	2337	3.144,00		
	Umsatzerlöse	2339		202.407,63	
2.	Erhöhung oder Verminderung des Bestands an Tieren	2348		950,00-	
3.	Sonstige betriebliche Erträge				
	a) Zulagen und Zuschüsse	2449	46.118,11		
	b) Sonstiger Betriebsertrag	2459	3.742,18		
	c) Zeitraumfremde Erträge	2497	6.697,41		
	Sonstige betriebliche Erträge	2498		56.557,70	
4.	Materialaufwand				
	a) Pflanzenproduktion	2599	20.547,46-		
	b) Tierproduktion	2729	94.881,99-		
	c) Sonstiger Materialaufwand	2785	24.144,98-		
	d) BV Roh-, Hilfs- und Betriebsstoffe	2787	359,50		
	Materialaufwand	2789		139.214,93-	
5.	Personalaufwand	2799		2.123,94-	
6.	Abschreibungen	2809		18.844,00-	
7.	Sonstige betriebliche Aufwendungen				
	a) Unterhaltung	2829	22.958,50-		
	b) Betriebsversicherungen	2839	4.825,65-		
	c) Sonstiger Betriebsaufwand	2869	23.054,82-		
	d) Zeitraumfremde Aufwendungen	2896	31.440,37-		
	Sonstige betriebliche Aufwendungen	2897		82.279,34-	
	Betriebsergebnis	2899		15.553,12	
8.	Sonstige Zinsen und ähnliche Erträge	2904		767,40	
9.	Zinsen und ähnliche Aufwendungen	2914		6.151,71-	
	Finanzergebnis	2918		5.384,31-	
10.	Ergebnis der gewöhnlichen Geschäftstätigkeit	2919		10.168,81	
11.	Sonstige Steuern	2949		715,81-	
12.	**Gewinn**	**2959**		**9.453,00**	

Abb. 20: Steuerliche Gewinn- und Verlustrechnung des Beispielbetriebes Portner

Für das Kalenderjahr 2001 gilt für die Besteuerung noch die DM. Damit im Beispiel der Euro genommen werden kann, wird als Kalenderjahr 2002 angenommen. In den Abbildungen 19 und 20 ist der Gewinn mit 9453 € ausgewiesen. Dieser niedrige Gewinn ergibt sich, da die Ansparabschreibung in Höhe von 26000 € gebildet wurde. Die Einkommensteuerberechnung wird zunächst ohne Berücksichtigung der Ansparabschreibung durchgeführt. Der Gewinn ist dann für 2001/2002 gleich 35453 €.

Die Einkünfte für das Kalenderjahr 2002 setzen sich aus den WJ 2001/02 und 2002/03 zusammen und betragen.

Buchführungsjahr	Gewinn im WJ	Anteiliger Gewinn für 2002
2001/02	35453	17726
2002/03 (angenommen)	39850	19925
Einkünfte für das Kalenderjahr 2002		37651

Das Einkommensteuergesetz nennt 7 verschiedene **Einkunftsarten**: Einkünfte aus Land- und Forstwirtschaft, aus Gewerbebetrieb, aus selbstständiger und nichtselbstständiger Arbeit, aus Kapitalvermögen, aus Vermietung und Verpachtung und sonstige Einkünfte.

Jeder Steuerpflichtige kann verschiedene Einkünfte gleichzeitig beziehen. Alle Einkünfte des Steuerpflichtigen werden addiert und ergeben die Summe der Einkünfte. Davon dürfen dann verschiedene Freibeträge, die Sonderausgaben und die außergewöhnlichen Belastungen abgezogen werden. Der dann noch verbleibende Betrag ist die *Bemessungsgrundlage* für die Höhe der **Einkommensteuer**. Aus der Einkommensteuertabelle wird dann die Höhe der Einkommensteuer abgelesen.

Unser Beispielsbetrieb hat neben den land- und forstwirtschaftlichen Einkünften noch Zinseinnahmen für Festgeld und für verschiedene Sparguthaben. Sie beliefen sich im Jahr 2002 auf insgesamt 5028 €. Davon dürfen noch die Werbungskosten in Höhe von 102 € und der Sparerfreibetrag mit 3100 € abgezogen werden. Damit verbleiben Einkünfte aus Kapitalvermögen von 1826 €.

Tabelle 37: Die Höhe der Einkommensteuer für Portner ohne und mit Nutzung der Ansparabschreibung (verheiratet, Kalenderjahr 2002, in Euro)

Ansparabschreibung	**ohne Anspar abschreibung**	**mit Anspar abschreibung**
Einkünfte aus Land- Forstwirtschaft	37651	24651
Einkünfte aus Kapitalvermögen	1826	1826
Summe der Einkünfte	39477	26477
– Freibetrag für Land- und Forstwirte	1340	1340
– Vorsorgeaufwendungen	10138	10138
– übrige Sonderausgaben	72	72
= zu versteuerndes Einkommen	27927	14972
Einkommensteuer nach Splittingtabelle	3166	108

Von der Summe der Einkünfte darf Portner den landwirtschaftlichen Freibetrag von 1340 € abziehen. Von den aufgewendeten eigenen Beiträgen zu privaten Sozialversicherungen einschließlich zu Lebensversicherungen (insgesamt 14720 €) kann er 10138 € innerhalb des Vorsorgehöchstbetrages absetzen. Unter die übrigen Sonderausgaben fallen z. B. auch Austragsleistungen, die aber Portner nicht zu erbringen hat. Die übrigen Sonderausgaben werden mit dem Pauschbetrag von 72 € abgedeckt.

Zusammenfassend ist für Portner das zu versteuernde Einkommen in der Tabelle 37 abgeleitet. Es beträgt ohne Glättung durch die Ansparabschreibung 27927 €. Dafür sind 3166 € Einkommensteuer ans Finanzamt zu überweisen. Hinzu kommen noch die Kirchensteuer und der Solidaritätszuschlag. Damit diese Steuerbelastungen nicht entstehen, müßte das zu versteuernde Einkommen im Kalenderjahr 2002 um 13457 € auf 14470 € zurückgenommen werden.

Portner beabsichtigt, im WJ 2003/04 einen Schlepper um voraussichtlich netto 65000 € einzukaufen. Er kann dafür im WJ 2001/02 bis zu 26000 € gewinnmindernd auf der Passivseite der Bilanz ausweisen. Dadurch ändert sich die Einkünfte aus Land- und Forstwirtschaft für das Kalenderjahr 2002 wie folgt:

Buchführungsjahr	Gewinn im WJ	anteiliger Gewinn
2001/02	9453[1)]	4726
2002/03	39850	19925
Einkünfte für das Kalenderjahr 2002		24651

[1)] 35453 € – 26000 € = 9453 €

Durch die volle Ausschöpfung der Ansparabschreibung in Höhe von 26000 € brauchen im Jahr 2002 nur noch 108 € Einkommensteuer bezahlt zu werden. Die Gewinn- und damit auch die Steuerminderung wirkt sich auch noch im nächsten Kalenderjahr aus. Aber für die folgenden Jahre geht die Abschreibung entsprechend zurück, die Gewinne – und damit auch die Steuern – steigen. Die Ansparabschreibung bringt nur dann einen steuerlichen Vorteil, wenn damit in einem Jahr ein ausnahmsweise hoher Gewinn geglättet werden soll.

Entwicklung des Sparerfreibetrages:

	bis 2004	2004–2006	ab 2007
Alleinstehende	1550 €	1370 €	750 €
Verheiratete	3100 €	2740 €	1500 €

16 Jahresabschluss und seine betriebswirtschaftliche Beurteilung

16.1 Unterschiede zwischen steuerlichem und betriebswirtschaftlichem Abschluss

Der steuerliche Gewinn kann sich vom betriebswirtschaftlichen Gewinn deutlich unterscheiden. Der Grund ist, dass die steuerliche Buchführung verschiedenen steuerrechtlichen Vorschriften entsprechen muss, die nicht immer betriebswirtschaftlichen Überlegungen gerecht werden. Der steuerliche Abschluss kann für betriebswirtschaftliche Aussagen aufbereitet werden, aber der Arbeitsaufwand dafür ist hoch und ein Rückgriff auf Vorgänge früherer Jahre erschwert die Bereinigung.

Ein Rückgriff auf vorhergehende Buchführungsjahre ist z. B. bei Sonderabschreibungen und bei der Übertragung von Veräußerungsgewinnen notwendig. Es ist daher immer zu empfehlen, neben dem steuerlichen auch einen betriebswirtschaftlichen Buchführungsabschluss zu erstellen.

Die **Unterschiede** zwischen dem steuerlichen und dem betriebswirtschaftlichen Buchführungsabschluss können folgende Positionen betreffen:

- In der steuerlichen Buchführung sind Sonderabschreibungen erlaubt, die das betriebswirtschaftliche Ergebnis verfälschen.
- Die linearen Abschreibungssätze der Steuerbuchführung haben sich in der Regel nach den Tabellen der Finanzverwaltung zu richten und stimmen nicht immer mit der tatsächlichen Nutzungsdauer der Wirtschaftsgüter überein. Der Einfachheit wegen werden auch bei der betriebswirtschaftlichen Buchführung meistens die steuerlichen Abschreibungssätze genommen.
- Der vor 1970 vorhandene Boden kann in der steuerlichen Buchführung höher als in der betriebswirtschaftlichen Buchführung bewertet sein. Die unterschiedliche Bodenbewertung hat auf den Betriebserfolg allerdings nur dann Auswirkungen, wenn Flächen aus dem Betriebsvermögen abgehen. Mit der Novellierung des BMELV-Abschlusses wurde der Unterschied zwischen der steuerlichen und betriebswirtschaftlichen Bodenbewertung aufgehoben.
- Die Viehbewertung geschieht in der steuerlichen Buchführung in der Regel nach den Durchschnittssätzen der Finanzverwaltung. Diese Durchschnittssätze liegen unter den tatsächlichen Herstellungskosten.
- In der steuerlichen Buchführung wird das Feldinventar nicht, in der betriebswirtschaftlichen Buchführung dagegen meistens bewertet. Soweit im Betrieb keine Flächenänderungen und keine größeren Fruchtfolgeumstellungen vorliegen, hat die Bewertung des Feldinventars nur einen geringen Einfluss auf den Betriebserfolg.

- Das Steuerrecht kennt die drei Vermögensarten: Betriebsvermögen, Privatvermögen und gewillkürtes Betriebsvermögen. In die steuerliche Buchführung kann das gewillkürte Betriebsvermögen, z. B. vermietete Wohnung am Hof, aufgenommen werden, verfälscht aber den betriebswirtschaftlichen Erfolg des landwirtschaftlichen Betriebes.

16.2 Inhalte und Gestaltung des BMELV-Jahresabschlusses

Der typisierte landwirtschaftliche Buchführungsabschluss besteht aus dem Betriebsspiegel, der Bilanz, der Gewinn- und Verlustrechnung (GuV) und aus einem erläuternden Anhang. Im vorweggestellten **Betriebsspiegel** stehen im Wesentlichen die natürlichen Verhältnisse, die Betriebs- und Ernteflächen, die Tierbestände, die Pflanzenerträge, die tierischen Leistungen, die Verkaufspreise und die wirtschaftlichen Erfolgskennzahlen. Er gibt also einen raschen Überblick zu den natürlichen und wirtschaftlichen Gegebenheiten des Betriebes.

Die **Bilanz** ist die systematische Zusammenstellung des Vermögens, des Eigenkapitals und der Schulden eines Betriebes zu einem bestimmten Stichtag. Dabei stehen nach Gruppen zusammengefasst unter dem Aktiva alle Vermögenswerte, z. B. Boden, Gebäude, Maschinen und das Finanzvermögen; unter dem Passiva sind alle Schulden und das Eigenkapital aufgelistet (siehe Abb. 19).

Die **Gewinn- und Verlustrechnung** ist die Erfolgsrechnung. In ihr sind gruppenweise die Erträge und die Aufwendungen des Betriebes enthalten. Das Ergebnis der GuV ist bei Einzelunternehmen und Personengesellschaften der Gewinn oder Verlust, bei Kapitalgesellschaften der Jahresüberschuss oder Jahresfehlbetrag. Der Unterschied zwischen den beiden Begriffen Gewinn und Jahresüberschuss ist, dass bei Kapitalgesellschaften die Körperschaftsteuer und der gesamte Arbeitslohn als Aufwand abgezogen sind. Im Gegensatz dazu sind bei Einzelunternehmen und Personengesellschaften vom Gewinn noch die nicht entlohnten Arbeitskräfte und die Einkommensteuer zu bezahlen (siehe Abb. 20).

Im **Anhang** werden Positionen der Bilanz und der GuV näher erläutert. Inhalte sind unter anderem:

- der Anlagenspiegel (Abb. 21), der die Struktur und die Entwicklung des Anlagevermögens ausweist. Das sind z. B. nach Gruppen geordnet die Anschaffungskosten, die kummulierte Abschreibung (= die Summe der seit der Anschaffung der Wirtschaftsgüter aufgelaufenen Abschreibung) sowie die Buchwerte im Geschäftsjahr und Vorjahr
- das Anlagenverzeichnis mit der Bewertung des Bodens, der Gebäude, der Maschinen, der Tiere der Vorräte, der Verbindlichkeiten und anderer Vermögenswerte
- die Betriebs- und Ernteflächen, die Erträge der Fruchtarten und Leistungen der Tiere

- der Naturalbericht mit dem Anfangsbestand, dem Zukauf, der Erzeugung, der Versetzung von Tieren in andere Alters- oder Gewichtsklassen, dem Verkauf, dem innerbetrieblichen Verbrauch an Vorräten, den Tierverlusten und die Naturalentnahmen
- die Entnahmen und Einlagen mit der gruppenweisen Auflistung der Privatvorgänge.

Jahresabschluss zum 30.06.2002

Portner Felix · Irrling

1. Bilanzerläuterung

Anlagenspiegel

in EUR	Code	Anschaffungs Herstellungs -kosten	Zugänge Zuschreibg	Um-buchungen	Abgänge Zuschüsse	Abschreibg. kumuliert	Buchwert Geschäfts-jahr	Buchwert Vorjahr	AfA im Geschäfts-jahr
I. Sachanlagen									
1. Grundstücke, grundstücksgleiche Rechte und Bauten einschließlich der Bauten auf fremden Grundstücken									
Boden im Sinne von § 55 Abs. 1 EStG	3020	1048.650,00					1048.650,00	1048.650,00	
Bauliche Anlagen	3023	57.066,00				38.334,00	18.732,00	21.585,00	2.853,00
Wirtschaftsgebäude	3025	131.279,00				93.821,00	37.458,00	41.236,00	3.778,00
Summe	**3029**	**1236.995,00**				**132.155,00**	**1104.840,00**	**1111.471,00**	**6.631,00**
2. Technische Anlagen und Maschinen									
Betriebsvorrichtungen	3030	36.188,00				22.417,00	13.771,00	15.906,00	2.135,00
Maschinen und Geräte	3031	161.264,00				146.645,00	14.619,00	20.215,00	5.596,00
	3039	**197.452,00**				**169.062,00**	**28.390,00**	**36.121,00**	**7.731,00**
3. Andere Anlagen, Betrieb und Geschäfts-ausstattung									
PKW	3040	20.450,00				16.360,00	4.090,00	8.180,00	4.090,00
Büroeinrichtung	3046	2.579,00				1.238,00	1.341,00	1.733,00	392,00
Geringwertige Wirtschaftsgüter	3048	546,00				543,00	3,00	3,00	
	3049	**23.575,00**				**18.141,00**	**5.434,00**	**9.916,00**	**4.482,00**
4. Stehendes Holz	3069	53.780,00				19.653,00	34.127,00	34.127,00	
5. Geleistete Anzahlungen und Anlagen im Bau	3078	0,00	33.820,22				33.820,22	0,00	
	3079	**1511.802,00**	**33.820,22**			**339.011,00**	**1206.611,22**	**1191.635,00**	**18.844,00**
II. Finanzanlagen									
1. Beteiligungen	3082	5.385,00					5.385,00	5.385,00	
	3088	**5.385,00**					**5.385,00**	**5.385,00**	
	3089	**1517.187,00**	**33.820,22**			**339.011,00**	**1211.996,22**	**1197.020,00**	**18.844,00**

Abb. 21: Anlagenspiegel des Betriebes Portner

Auszug aus dem Betriebsspiegel des Betriebes PORTNER

Kapazitäten		
Betriebsflächen am Ende des Geschäftsjahres	bewirtschaftet	zugepachtet
Ackerfläche	82,00 ha	42,74 ha
Dauergrünland	2,50 ha	2,50 ha
Forstwirtschaftliche Nutzfläche	9,11 ha	
Sonstige Betriebsfläche	0,64 ha	
Betriebsfläche	94,25 ha	45,24 ha

Ernteflächen, Bestände, Produktion		
Pflanzenproduktion		
Winterweizen	22,00 ha	89,45 dt/ha
Wintergerste	14,00 ha	74,05 dt/ha
Körnermais	4,00 ha	101,20 dt/ha
Winterraps	20,00 ha	46,23 dt/ha
Nachwachsende Rohstoffe (Raps)	6,00 ha	45,20 dt/ha
Silomais	16,00 ha	

Preise und Umsätze	Umsatz	verkaufte Menge	€/Einheit
Winterweizen	16 897 €	1645 dt	10,27
Winterraps	21 159 €	970 dt	21,81
Bullenverkauf	155 856 €	151 Tiere	1032
Forst	5 352 €		
Dienstleistungen (Maschinenring)	3 144 €		

Rentabilität, Stabilität, Liquidität	mit Ansparabschreibung	ohne Ansparabschreibung
Gewinn	9 453 €	35 453 €
Eigenkapitalbildung	10 549 €	36 549 €
Cash flow II	55 393 €	81 393 €
Betriebseinkommen	37 599 €	63 599 €
Schulden am Ende des WJ	65 104 €	65 104 €

16.3 Betriebswirtschaftliche Bereinigung des BMELV-Jahresabschlusses am Beispiel PORTNER

16.3.1 Allgemeines

Der Buchführungsabschluss unseres Betriebes PORTNER weist einen steuerlichen Gewinn von 9453 € aus. Dieser kann aber vom betriebswirtschaftlichen Gewinn deutlich abweichen. Der Grund ist, dass die steuerliche Buchführung verschiedenen steuerrechtlichen Vorschriften genügen muss, die den betriebswirtschaftlichen

Überlegungen oftmals nicht entsprechen. Unterschiede zwischen den steuerlichen und betriebswirtschaftlichen Ansprüchen an die Buchführung sind z. B.:

- In der steuerlichen Buchführung sind Sonderabschreibungen erlaubt, die aber das betriebswirtschaftliche Ergebnis verfälschen.
- Die Abschreibungsdauer für die Wirtschaftsgüter haben sich nach den Abschreibungstabellen der Finanzverwaltung zu richten und stimmen nicht unbedingt mit der betriebsindividuellen Nutzungsdauer überein.
- Die Vorsteuer darf bei Investitionen nicht aktiviert und abgeschrieben werden. Sie ist bei zur Umsatzsteuer pauschalierenden Betrieben als Betriebsaufwand zu verbuchen.
- Die Tierbewertung geschieht in der steuerlichen Buchführung in der Regel nach den Durchschnittssätzen der Finanzverwaltung.
- In der steuerlichen Buchführung wird das Feldinventar meistens nicht bewertet, betriebswirtschaftlich sollte es bewertet werden.
- Vermietete Gebäude werden in der steuerlichen Buchführung erfasst, verfälschen aber den Erfolg des landwirtschaftlichen Betriebes.

Neben den steuerlichen Vorschriften können auch unüblich hohe oder niedrige Erträge und Aufwendungen den betriebswirtschaftlichen Gewinn eines Wirtschaftsjahres verfälschen. Das sind z. B.:

- ungewöhnlich hohe oder niedrige Holzverkäufe oder Aufforstungen,
- sehr hohe Gebäude- oder auch Maschinenreparaturen in einem Wirtschaftsjahr,
- Maschinenverkäufe: Die Verkaufserlöse sind Ertrag, der Buchwertabgang der Maschinen ist Aufwand und die Differenz hieraus ist der Gewinn oder Verlust aus Maschinenverkauf,
- Schadensfälle können hohe Aufwendungen verursacht haben.

Die aufgeführten Beispiele stehen entweder nicht in direktem Zusammenhang mit der landwirtschaftlichen Produktion, sie fließen nicht jedes Jahr oder sie sind kein echter Ertrag oder Aufwand des betreffenden Wirtschaftsjahres. Der im Buchführungsabschluss ausgewiesene Gewinn und andere Kennzahlen sind daher zu bereinigen. Das Ergebnis der Bereinigungen sind die ordentlichen (zeitraumechten, bereinigten) Kennzahlen, z. B. der ordentliche Gewinn und die ordentliche Eigenkapitalbildung. Die ordentlichen Ergebnisse drücken das nachhaltige und regelmäßige, unter normalen Umständen erzielbare Betriebsergebnis aus.

16.3.2 Standardisierte Bereinigung des Jahresabschlusses

In Buchführungsstatistiken und gegebenenfalls im betrieblichen Jahresabschluss werden zusätzlich zeitraumechte Kennzahlen ausgewiesen. Die Berechnung ist hier automatisiert, einfach gehalten und erfolgt in der Regel nach folgendem Schema:

Gewinn/Verlust laut Buchführung nach den BMELV-Vorschriften
– zeitraumfremde Erträge
– außerordentliche Erträge
+ zeitraumfremde Aufwendungen
+ außerordentliche Aufwendungen
= ordentlicher (zeitraumechter, bereinigter) Gewinn

Von dem ordentlichen Gewinn werden dann die weiteren Kennzahlen des Betriebes abgeleitet.

Für das Beispiel Portner ist der ordentliche Gewinn:

Gewinn laut Buchführungsabschluss	9453,00 €
– zeitraumfremde Erträge	6697,41 €
+ zeitraumfremde Aufwendungen	31440,37 €
= ordentlicher Gewinn	34195,59 €

Die standardisierten unüblich hohen Erträge und Aufwendungen sind im BMELV-Buchführungsabschluss unter den Bezeichnungen zeitraumfremder und außerordentlicher Ertrag bzw. Aufwand zusammengefasst. Im Gliederungsschema der GuV stehen die zeitraumfremden Erträge unter den »Sonstigen betrieblichen Erträgen«. Analog dazu erscheinen die zeitraumfremden Aufwendungen unter den »Sonstigen betrieblichen Aufwendungen«. Die außerordentlichen Erträge und Aufwendungen sind in der GuV-Rechnung eine eigene Position. Die Differenz aus den außerordentlichen Erträgen und Aufwendungen ist das außerordentliche Ergebnis.

Die Definition und Abgrenzung zeitraumfremder und außerordentlicher Vorgänge laut der BMELV-Vorgaben:

Zeitraumfremder Aufwand: Diese Aufwendungen haben ihre Ursache in einem anderen WJ, als in dem zu untersuchenden. Sie gehören daher aus betriebswirtschaftlicher Sicht nicht in vollem Umfang in die betreffende Abrechnungsperiode. Dazu gehören:

- Veräußerungsverluste: Führt der Verkauf oder die Entnahme eines Vermögensgegenstandes zu einem Veräußerungsverlust, dann gehört dieser zum zeitraumfremden Aufwand. Beispiele dafür sind die Veräußerungsverluste für immaterielle Vermögensgegenstände, Grundstücke und Bauten, technische Anlagen und Maschinen, andere Anlagen, stehendes Holz, Dauerkulturen und Finanzanlagen.
- Einzel- und Pauschalwertberichtigungen für Abschreibungen auf uneinbringliche Forderungen. Diese Position kommt in landwirtschaftlichen Buchführungsabschlüssen selten vor.
- Sonderabschreibungen einschließlich der Ansparabschreibung: diese sind nach den BMELV-Vorschriften in den Sonderposten mit Rücklagenanteil einzustellen.
- VSt auf Investitionen bei pauschalierenden Betrieben.

Zeitraumfremde Aufwendungen des Betriebes PORTNER:

Vorsteuer für Maschinenhalle im Bau	5411,23 €
Auflösung Disagio (Kredit von 1991)	29,14 €
Ansparabschreibung	26000,00 €
Zeitraumfremde Aufwendungen	31440,37 €

zeitraumfremde Erträge: die Definition ist analog den zeitraumfremden Aufwendungen. Es haben also diese Erträge ihre Ursache in einem anderen WJ als in dem zu untersuchenden. Dazu gehören:

- Veräußerungsgewinne: Führt der Verkauf oder die Entnahme von Vermögensgegenständen des Anlagevermögens zu einem Veräußerungsgewinn, dann gehört dieser zum zeitraumfremden Ertrag. Beispiele dafür sind Veräußerungsgewinne für immaterielle Vermögensgegenstände, Grundstücke und Bauten, technische Anlagen und Maschinen, andere Anlagen, Betriebs- und Geschäftsausstattung, stehendes Holz, Dauerkulturen und Finanzanlagen.
- Erträge aus der Auflösung von Wertberichtigungen.
- Erträge aus der Auflösung von Sonderposten mit Rücklagenanteil und von Rückstellungen.
- Zeitraumfremde USt: Bei pauschalierenden Landwirten Verkäufe von Anlagevermögen.

Zeitraumfremde Erträge des Betriebes PORTNER:

Auflösung einer Rücklage wegen Milchquotenverkaufs (1990)	3664,46 €
Auflösung einer Rücklage wegen Tierneubewertung	3032,98 €
Zeitraumfremde Erträge	6697,44 €

Außerordentliche Aufwendungen und Erträge: Es sind Vorgänge, die außerhalb der gewöhnlichen Geschäftstätigkeit des Unternehmens anfallen. Sie müssen unregelmäßig und ungewöhnlich für das Unternehmen sein. Dazu gehört auch, dass nicht damit zu rechnen ist, dass sich die zugrunde liegende Ursache wiederholt. Zusätzlich muss es sich um wesentliche Beträge handeln. Genossenschaften und Kapitalgesellschaften müssen außerordentliche Erträge und Aufwendungen im Anhang hinsichtlich ihres Betrags und ihrer Art erläutern.

Beispiele für außerordentliche Aufwendungen: Buchverluste aus dem Verkauf bedeutender Beteiligungen oder von bedeutenden Grundstücken und Gebäuden, Verluste aus dem Verkauf eines Teilbetriebes, Verluste aufgrund außerordentlicher Schadensfälle.

Beispiele für außerordentliche Erträge: Buchgewinne aus dem Verkauf bedeutender Beteiligungen oder von bedeutenden Grundstücken und Gebäuden, Buchgewinne aus dem Verkauf von nicht betriebsnotwendigen Vermögensgegenständen zur Vermeidung eines Verlustausweises in der Bilanz, Erträge aus Sanierungsleistungen, Gewinne aus außerordentlichen Schadensfällen, Gewinne aus dem Verkauf eines Teilbetriebes.

Außerordentliche Erträge und Aufwendungen weist der Jahresabschluss von Portner in dem WJ 2001/2002 nicht aus.

16.3.3 Vertiefte Bereinigung des Jahresabschlusses

Der ordentliche Gewinn, wie er in Buchführungsstatistiken und als zusätzlicher Service im Jahresabschluss automatisch ausgewiesen wird, berücksichtigt nicht bestimmte Besonderheiten, die in einem WJ außergewöhnlich hohe Erträge oder Aufwendungen verursachen. Das sind z. B. die Bewertung des Feldinventars und des stehenden Holzes, Sofortabschreibung von Tieren als GWG (z. B. ZS), hohe Einnahmen aus Holzverkauf, zu niedrige steuerliche Bewertungsansätze (z. B. Tiere), sehr hohe Ausgaben in einem WJ (z. B. Reparaturen, Aufforstung). Solche Vorgänge werden bei der einfachen Gewinnbereinigung weggelassen, da sie kaum standardisiert zu bereinigen sind. Die Bereinigung ist vor allem dann sinnvoll, wenn nur ein Jahresabschluss zur Beurteilung des Betriebes vorliegt. Sind mehrere Jahresabschlüsse verfügbar, dann verliert die Bereinigung an Bedeutung. Die vertiefte Bereinigung erfordert eine gewisse Intuition und hinterlässt auch gewisse Unsicherheiten je weiter man sich von den Ursprungszahlen entfernt.

Die vertiefte Bereinigung kann von der Korrektur des Gewinns oder der Erträge und Aufwendungen ausgehen. Beide Vorgehensweisen führen zum gleichen Ergebnis.

Die Gewinnkorrektur:

	Gewinn/Verlust laut steuerlicher Buchführung
–	zeitraumfremde Erträge
+	zeitraumfremde Aufwendungen
–	außerordentliche Erträge
+	außerordentliche Aufwendungen
–	über das mehrjährige Mittel hinausgehende Erträge (Forsterträge, Zuschüsse)
+	über das mehrjährige Mittel hinausgehende Aufwendungen (Gebäudereparaturen, Aufforstung)
+/–	Korrektur steuerlich beeinflußter Vorgänge (Bewertung Tiervermögen, Feldinventar)
=	ordentlicher (bereinigter, zeitraumechter) Gewinn

Die Bereinigung der Erträge und Aufwendungen führt zunächst zum ordentlichen Unternehmensertrag und Unternehmensaufwand. Die Differenz daraus ist der ordentliche Gewinn. Eine mögliche Vorgehensweise wird im folgenden am Beispiel Portner erläutert. Zunächst aber Überlegungen zur Bereinigung einzelner Positionen.

Boden: Gewinnverfälschungen entstehen nur, wenn Boden veräußert oder entnommen wird. Die Differenz vom Veräußerungswert und dem Buchwert ergibt einen Veräußerungsgewinn oder Veräußerungsverlust. Diese Beträge sind in der Regel in den Positionen zeitraumfremder Aufwand bzw. Ertrag enthalten

Wohnhaus: Die Abschreibung, der Unterhalt und der Mietwert des Wohnhauses, soweit das Wohnhaus noch zum Betriebsvermögen gehören sollte. Damit sollen eventuelle Gewinne und Verluste aus dem Privatbereich »Wohnen« ausgeschaltet werden. Im Beispiel Portner wird das Wohnhaus nicht mehr als Betriebsvermögen geführt.

Unterhalt Wirtschaftsgebäude und Maschinen: Der Unterhalt für die Wirtschaftsgebäude ist nicht jedes Jahr gleich hoch. Es gibt Jahre, in denen dafür kaum Ausgaben vorkommen und dann ist wieder ein Jahr mit sehr hohen Unterhaltsausgaben. Die durchschnittlichen Unterhaltsausgaben können geschätzt werden:

- aufgrund der in den vorhergehenden Jahren im Durchschnitt bezahlten Reparaturen oder
- mit der Buchführungsstatistik, z. B. bei Futterbaubetrieben knapp 50 €/ha und bei Veredelungsbetrieben knapp 80 €/ha oder
- mit ein bis zwei Prozent vom Neuwert der Gebäude und baulichen Anlagen. Der Neuwert der Gebäude und baulichen Anlagen beträgt bei Portner laut Anlagenspiegel 188 345 €. Davon 1,5% ergibt im Durchschnitt der Jahre zu erwartende Unterhaltskosten von 2825 €.

Auch bei Maschinen können in einem Jahr außergewöhnlich hohe Reparaturen auftreten. In einem solchen Fall ist auch die Abstellung der Maschinenreparaturen auf den Durchschnitt der Jahre angebracht.

Im Beispiel Portner liegen im WJ 2001/02 die Unterhaltsaufwendungen für Gebäude mit 2693,23 € im üblichen Rahmen und es erfolgt daher keine Bereinigung. Bei den Unterhaltsaufwendungen von Maschinen war bei Portner an einem Schlepper eine Getriebereparatur notwendig, die 12 204 € kostete. Bei der Bereinigung in der Tabelle 41 wird vom Unterhalt dieser Betrag abgezogen und 12,5% (= 1525,53 €) hinzuaddiert. Damit wird unterstellt, dass diese Großreparatur auf 8 Jahre abgeschrieben wird.

Vorsteuern auf Investitionen: Sie sind nur bei der Pauschalierung der Umsatsteuer zu bereinigen. Bei einer betriebswirtschaftlichen Buchführung eines pauschalierenden Betriebes wäre es am zutreffendsten, wenn die Abschreibung nicht vom Nettowert, sondern vom Bruttowert erfolgen würde. Das ist aber nicht üblich, sondern auch bei der betriebswirtschaftlichen Buchführung wird der Netto-Anschaffungswert abgeschrieben und die Vorsteuer darauf ist im Jahr des Anfalls eine Betriebsausgabe.

Die Bereinigung der Vorsteuern auf Investitionen kann wie folgt sein:

- Von der ausgewiesenen Vorsteuer kann ein bestimmter Prozentsatz zum Aufwand addiert werden. Diese Vorgehensweise ist nur dann vollständig, wenn in einer Nebenbuchführung die jedes Jahr anfallenden Vorsteuern erfasst und abgeschrieben werden; diese Vorgehensweise ist zu aufwändig.

- Es wird nachträglich aus dem Anschaffungspreis der noch nicht abgeschriebenen Wirtschaftsgüter die Vorsteuer mit 16% berechnet. Die Vorsteuer auf Maschinen kann mit 8% und auf Gebäude mit 4% abgeschrieben werden. Diese Vorgehensweise ist zeitaufwendig und daher kaum üblich.

Für Portner ist der Anschaffungspreis und die Abschreibung der noch nicht abgeschriebenen Wirtschaftsgüter:

bauliche Anlagen	57066 €	× 16% =	9131 € × 4% =	365 €
Gebäude	129074 €	× 16% =	20652 € × 4% =	826 €
Betriebsvorrichtungen:	31646 €	× 16% =	5063 € × 8% =	405 €
Maschinen	52771 €	× 16% =	8443 € × 8% =	675 €
PKW	20450 €	× 16% =	3272 € × 20% =	654 €
Büroeinrichtung	2579 €	× 16% =	516 € × 10% =	52 €
Abschreibung der VSt insgesamt				2977 €

- Die Vorsteuern für Investionen werden im betreffenden WJ vom Aufwand in voller Höhe abgezogen. Diese Alternative ist einfach und wird daher gerne angewendet.

Korrektur der Maschinenabschreibung bzw. der Restwerte: Die betriebswirtschaftliche Maschinenabschreibung orientiert sich an den steuerlichen Sätzen. Die tatsächliche Nutzungsdauer ist aber in der Regel länger als die steuerliche Abschreibung das vorsieht oder beim Verkauf haben die Maschinen noch hohe Restwerte. Die Einnahmen aus dem Maschinenverkauf bzw. die Buchwertabgänge kommen immer wieder vor, sind aber unregelmäßig. Eine Bereinigung kann wie folgt erfolgen:

- Die durchschnittlichen Verkaufserlöse und Buchwertabgänge können aufgrund vorhergehender Jahre geschätzt werden.
  Im untersuchten Jahr hat Portner keine Maschine veräußert. Es ist aber durchaus üblich, dass aus dem Verkauf von Maschinen Verkaufserlöse zufließen, die über dem Buchwertabgang liegen. Dieser Betrieb hat in den vorhergehenden 6 Wirtschaftsjahren aus dem Verkauf von Maschinen 16789 € erlöst bzw. im Jahr durchschnittlich 2798 €. Der Buchwertabgang betrug im gleichen Zeitraum 5468 €, im Jahr durchschnittlich 911 €.
- Die zu hohe AfA wird schätzungsweise korrigiert. Ist sie nach Schätzung um durchschnittlich 15% zu hoch angesetzt, dann kann die im Buchführungsabschluss ausgewiesene Abschreibung um den Betrag gemindert werden.
- Weglassen der Verkaufserlöse und der Buchwertabgänge. Die Verkaufserträge sind im zeitraumfremden Ertrag und die Buchwertabgänge im zeitraumfremden Aufwand enthalten. Wegen der einfachen Handhabung wird diese Vorgehensweise in der Praxis bevorzugt und auch im Beispiel Portner so gehandhabt.

Sonderabschreibungen: Betriebswirtschaftlich soll nur die lineare AfA als Aufwand angesetzt werden.

Außergewöhnlich hohe Erträge und Aufwendungen: Ein Landwirt kann durch einen hohen Holzeinschlag einen unüblich hohen Ertrag aus dem Holzverkauf haben. Das gleiche gilt auch für außergewöhnliche Aufforstungskosten. Sind beide

Positionen außergewöhnlich hoch, dann ist es sicher richtig, sie vom Ertrag bzw. vom Aufwand wegzunehmen. Dafür werden die im längerfristigen Durchschnitt möglichen Forsteinkünfte hinzuaddiert. Als durchschnittliche Forsteinkünfte können je nach Ertragslage des Waldes bis zu maximal 300 € Deckungsbeitrag je ha Wald angesetzt werden. Im Beispiel werden 150 €/ha × 9,11 ha = 1367 € als möglicher durchschnittlicher Deckungsbeitrag je Jahr geschätzt.

Rechnungsabgrenzungen, Rücklagen und Rückstellungen: Bei Portner stehen das Disagio, das vom Staat aufgekaufte Milchkontingent und die Tierumbewertung als Rechnungsabgrenzungen und als Rücklage in der Bilanz. Das Disagio wird mit jährlich 29,14 € aufgelöst und ist unter den Zinsaufwendungen verbucht. Der Rechnungsabgrenzungsposten für das Milchkontingent wird in dem WJ 2001/02 nach 10 Jahren letztmals mit 3664,43 € ausgebucht. Dieser Ausbuchungsbetrag taucht in der GuV-Rechnung unter den zeitraumfremden Erträgen auf. Unter dem Sonderposten mit Rücklagenanteil steht zu Beginn des WJ ein Betrag von 5769,93 €. Davon werden in dem WJ 5769,93 € ausgetragen. Hinzu kommt wegen der Ansparabschreibung der Betrag von 26 000 €.

Tierbewertung: Das Tiervermögen wurde mit den steuerlichen Richtsätzen bewertet. Damit ergab sich eine Bestandsmnderung von 950 €. Bewertet man die Tiere mit angenommenen Marktwerten, nimmt es um 1700 € ab.
Die Tierbewertung nach angenommenen betriebswirtschaftlichen Marktwerten

	Marktwert	Anfangsbestand	Endbestand		Bestandsänderung	
	Euro/Tier	Tiere	Tiere	Euro	Tiere	Euro
Kälber bis 0,5 Jahre	350	69	80	28 000	+ 11	+ 3 850
Bullen 0,5 bis 1 Jahr	550	69	79	43 450	+ 10	+ 5 500
Bullen über 1 Jahr	850	44	31	26 350	− 13	− 11 050
Bestandsänderung in €				96 150		− 1700

Bewertung des Feldinventars: Das Feldinventar wurde im vorliegenden steuerlichen Abschluss nicht bewertet. Betriebswirtschaftlich sollte es bewertet werden. Die Bewertung des Feldinventars nach Standardherstellungskosten am Beispiel Portner (Ausführungsanweisungen zum BMELV-Jahresabschluss, April 2002)

	Wertansatz	Anfangsbestand	Endbestand	Bestandsänderung	
	Euro/ha	Ha	ha	ha	Euro
Winterweizen	492	22	24	+ 2	+ 984
Wintergerste	457	14	10	− 4	− 1828
Körnermais	530	4	6	+ 2	+ 1060
Winterraps	457	20	18	− 2	− 914
Nachwachsende Rohstoffe	457	6	6	0	
Silomais	530	16	18	+ 2	+ 1060
		82	82		+ 362

Tabelle 38: Vertiefte Bereinigung der Erträge und Aufwendungen am Beispiel Portner (Euro)

Vorgang	Zwischenrechnungen	Zeitraumechte Werte
Umsatzerlöse	202407,63	
Abzüglich Forstertrag	5351,93	
Zuzüglich üblicher Forstertrag	1367,00	198422,70
+ Tier-Bestandsänderung (betriebswirtschaftlich)		– 1700,00
+ Sonstige betriebliche Erträge	56557,70	
Abzüglich zeitraumfremde Erträge	6697,41	49860,29
+ betriebliche Zinserträge		767,40
= ordentlicher Unternehmensertrag		**247350,39**
Materialaufwand		139214,93
+ Abschreibungen laut Bilanz		18844,00
+ Abschreibung der VSt (Korrektur)		2977,00
+ Unterhaltung	22958,50	
Abzüglich Getriebereparatur	12204,00	
Zuzüglich AfA Getriebereparatur	1526,00	12244,50
+ Betriebsversicherungen		4825,65
+ Sonstiger Betriebsaufwand		23054,82
+ Zinsaufwand		6151,71
+ Grundsteuer		715,81
= ordentlicher Unternehmensaufwand		**208028,42**
Ordentlicher Gewinn	247350,39 – 208028,42	**39321,97**

Gewinnvergleich:

Gewinn laut steuerlichem Jahresabschluss 9453,00 €
Gewinn laut standardisierter Bereinigung 34195,59 €
Gewinn laut vertiefter Bereinigung 39321,97 €

Der Gewinnvergleich zeigt deutliche Unterschiede zwischen dem Gewinn laut steuerlichem Jahresabschluss und den bereinigten Gewinnen. Die Abweichungen sind hauptsächlich durch die Bildung der Ansparabschreibung von 26000 € verursacht.

16.4 Privatausgaben

Bei einem landwirtschaftlichen Haupterwerbsbetrieb ist der Gewinn aus der Land- und Forstwirtschaft weitgehend die alleinige Einkommensquelle. Der Gewinn wird dann für den Bereich der Lebensführung, für die betrieblichen Wachstumsinvestitionen, zur Schuldentilgung und zum Ausgleich von Scheingewinnen gebraucht.

Scheingewinne entstehen, weil Investitionen ausgehend vom Anschaffungspreis abgeschrieben werden. Durch die Abschreibungen werden daher zwar die ursprünglichen Anschaffungskosten wiedergewonnen, nicht aber die ständig steigenden Wiederbeschaffungskosten.

Die Höhe der Privatausgaben wird oft unterschätzt. Gründe der Fehleinschätzung sind z. B.:

- Die Privatausgaben werden nicht aufgeschrieben, ohne Aufschreibungen geht aber der Überblick rasch verloren.
- Von den Girokonten und aus der Kasse gehen sowohl die betrieblichen als auch die privaten Ausgaben ab. Auftretende Defizite auf den Girokonten ordnet man dabei weniger den privaten Ursachen, sondern dem betrieblichen Bereich zu.
- Schlechte Einkommenslagen von Unternehmen wirken sich nicht sofort auf die Zahlungsfähigkeit aus. Bei zu niedrigen Gewinnen stehen zunächst auch die Abschreibungen für den Verbrauch zur Verfügung. Natürlich fehlen dann für die notwendigen Ersatzinvestitionen die eigenen Finanzmittel.
- Immer nur an den Privatausgaben zu sparen, wird mit der Zeit auch als frustrierend erlebt. Nicht immer will die Hausfrau und Bäuerin mit Ausgaben für den Haushalt hinter betrieblichen Investitionen zurückstehen.
- In landwirtschaftlichen Haushalten leben in der Regel wegen des Austrags, wegen noch nicht versorgter Geschwister und der doch oft höheren Kinderzahl mehr Personen.
- Auch wegen der Abfindungszahlungen an weichende Erben fließen Finanzmittel aus den Betrieben. Die Abfindungszahlen müssen oft über Kredite finanziert werden.

Die Verbindung zwischen dem privaten Bereich und dem landwirtschaftlichen Unternehmen ist recht eng. Der Landwirt bezahlt die privaten Ausgaben von dem Betriebskonto oder er entnimmt Produkte und Leistungen aus dem Betrieb.

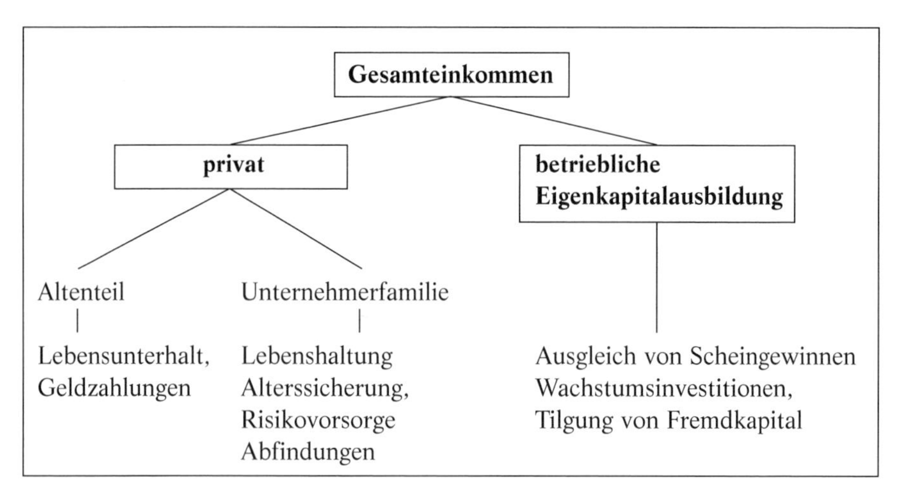

Abb. 22: Der Verbrauch des Gesamteinkommens

Andererseits legt er Geld aus unterschiedlichen Quellen in den Betrieb ein. So wird in der Regel das Kindergeld auf das Betriebskonto überwiesen und die Guthaben auf Sparbüchern und außerlandwirtschaftliche Einkünfte stehen dem Betrieb bei Bedarf zur Verfügung.

Bereinigung der Privatvorgänge – Nicht alle Entnahmen sind ein tatsächlicher Verbrauch. Zum Beispiel ist es richtig, bei einer Überliquidität auf dem Betriebskonto das Geld höherverzinslich anzulegen. Diese Geldanlage erfolgt auf einem Privatkonto und ist daher in der Buchführung als eine Privatentnahme ausgewiesen.

Sobald aber das Geld im Betrieb gebraucht wird, fließt es zurück und erscheint als eine Privateinlage. Derartige Vorgänge weisen die Einlagen und die Entnahmen zu hoch aus und sind daher zu bereinigen.

Einteilung der Entnahmen:
- Konsumierte Entnahmen: Haushaltsverbrauch, Sozialversicherungen, Einkommen- und Kirchensteuer,
- außergewöhnliche Entnahmen: sind einmalig und nicht jährlich wiederkehrend, z. B. Erbabfindungen und Möbelkauf,
- Bildung von Privatvermögen: Sparbuch, Festgeld, Lebensversicherung, Wertpapiere.

Die Bildung von Privatvermögen ist kein echter Verbrauch, sondern eine Umschichtung vom Betrieb zum Privatbereich. Diese Gelder fließen bei Bedarf wieder in den Betrieb zurück. Die Lebensversicherung ist ebenfalls in dem Posten Bildung von Privatvermögen enthalten. Diese fließen aber nicht unbedingt wieder in den Betrieb zurück, sondern können auch zur Erbabfindung gebraucht werden.

Einteilung der Einlagen:
- Einlagen aus Privatvermögen: sind nicht laufend möglich, z. B. Sparbücher, Festgelder,
- außergewöhnliche Einlagen: sind nicht laufend möglich, z. B. Erbschaften und Schenkungen,
- laufend mögliche Einlagen, z. B. Mutterschaftsgeld, Kindergeld oder Renten.

Die Familie Portner entnimmt laut Buchführungsabschluss dem Betrieb 58 947,70 € und legt 60 044,00 € ein. Die Entnahmen setzen sich zusammen aus:

Entnahmen zur Lebenshaltung	18 955 05 €
Privatversicherungen	8 109,51 €
Bildung von Privatvermögen	31 883,14 €

Der größte Entnahmeposten ist die Bildung von Privatvermögen. Und zwar wurde bei einer Überliquidität auf den Betriebskonten auf privaten Sparkonten Festgeld angelegt. Dieses Festgeld floss bei Bedarf einschließlich der Zinsen wieder in den Betrieb zurück. Unter dem Posten Bildung von Privatvermögen ist auch die Einzahlung in eine Lebensversicherung mit 6821,14 € enthalten.

Tabelle 39: Lebenshaltungs- und Haushaltsaufwand landwirtschaftlicher Haushalte im Jahr 2004
(Bayer. Landesanstalt für Landwirtschaft: Arbeitszeit und Geld 2005)

Bereich	€/Haushalt und Jahr	€/Person und Jahr
Verpflegung	6100	1320
Haushalt	1000	220
Wohnen	4200	900
Bekleidung	1600	350
Bildung, Freizeit, Geschenke, Spenden	3200	700
Verkehr, Kommunikation	3400	740
Lebenshaltungsaufwand 2004	19500	4230
Zum Vergleich Lebenshaltungsaufwand 2001	19200	3650
Steuern, Versicherungen, nichtlandwirtschaftlicher Aufwand	16400	
Haushaltsaufwand im Jahr 2004	35900	

Der tatsächliche Verbrauch bei Portner setzt sich aus der Lebenshaltung mit 18955,05 €, den privaten Sozialversicherungen mit 8109,51 € und den Steuern zusammen und beträgt insgesamt 27064,56 €. Die Einlagen ergeben sich aus den Einlagen vom Privatvermögen mit 54500 € und dem Kindergeld in Höhe von 5544 €. Aber nur die 5544 € Kindergeld gehören zu den zeitraumechten Einlagen.

Die Höhe des Privatverbrauchs der einzelnen Haushalte ist recht unterschiedlich. Je nach Haushaltsgröße, nach den persönlichen Wünschen und nach anderen Gesichtspunkten besteht eine große Schwankungsbreite. Durchschnittliche Anhaltswerte zur Höhe der Privataufwendungen sind in der Tabelle 39 enthalten. Die ausgewiesenen Zahlen kommen von Haushaltsbuchführungen, die die Bayerische Landesanstalt für Ernährung in Zusammenarbeit mit den Haushaltsabteilungen der Ämter für Landwirtschaft auswertet.

Der Lebenshaltungsaufwand liegt danach bei einem 5-Personen-Haushalt im Jahr 2001 bei 19200 €/Jahr und pro Person bei 3650 € und im Jahr 2004 bei 19400 €/Jahr bzw. 4230 €/Person.

Mit 18955 € Lebenshaltungskosten liegt unsere Familie mit drei Kindern im Vergleich zu der Tabelle 39 im Durchschnitt. Für den Privatbereich kommen bei Portner darüber hinaus noch 8109 € Versicherungen dazu. Einkommenssteuer musste im Wirtschaftsjahr 2001/02 und auch in früheren Jahren nicht bezahlt werden.

16.5 Beurteilung der Rentabilität

Rentabilität drückt den Erfolg – meistens den Gewinn – in Beziehung zu anderen Größen aus. Bezugsgrößen sind die Fläche, das Eigenkapital, das Gesamtkapital, der Umsatz und die Arbeitskräfte. In der praktischen Anwendung werden aber

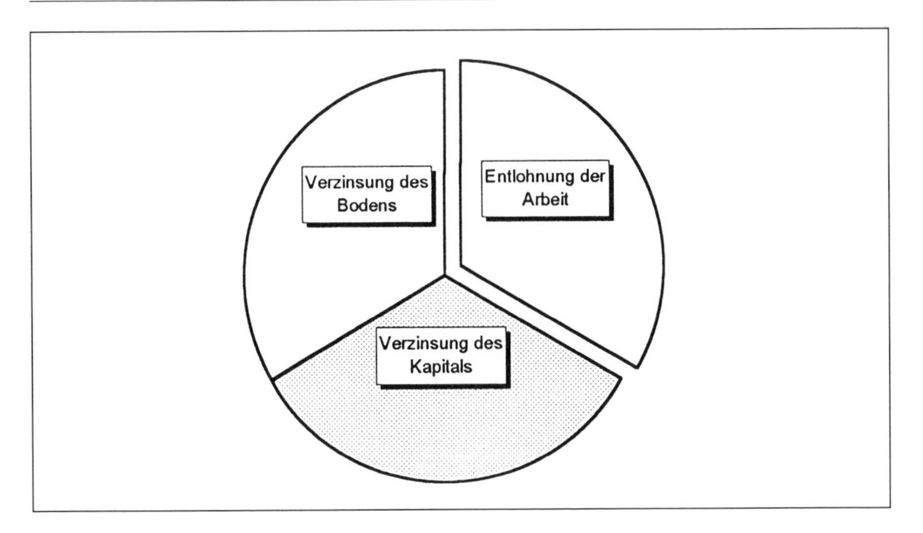

Abb. 23: Die drei Teilbereiche des Gewinns

auch die Erfolgskennzahl Gewinn und die davon abgeleiteten Erfolgskennzahlen als absolute Größen unter der Rentabilität genannt.

Zieht man vom Gewinn die Kostenansätze für Zinsen und nicht entlohnte Arbeitskräfte ab, so erhält man:

Gewinn
– Lohnansatz
= Zinsertrag des Eigenkapitals

Gewinn
– Zinsansatz für das Eigenkapital (EK)
= Arbeitsertrag nicht entlohnter Arbeitskräfte (nAK)

Gewinn
– Zinssatz EK
– Lohnansatz nAK
= Unternehmergewinn

Der Gewinn: Der Gewinn ist die wichtigste Kennzahl. Es ist der Betrag, der zur Entlohnung der Familienarbeitskräfte, das heißt letztlich zur Lebenshaltung, und zur Verzinsung des Eigenkapitals einschließlich des Bodens verbleibt.

Zur Beurteilung des Gewinns sollten mehrere Wirtschaftsjahre herangezogen werden. Ein einzelner Buchführungsabschluss kann durch verschiedene Einflüsse, wie außergewöhnliche Erträge und Aufwendungen oder durch Preis- und Ertragsschwankungen, die Einkommenslage verzerrt ausdrücken. Für die Auswertung sollte der ordentliche Gewinn herangezogen werden.

Tabelle 40: Die Gewinnentwicklung des Betriebes Portner im Vergleich zu spezialisierten Rindermastbetrieben (Bayer. Buchführungsstatistik)

Wirtschaftsjahr	1998/99	1999/00	2000/01	2001/02
LN ha	54,56	68,9	84,50	84,50
Verkauf Bullen St.	118	144	134	151
Ordentlicher Gewinn Betrieb	32157	24859	34897	39322
Ordentlicher Gewinn €/ha	589	361	413	465
Rindermastbetriebe				
LN ha	44,21	78,30	85,65	81,55
Gewinn €/ha	536	405	381	392

Für den Betrieb Portner ist die Gewinnentwicklung der letzten Jahre in der Tabelle 40 zusammengestellt und der Gruppe der spezialisierten Rindermastbetriebe der Bayerischen Buchführungsstatistik gegenübergestellt. Im Vergleich zum Durchschnitt der Bullenmastbetriebe liegt unser Betrieb etwas über dem Mittelfeld. Damit sollte Portner nicht zufrieden sein. Schließlich gibt es Landwirte, deren Gewinne weit über dem Durchschnitt liegen.

Mindestgewinn für einen entwicklungsfähigen Betrieb: Der Betrieb Portner erwirtschaftete im Wirtschaftsjahr 2001/02 einen zeitraumechten, von außergewöhnlichen Vorgängen bereinigten Gewinn von 39322 €. Weiterhin hatte die Familie private Zinseinnahmen von 5000 € und das Kindergeld mit 5544 €, sodass das Gesamteinkommen 49866 € beträgt.

Reicht dieses Gesamteinkommen für einen längerfristigen Fortbestand als Haupterwerbsbetrieb aus? Zur Beantwortung dieser Frage ist in der Tabelle 41 die notwendige Gewinnhöhe in Abhängigkeit von der Familiengröße abgeleitet.

Nach der Zusammenstellung braucht eine Landwirtsfamilie mit drei Kindern, die auch künftig ihr Haupteinkommen aus der Landwirtschaft beziehen will, einen Gewinn von knapp 40000 €. Familie Portner erwirtschaftete im Durchschnitt der letzten Jahre nicht den geforderten Mindestgewinn aus der Landwirtschaft. Unter zusätzlicher Berücksichtigung der Zinseinnahmen und des Kindergeldes reicht dann bei der derzeitigen Familiengröße das Gesamteinkommen aus.

Zinsertrag des Eigenkapitals und Eigenkapitalrendite: Der ordentliche Gewinn abzüglich des Lohnansatzes ergibt den Zinsertrag des Eigenkapitals. Der Lohnansatz für die nicht entlohnten Arbeitskräfte kann sich nach den Einkommensmöglichkeiten außerhalb des Betriebes orientieren oder nach statistischen Vorgaben des BMELV. Für Portner werden als Lohnansatz 30000 € angenommen. Als Zinsertrag verbleiben dann 39322 € – 30000 € = 9322 €.

Dieser Zinsertrag entspricht dem Betrag, der durch das Eigenkapital erwirtschaftet wird. Das durchschnittliche Eigenkapital, berechnet aus dem EK zum Beginn und zum Ende des WJ, beträgt (1168938,66 + 1179487,96) : 2 = 1174213 €.

Die Verzinsung des EK ist 100/1174213 × 9322 = 0,79%.

Tabelle 41: Notwendiger Gewinn (€) in Abhängigkeit von der Familiengröße

Familiäre Situation	Betriebsleiter-Ehepaar, 3 Kinder	BL-Ehepaar, 3 Kinder, 2-mal Austrag
Lebenshaltung[1)]	19200	19200
Private Versicherungen	8200	8200
Private Steuern	1500	500
Altenteil	0	4000
Mindest-Eigenkapitalbildung	10000	10000
Mindest-Gewinn	38900	41900

[1)] **Erläuterungen:** Die Lebenshaltungskosten wurden in Anlehnung an die Tabelle 39 angenommen und nicht auf den Betrieb Portner abgestimmt. Bei den Versicherungen sind die Krankenkassen- und Alterskassenbeiträge berücksichtigt. Die Einkommens- und Kirchensteuerzahlungen werden in der ausgewiesenen Höhe unterstellt. Als Mindest-Eigenkapitalbildung werden pauschal 10000 € angenommen.

Arbeitsertrag und Arbeitsrentabilität: Der ordentlich Gewinn abzüglich des Zinsansatzes für das EK ergibt den Arbeitsertrag, der durch die Zahl der nAK dividiert wird, um die Arbeitsrentabilität zu erhalten. Im Beispiel Portner wird für das durchschnittliche Eigenkapital von 1174213 € eine Verzinsung von 3,5% = 41097 € angenommen.

Ordentlicher Gewinn	39322 €	
– Zinsansatz	41097 €	
= Arbeitsertrag	– 1775 €	
dividiert durch 1,4 Ak	– 1268 € /AK	Arbeitrentabilität

Das Ergebnis ist, dass bei der angenommenen Verzinsung von 3,5% keine Entlohnung für die geleistete Arbeit übrig bleibt.

Unternehmergewinn: Das Ergebnis sagt aus, was für die unternehmerische Leistung zur Entlohnung verbleibt, wenn vom Gewinn der Lohn- und Zinsansatz abgezogen wird. Bei Portner:

Ordentlicher Gewinn	39322 €
– Lohnansatz	30000 €
– Zinsansatz	41097 €
= Unternehmergewinn	– 31775 €

Der Unternehmergewinn ist in den landwirtschaftlichen Betrieben, genauso wie bei Portner, oft stark negativ. Dadurch wird ausgedrückt, dass der Kapital- und Arbeitseinsatz im Vergleich zur Einkommenschance zu ungünstig ist.

Umsatzrendite (Gewinnrate): Sie ist der prozentuale Anteil des Gewinns am Umsatz. Sie gibt auch Auskunft über die Stabilität eines Betriebes oder Betriebszweiges gegenüber Preisschwankungen und zählt daher auch zu den Stabilitätskennzahlen. Je höher die Gewinnrate ist, umso stabiler reagiert der Betrieb auf Preiseinflüsse. Gewinnraten sind bei Milchviehbetrieben und Betrieben mit einem hohen Hackfruchtanteil mit etwa 25 bis 30% hoch. Bei Bullenmastbetrieben erreicht sie kaum noch 10%.

Im Betrieb PORTNER beträgt die ordentliche Gewinnrate bei dem ordentlichen Unternehmensertrag von 247350€ und dem ordentlichen Gewinn von 39322€ gleich 15,9% und ist damit in der jetzigen Situation vergleichsweise günstig.

Betriebseinkommen: Es gibt darüber Auskunft, wie mit der vorhandenen Faktorausstattung gewirtschaftet wird.
Das ordentliche Betriebseinkommen bei PORTNER ist:

Ordentlicher Gewinn	39322 €
– Pacht- und Mieterträge	0
+ Pachtaufwand	19927 €
– Zinserträge	767 €
+ Zinsaufwand	6152 €
+ Personalaufwand (ohne Berufsgenossenschaft)	0
= ordentliches Betriebseinkommen	64634 €
: 84,50 ha LN	= 765 €/ha

Der Durchschnitt der spezialisierten Rindermastbetriebe brachte es im WJ 2001/02 auf 392€/ha. Das besagt, unser Betrieb versteht es überdurchschnittlich gut zu wirtschaften. Sein Nachteil ist, dass er einen hohen Pachtflächenanteil hat und es ist das Pachtpreisniveau sehr hoch.

16.6 Beurteilung der Liquidität

Liquidität bedeutet, dass der Betrieb jederzeit seinen Zahlungsverpflichtungen termingerecht nachkommen kann. Von den Liquiditätskennzahlen sind die Höhe der kurzfristigen Verbindlichkeiten, der Geldüberschuss und die Tragbarkeit des Kapitaldienstes für Landwirte von Bedeutung.

Die Liquiditätskennzahlen werden in die Zeitpunkt- und in die Zeitraumliquidität gegliedert. Bei der Zeitpunktliquidität werden zum Bilanzstichtag die kurzfristigen Verbindlichkeiten mit dem Finanz- und Umlaufvermögen verglichen.

Kurzfristige Verbindlichkeiten: Das sind z. B. unbezahlte Rechnungen und die Minusbestände auf den betrieblichen Bankkonten. Deren Nachteile sind, dass sie jederzeit eingefordert werden können und hohe Kosten verursachen. Die kurzfristigen Verbindlichkeiten sollten nur vorübergehend und keine Dauererscheinung sein.

So ist es bei dem Bullenmäster PORTNER vertretbar, wenn zum Kälberkauf das Bankkonto kurzzeitig überzogen wird. Durch den Verkauf der Bullen muss aber wieder ein Kontoausgleich erfolgen. Vereinfachend kann davon ausgegangen werden, dass die kurzfristigen Verbindlichkeiten nicht überzogen hoch sind, wenn sie nicht höher als die Summe aus dem Bargeld, den Bankguthaben, den kurzfristigen Forderungen und den jederzeit veräußerbaren Beständen an Vieh- und Umlaufvermögen sind.

Für den Betrieb Portner bedeutet dies zum 30. 6. 2002:

Betriebskonto Raiffeisenbank	5 353,62 €
+ Verbindlichkeiten aus LL	0
= Kurzfristige Verbindlichkeiten	5 353,62 €
+ Bargeld, Betriebskonto Sparkasse	1 566,26 €
+ Forderungen	0
+ verkaufsreife Bullen 16 Stück × 950 €	15 200,00 €
Summe	16 766,26 €

Bei Portner stehen den kurzfristigen Verbindlichkeiten von 5353 € zur Sicherung 16 766 € gegenüber. Die momentan, zum Ende des Wirtschaftsjahres vorhandenen kurzfristigen Verbindlichkeiten gefährden also den Betrieb hinsichtlich der Liquiditätslage nicht.

Zeitraumliquidität

Geldüberschuss: Ergibt sich aus den Einnahmen abzüglich der Ausgaben in dem betreffenden Wirtschaftsjahr. In Normaljahren sollte der Geldüberschuss positiv sein. Nur in Jahren mit größeren Investitionen kann ein Geldbedarf auftreten.
Für Portner sieht die Rechnung wie folgt aus:

Unternehmenseinnahmen	255 990,55 €
– Unternehmensausgaben	230 845,23 €
– Anlageinvestitionen	33 820,22 €
+ Erlöse aus Anlageabgängen	0 €
– private Geldentnahmen	55 205,52 €
+ private Geldeinlagen	60 044,00 €
Geldbedarf	3 836,42 €

Es reichten also im Wirtschaftsjahr 2001/2002 die laufenden Einnahmen nicht aus, um die Ausgaben zu decken.

Tragbarkeit des Kapitaldienstes: Sie ist hinsichtlich der längerfristigen Liquiditätsbeurteilung am wichtigsten. Dieses Kriterium kann aus dem Buchführungsabschluss nicht ohne weiteres abgelesen werden, sondern ist herzuleiten.
Die Überprüfung des Beispiels Portner zeigt:

zeitraumechte Eigenkapitalmehrung (Seite 236)	17 801 €
+ Fremdzinsen	6 151 €
= langfristig tragbare Kapitaldienstgrenze	**23 952 €**
+ Abschreibung für Gebäude und bauliche Anlagen	6 631 €
= mittelfristig tragbare Kapitaldienstgrenze	**30 583 €**
+ Abschreibung für technische Anlagen und Maschinen	7 731 €
+ Abschreibung für andere Anlagen	4 482 €
= kurzfristig tragbare Kapitaldienstgrenze	**42 796 €**

Der Kapitaldienstgrenze ist der jährliche Kapitaldienst aus Zinsen und Tilgung gegenüberzustellen. Für das mittel- und langfristige Fremdkapital sind die tatsächlichen Tilgungen anzusetzen. Das sind bei PORTNER 5120 €.

Die Tilgung für das kurzfristige Fremdkapital wird aus den Nettoverbindlichkeiten mit 10% errechnet. Die Nettoverbindlichkeiten sind die kurzfristigen Verbindlichkeiten (5323 €) abzüglich der Bankbestände (1242 €), dem Kassenbestand (324 €) und den Forderungen (0 €). PORTNER hat an kurzfristigen Nettoverbindlichkeiten 3787 €. Für PORTNER beträgt der Kapitaldienst:

Tilgung langfristiges Fremdkapital	5120 €
+ Tilgung kurzfristiges Fremdkapital (3787 € × 10%)	379 €
+ Fremdzinsen	6152 €
= Kapitaldienst	11651 €

Der Kapitaldienst von 11651 € ist, wie der Vergleich mit der zeitraumechten langfristig tragbaren Kapitaldienstgrenze zeigt, zu erbringen.

Soweit der Kapitaldienst höher ist als die langfristig tragbare Kapitaldienstgrenze, werden zu seiner Deckung auch die Abschreibungen verbraucht. Das heißt dann, momentan kann der Kapitaldienst zwar noch erbracht werden. In einigen Jahren aber, wenn Maschinen und Gebäude zu ersetzen sind, treten Finanzierungsschwierigkeiten auf. Auf Neuinvestitionen ist dann zu verzichten oder sie sind durch Fremdmittel zu finanzieren.

Ist der jährliche Kapitaldienst sogar höher als die kurzfristig tragbare Kapitaldienstgrenze, dann sind zur Zins- und Tilgungszahlung sofort Fremdmittel notwendig und der Betrieb ist existenziell hoch gefährdet. Es wird dann eine Sanierung, z. B. durch Grundverkäufe, notwendig sein.

Cash flow: Damit wird die Finanzierungskraft eines Unternehmens ausgedrückt. Mit der Finanzkraft eines Unternehmens kann Geldvermögen gebildet oder Investitionen finanziert werden. Es gibt beim Cash flow drei Stufen:

ordentlicher Gewinn	39322 €
+ Abschreibungen	18844 €
= Cash flow I	58166 €
+ ordentliche Einlagen	5544 €
– ordentliche Entnahmen	27065 €
= Cash flow II	36645 €
– Tilgung	5499 €
= Cash flow III	31146 €

Der Cash flow I gibt an, dass ausgehend vom bereinigten Gewinn 58166 € an Geld einschließlich der Forderungen und abzüglich der Verbindlichkeiten aus dem landwirtschaftlichen Unternehmen erwirtschaftet wurden.

Bei der Ableitung des Cash flow II sind die Privatvorgänge berücksichtigt. Mit dem Cash flow II kann die theoretische Tilgungsdauer berechnet werden. Darunter versteht man, in welchem Zeitraum Nettoschulden abgebaut werden können, soweit in diesem Zeitraum keine Investitionen getätigt werden. Für Portner ist die theoretische Tilgungsdauer:

Fremdkapital	65 104 €
– Guthaben Betriebskonto, Bargeld	1 566 €
– Forderungen	0
= Nettoverbindlichkeiten	63 538 €
: Cash flow II	36 645 €
= theoretische Tilgungsdauer	1,7 Jahre (knapp 2 Jahre)

Zieht man vom Cash flow II die Tilgung ab, dann bekommt man den Cash flow III. Mit diesem ist abschätzbar, welcher Geldbetrag jährlich für Investitionsausgaben im Betrieb und Privat verfügbar ist oder angespart werden kann.

16.7 Stabilität und Entwicklungsfähigkeit

Stabilität bedeutet, langfristig die Rentabilität und Liquidität auch bei Eintritt ungünstiger Ereignisse zu sichern. Ein Betrieb kann nur dann bestehen, wenn er sich weiter entwickelt, wenn er wirtschaftlich investiert und sich organisatorisch anpasst.

Eigenkapitalbildung: Zieht man vom Gewinn den Privatverbrauch ab, so bleibt die Eigenkapitalveränderung übrig. Ist der Privatverbrauch höher als das Gesamteinkommen, so wird das Eigenkapital verbraucht. Es können dann die Abschreibungen nicht mehr zu Ersatzbeschaffungen zurückgelegt werden, das Betriebsvermögen nimmt ab und das Fremdkapital zu.

Soll ein Betrieb längerfristig als Haupterwerbsbetrieb bestehen, so wird eine Eigenkapitalbildung von mindestens 10 000 € gefordert. Hat der Betrieb Tilgungen für Fremdkapital zu erbringen, dann hat die Eigenkapitalmehrung entsprechend höher zu sein. So beträgt z. B. bei Portner die Tilgung 5499 €. Für ihn ist dann eine Eigenkapitalbildung von rund 15 500 € und mehr zu fordern.

Der Buchführungsabschluss des Betriebes Portner weist eine Eigenkapitalmehrung von 10 549 € aus. Allerdings ist dieser Betrag durch verschiedene Einflüsse verfälscht. Zutreffender ist es daher, die bereinigte Eigenkapitalbildung heranzuziehen. Diese ist:

zeitraumechter Gewinn	39 322 €
+ zeitraumechte Einlagen	5 544 €
– zeitraumechte Entnahmen	27 965 €
= zeitraumechte Eigenkapitalbildung	17 801 €

Der Betrieb Portner erreicht unter Berücksichtigung der Privateinlagen eine zeitraumechte Eigenkapitalbildung von 17 801 € und liegt damit über der geforderten Mindestgrenze.

Goldene Bilanzregel: Zur Beurteilung der Entwicklungsfähigkeit sollte man auch das Fremdkapital im Vergleich zum Vermögen beurteilen. Ist das Fremdkapital im Vergleich zum Vermögen bereits sehr hoch, dann leidet darunter nicht nur die Wirtschaftlichkeit, sondern es fehlt dem Betrieb auch an Flexibilität. Er hat dann keinen finanziellen Freiraum mehr, um den Betrieb an geänderte Situationen anzupassen.

Die »Goldene Bilanzregel« fordert: Das Fremdkapital darf nicht höher als der Wert des Maschinen-, Vieh- und Umlaufvermögens sein. Diese Forderung geht von dem Gedanken aus, dass bei einer Betriebsverpachtung der Erlös für das bewegliche Inventar zur Ablösung der Verbindlichkeiten ausreicht.

Diese »Goldene Bilanzregel« kann aber nicht zu starr gesehen werden. So ist nach Großinvestitionen der Fremdkapitalbesatz meistens sehr hoch. Dann allerdings sollte die Fremdkapitalunterdeckung aufgrund einer entsprechenden Eigenkapitalbildung in spätestens 15 Jahren abzubauen sein.

Der Betrieb Portner hat an beweglichen Wirtschaftsgütern:

Maschinen und Geräte	14 619 €
Betriebs- und Geschäftsausstattung	5 434 €
Beteiligungen	5 385 €
Tiervermögen (betriebswirtschaftlich)	96 150 €
Umlaufvermögen	3 229 €
Summe	124 817 €

Das Fremdkapital macht bei Portner 65 104 € aus. Dem steht zur Deckung der Wert des beweglichen Inventars mit 124 817 € gegenüber. Es ist also die Höhe des Fremdkapitals im Sinne der Goldenen Bilanzregel nicht überzogen.

Verwendete und weiterführende Literatur

ALSING, I.: Lexikon Landwirtschaft, 4. Aufl., Eugen Ulmer, Stuttgart 2002

Bayerische Landesanstalt für Ernährung: Arbeitszeit und Geld, Auswertung der Meisterinnenarbeiten, München

Bayerische Landesanstalt für Betriebswirtschaft und Agrarstruktur: Buchführungsergebnisse, verschiedene Jahrgänge, München

BITZ, M., SCHNEELOCH, D. und W. WITTSTOCK: Der Jahresabschluß: Rechtsvorschriften, Analyse, Politik. Vahlen, München 1991

BODMER, U. und A. HEISSENHUBER: Rechnungswesen in der Landwirtschaft. Eugen Ulmer, Stuttgart 1993

Bundesministerium der Finanzen (Hrsg.): Gesetz zur Umrechnung und Glättung steuerlicher Euro-Beträge (Steuer-Euroglättungsgesetz – StEuglG) vom 19. 12. 2000. Bundessteuerblatt, Berlin 2001

Bundesministerium der Finanzen: Bewertung von mit land- und forstwirtschaftlichem Grund und Boden im Zusammenhang stehenden Milchlieferrechten. Bundessteuerblatt Teil I vom 14. 2. 2003, Berlin 2003

Bundesministerium für Verbraucherschutz, Ernährung und Landwirtschaft: Buchführung der Testbetriebe, Ausführungsanweisungen zum BMELV-Jahresabschluss, April 2002, http://www.verbraucherministerium.de/Wirtschaftsdaten

Deutsches wissenschaftliches Steuerinstitut der Steuerberater und Steuerbevollmächtigten: Handbuch der Steuerveranlagungen 2001, C. H. Beck, München 2001

Die Landwirtschaft, Band 4, Wirtschaftslehre, BLV-Verlag, München 1999

FELSMANN, W.: Einkommensbeteuerung der Land- und Forstwirte. 3. Auflage, 31. Ergänzung, Pflug und Feder, St. Augustin

GIERE, H.-W.: Einkommensteuer und Gewinnermittlung in der Landwirtschaft 2000/2001 und 2001/2002. Boorberg Verlag, Stuttgart 2001 und 2002

GRILL, H.: Steuerliche Aspekte bei der betriebswirtschaftlichen Beratung land- und forstwirtschaftlicher Betriebe. Arbeiten der Bayer. Landesanstalt für Betriebswirtschaft und Agrarstruktur, Heft 24, München 1990

HALBIG, W. und R. MANTHEY: Bewertung in der Landwirtschaftlichen Buchführung. Schriftenreihe des HLBS, Heft 88 4. Aufl., Pflug und Feder, St. Augustin 1995

HALBIG, W. und R. MANTHEY: Begriffskatalog zum Jahresabschluß. Schriftenreihe des HLBS, Heft 80, 4. Aufl., Pflug und Feder, St. Augustin 1999

HEYD, R.: Lexikon für Rechnungswesen und Controlling. Taylorix Fachverlag Stiegler & Co., Stuttgart 1993

HUITH, M., SICHLER, G. und andere: Betriebsmanagement für Landwirte, BLV-Verlag, München 1996

KÖHNE, M. und R. WESCHE: Landwirtschaftliche Steuerlehre. Eugen Ulmer, 3. Auflage, Stuttgart 1995

MÄRKLE, R. W. und G. HILLER: Die Einkommensteuer bei Land- und Forstwirten. 8. Auflage, Boorberg Verlag, Stuttgart 2001

MANTHEY, R. P.: Der neue BML-Jahresabschluß – Grundlagen, Kurzdarstellung, Hintergründe. Schriftenreihe des HLBS, H. 142, Pflug und Feder, St. Augustin 1994

OFD (Oberfinanzdirektion München-Nürnberg): Einkommensteuer-Kartei. Max Schick-Verlag, München

Wolfs-Steuer-Gesetze: Das Steuerentlastungsgesetz 1999/2000/2002. Leitfadenverlag Sudholt, Berg 1999

Stichwortverzeichnis

D

E

Abkürzungsverzeichnis

AB	Anfangsbestand
Abs.	Absatz
AfA	Absetzung für Abnutzung, Abschreibung
AfS	Absetzung für Substanzverringerung
AK	Arbeitskraft
AktG	Aktiengesetz
AO	Abgabenordnung
BewG	Bewertungsgesetz
BiRiLiG	Bilanzrichtliniengesetz
BMF	Bundesminister der Finanzen
BMLF	Bundesministerium für Ernährung, Landwirtschaft und Forsten
BMELV	Bundesministerium für Verbraucherschutz, Ernährung und Landwirtschaft (BML, BMVEL)
bzw.	beziehungsweise
DMBG	DM-Bilanzgesetz vom 21. 6. 1948
DMBilG	D-Markbilanzgesetz vom 1. 7. 1990
EB	Endbestand
EDV	elektronische Datenverarbeitung
EHW	Einheitswert
EMZ	Ertragsmesszahl
ESt.	Einkommensteuer
EStG	Einkommensteuergesetz
EStR	Einkommensteuerrichtlinien
FördG	Förderungsgebietsgesetz, Gesetz über Sonderabschreibungen und Abzugsbeiträge im Fördergebiet
GnD	Gewinnermittlung nach Durchschnittssätzen
GuV	Gewinn und Verlust
LuF	Land- und Forstwirtschaft
MwSt.	Mehrwertsteuer
nAk	nicht entlohnte Arbeitskräfte
OFD	Oberfinanzdirektion
PC	Personalcomputer
SBK	Schlussbilanzkonto
Ust.	Umsatzsteuer
UStG	Umsatzsteuergesetz
VE	Vieheinheiten
WJ	Wirtschaftsjahr
z. B.	zum Beispiel